생각하고 배우는 **식품재료학**

김나영 · 남상명 · 양희종 · 오명석
윤인자 · 임점희 · 한진순 · 황현주

FOOD Materials Science

지식인공동체
지식인

Profile

김나영 경희대학교 식품영양학과 이학 박사
현) 송호대학교 호텔외식조리과 교수

남상명 세종대학교 가정학과 이학 박사
현) 을지대학교, 신한대학교, 숭의여자대학교 강의

양희종 사단법인 한국외식산업학회 이사
현) 한국호텔관광전문학교 교수

오명석 세종대학교 조리외식경영학과 박사
현) 강동대학교 호텔조리제빵과 교수

윤인자 국가공인 조리기능장
현) 고려직업전문학교 호텔외식조리학부 교수

임점희 세종대학교 외식조리경영학과 조리학 박사
현) 국제요리제과전문학교 호텔조리학부 교수

한진순 IKCC 러시아 국제오리대회 가금류 은상수상
현) 수도조리제과전문학교 교수

황현주 세종대학교 조리외식 박사과정
현) 한국호텔관광전문학교 교수

생각하고 배우는
식품재료학

2014년 7월 10일 초판 1쇄 인쇄
2014년 7월 15일 초판 1쇄 발행

지은이 | 김나영 · 남상명 · 양희종 · 오명석 · 윤인자 · 임점희 · 한진순 · 황현주
펴낸이 | 김종욱
펴낸곳 | 지식인공동체 지식인
등 록 | 제301-2013-134호
주 소 | 서울시 중구 서애로5길 12-20 성운빌딩 402호
전 화 | 02)2266-8606
팩 스 | 02)2266-8607
E-mail | jisikin2013@naver.com

ISBN 978-89-98591-22-9 (93590)

값 23,000원

생각하고 배우는

식품재료학

P R E F A C E

생명 연장을 위한 식생활 중 가장 기초적이라 할 수 있는 식품 재료는 식품을 가공하거나 조리를 행함에 있어 가장 중요한 요소 중 하나로, 최근 눈부신 경제 성장과 소득 수준의 향상으로 급속한 변화와 발전을 거듭하고 있다. 또한 새로운 음식의 맛에 대한 추구, 새로운 먹거리의 재발견과 다양한 조리기구의 개발은 과거에 접하지 못했던 음식뿐만 아니라 생소한 식재료를 만나게 한다.

이와 같이 식품재료의 선택은 삶에 지대한 영향을 미치므로 '식품재료학' 분야의 중요성은 또한 간과할 수 없게 되었다. 이에 저자들은 가장 쉽고 꼭 필요한 것들만으로 이 책을 구성하였다.

이 책은 곡류(1장)의 미곡, 맥류, 잡곡류와 서류(2장), 두류(3장), 육류(4장)의 육류, 가금류, 야생조류, 난류(5장), 우유 및 유제품(6장), 채소류(7장)의 잎채소류, 줄기채소류, 꽃채소류, 열매채소류, 뿌리채소류로 나누어 다루어졌다. 과일류(8장)의 인과류, 준인과류, 장과류, 견과류, 핵과류, 과채류, 열대과일류로 나누었으며, 버섯류(9장), 유지류(10장), 수산식품류(11장)로 어패류, 갑각류, 패류와 연체류, 극피류 및 기타, 해조류로 나누어 이루어졌다. 마지막장의 향신료류(12장)는 기능성식품에 관심을 반영하여 생리활성물질에 따라 잎, 씨앗, 열매, 꽃, 줄기와 껍질, 뿌리향신료에 대해 자세하게 다루었다.

여러 모로 이 책이 부족한 점이 많겠으나, 필자들은 미비한 부분을 계속 수정 · 보완할 것을 약속드립니다. 또한 이 책이 독자 분들께 더욱 유용한 정보를 제공하고 더 좋은 『식품재료학』이 되도록 노력하겠습니다.

이 책의 내용이 이 분야에서 공부하는 학생과 조리종사자 모든 분들에게 적절한 식재료를 선별하고 활용하는데 많은 도움이 되었으면 하는 바람입니다. 이 책이 나오기까지 격려하고 도와주신 지식인출판사 사장님 이하 모든 직원 분들에게 감사를 드립니다.

저자 일동

CHAPTER 01
곡류 13

CHAPTER 02
서류 31

CHAPTER 03
두류 39

CHAPTER 04
육류 51

CHAPTER 05

난류 71

CHAPTER 06

우유 및 유제품류 81

CHAPTER 07

CHAPTER 08

FOOD Materials Science

CHAPTER 09

CHAPTER 10

CHAPTER 11

CHAPTER 12

향신료류 259

15 ml
7.5 ml
2.5 ml
Recipe

1-234-4000-800
Or mail the attached post
or the coupon below.
Food Materials Science

CHAPTER 01 곡류

FOOD Materials Science

01 미곡

쌀 & 찹쌀Rice & Glutinous rice

쌀 & 찹쌀

벼의 왕겨와 겨층을 벗겨내어 먹을 수 있게 가공한 것을 말한다. 이 쌀은 보리 · 밀과 함께 세계적으로 중요한 농산물이다. 세계 총생산량의 약 92%는 아시아 여러 나라에서 생산되며, 또 그 대부분을 아시아 사람들이 먹고 있다. 한국도 쌀의 주요 생산국 중 하나이고, 또 쌀은 한국인의 주식이다.

종류

세계에서 생산되는 쌀은 크게 일본형과 인도형으로 나눈다. 먼저 일본형은 일본을 비롯하여 한국, 중국의 중부와 북부, 브라질, 에스파냐, 미국의 캘리포니아주(州)에서 생산되고, 인도형은 동남아시아, 중국 남부를 비롯하여 인도, 미국 남부에서 생산되고 있다. 인도형은 일본형에 비해 쌀알이 길고 밥을 지었을 때 끈기가 없으므로 한국인이나 일본인의 기호에는 맞지 않는다. 1970년대에 들어와 한국에서 재배하기 시작한 통일쌀은 일본형과 인도형을 교잡시켜 수확량이 많은 새품종으로 육성한 것으로, 인도형에 가까운 특성을 가지고 있었으나 현재는 재배하지 않는다.

다음은 수도(水稻)와 육도(陸稻)인데, 논에서 재배되는 것을 수도(paddy rice), 밭에서 재배되는 것을 육도(upland rice)라 한다. 한국에서 재배되는 것은 주로 수도이고, 육도는 중부지방과 농업용수가 부족한 지역에서 재배하는데, 국내 쌀 생산량의 1% 이내에 불과하다. 이 두 가지는 화학성분과 영양가치상으로는 별 차이가 없으나 육도로 지은 밥은 끈기가 없어 밥맛이 수도보다 떨어진다.

그 다음은 멥쌀[粳米]과 찹쌀[糯米]로, 보통 쌀밥을 지어 먹는 것은 멥쌀인데 배젖이 반투명하고 광택이 있다. 찹쌀은 배젖이 희고 불투명한 것이 많으며 주로 인절미나 찰밥을 만들어 먹는다.

멥쌀과 찹쌀은 배젖의 전분 조성이 다르다. 찹쌀은 배젖 전분이 거의 100% 아밀로펙틴으로 되어 있으나 멥쌀은 약 80% 정도만이 아밀로펙틴으로 되어 있고, 나머지 20% 정도는 아밀로오스로 되어 있다. 멥쌀의 아밀로오스 함량은 품종에 따라서 차이가 있는데, 한국인이 좋아하는 쌀은 아밀로오스가 16~20% 정도이다. 국내에서 생산되는 찹쌀의 비율은 전체 쌀 생산량의 10% 이내에 불과하다. 요오드용액으로 염색시키면 멥쌀은 청람색으로, 찹쌀은 적갈색으로 변하므로 구별이 쉽다.

성상

현미의 구조는 과피 · 종피 · 호분층(糊粉層)으로 된 쌀겨층과, 쌀알의 끝에 있는 배(胚) 그리고 나머지 대부분을 차지하는 배젖으로 되어 있다. 이 배젖은 주로 녹말질로 되어 있고 백미로서 식용하는 부분이다. 현미 전체에 대한 무게비율은 쌀겨층 5~6%, 배 2~3%, 배젖 92%이다.

정미가공

현미에서 쌀겨층과 배를 제거하고 백미를 만드는 도정과정을 정미(精米)라 한다. 쌀은 도정 정도에 따라 정백미, 7분도미, 5분도미 등으로 구분한다. 정백미는 현미에서 겨층과 씨눈을 완전히 제거하여 현미 중량의 93% 이하로 도정한 것이며, 쌀알 중에서 씨눈을 70% 정도 남기고 현미 중량의 95% 정도가 되도록 한 것을 7분도미라고 한다. 한편 5분도미는 씨눈을 전부 남게 하고 현미 중량의 97% 정도가 되도록 한 것이다.

포장과 저장

옛날에는 쌀의 포장용기로 볏짚으로 만드는 섬[俵] · 가마니를 비롯하여 마대(麻袋)를 사용했으나, 근래는 지대(紙袋 : 크라프트지 또는 폴리에틸렌 주머니)를 사용한다. 옛날에는 모두 섬을 사용했으나, 제2차 세계대전을 전후하여 가마니가 도입되어 점차 섬에서 가마니로 바뀌었고, 1960년대 들어서면서 마대와 지대가 보급되기 시작했다.

쌀은 가을에 집중적으로 생산되는 반면, 1년을 통해 평균적으로 소비되기 때문에 쌀의 올바른 저장은 매우 중요하다. 정부에서 매상하는 쌀은 집하(集荷)된 다음 판매가 완료될 때까지 현물을 저장하기 위해 막대한 공간이 필요하다. 따라서 생산지와 소비지에 걸쳐 많은 저장창고를 가지고 있어야 한다.

한국의 정부관리 양곡 보관창고는 전국에 약 4,500개소가 있으며, 수용능력은 약 115만톤(800만 섬)이 된다. 그 종류를 보면 저온창고 10%, 갑류창고 13%, 을류창고 34%, 병류창고 34%이다. 그러나 시설이 비교적 좋은 저온창고나 갑류창고는 그 용량이 매우 적어 대부분이 노후된 을류 · 병류 창고에 벼의 상태로 보관되어 있다(조곡저장). 1968년부터 대도시 주변에 신설된 저온창고는 현미나 쌀의 장기저장에 큰 몫을 하고 있다(정곡저장).

쌀을 저장할 때 해충이나 미생물의 번식을 억제하고 상품가치를 저하시키지 않도록 저장하기 위해서는 창고의 온도가 15℃ 이하, 상대습도 70~75%로 보관하는 것이 바람직하다. 그러나 지역에 따라 다소의 차이가 있으며 5~10월의 6개월 동안은 15℃ 이상, 7~9월에는 25℃ 이상으로 온도가 상승한다. 따라서 보통의 창고에서는 창고 내 · 외의 온도와 습도를 계속적으로 관측하고 해충이나 미생물의 발생에 주의하며 5~7월에 걸쳐 훈증(燻蒸)을 행한다.

현재까지 벼나 쌀의 저장은 포장저장(sack storage)을 실시해 왔으나, 최근 노동력 절약과 관련하여 벼의 산물저장(散物貯藏 : bulk storage)이 시도되고 있다.

용도

쌀의 용도는 취반용(炊飯用)이 대부분이고, 술 · 떡 · 과자 · 고추장 등을 만드는데 일부분이 사용된다. 그 비율을 보면 식량용 88.2%, 가공용 3.6%, 감모량(減耗量) 7.6%, 종자용 0.6%인데, 앞으로는 가공용으로서의 소비가 증가할 것으로 예상된다. 쌀겨에는 약 20%의 지방질이 함유되어 있는데, 유기용매 추출법에 의해 쌀겨기름을 제조하여 식용 · 공업용으로 사용된다. 쌀겨는 그대로 또는 탈지 후 사료나 비료로 사용된다.

그 후 생활수준이 향상되면서 쌀 소비량이 늘어나 1970년대까지 계속해서 조금씩 증가했다. 1977년에 접어들면서 쌀의 생산량이 600만톤을 상회하여 쌀의 자급자족이 성취되었으므로 쌀의 도입이 필요 없게 되었다. 국민소득의 향상과 식생활 개선이 쌀의 소비량에 영향을 주고 있으나, 우리 국민이 섭취한 전체식품 중에서 쌀에서 얻는 열량은 47%이고 단백질은 30%임을 볼 때 영양학상 쌀이 차지하는 비중은 크다.

흑미 Purple rice

흑미

흑미는 태국이 원산지로, 쌀 세계의 롤스로이스라 할 수 있다. 조리하지 않았을 때에는 마치 불에 그슬린 갈색쌀처럼 보인다. 그러나 일단 익히고 나면 색깔이 스며 나오면서 낱알 전체가 물들며, 함께 조리하는 음식에 그 독특한 인디고 빛깔을 선사한다. 흑미는 글루텐을 함유하고 있지 않지만, 두 종류의 녹말, 즉 아밀라아제와 아밀로펙틴이 들어 있다. 아밀로펙틴 함량이 높을수록 곡물을 익혔을 때 끈적해진다.

흑미는 보통 동남아시아에서 축제날에 푸딩으로 만들어 많이 먹는다. 몇 시간, 혹은 밤새 물에 불려두어야 조리시간을 단축할 수 있는데, 약 45분쯤 쪄낸다(밥을 하는 것이 아니다). 색깔이 흘러나오면서 대나무로 만든 찜통의 안이 그리고 요리사의 손까지 선명한 보랏빛 검은색으로 온통 물들어 버린다. 곧바로 물에 씻어도 지워지지 않지만 금방 없어지므로 걱정할 필요는 없다.

야생쌀

야생쌀

현재 세계적으로 약 20여종이 알려져 있다. 아시아 · 아프리카 · 오세아니아 · 중앙아메리카 · 남아메리카의 열대와 아열대지역에 널리 자생한다.

벼의 원산지에 대해서는 여러 가지 학설이 있지만, 인도와 동남아시아가 유력하다. 지금도 베트남의 메콩강(江) 삼각주의 습지에서는 야생벼가 자라는데, 농부들이 배를 타고 습지를 누비며 긴 장대 끝에 낫을 달고 벼를 거두어들인다.

FOOD Materials Science

02 맥류

귀리 Oat

귀리

연맥(燕麥) 또는 작맥(雀麥)이라고도 한다. 높이는 30~100cm 정도이며 밑부분에서 뭉쳐 난다. 줄기는 곧게 서고 털이 거의 없으나 마디에는 아래로 향한 털이 난다. 잎은 길이 15~30cm, 넓이 6~12mm로 밀보다 넓이가 좀 넓고 짙은 녹색이다. 잎집은 길고 잎혀가 짧으며 잘게 갈라진다. 꽃은 5~6월에 길이 20~30cm의 원추꽃차례로 핀다. 잔이삭은 대가 있고 녹색이며 2개의 잔꽃이 들어 있고 밑으로 처진다. 꽃의 구조는 다른 맥류와 비슷하나 까끄라기가 외영(外穎)의 등에 나 있는 것이 특징이다. 열매를 곱게 빻은 것을 오트밀이라 하여 식용하고, 알코올·과자의 원료 또는 가축의 사료로 쓰인다.

밀 Wheat

밀을 소맥(小麥)이라고도 한다. 아프가니스탄이나 캅카스가 원산지이고, 주로 온대 지방의 밭에서 재배한다. 줄기는 뭉쳐나고 곧게 서며 표면이 밋밋하고 마디가 길며

● 밀

높이가 1m이고 보리보다 빳빳하다. 싹이 틀 때 3개의 씨뿌리가 나오고 점점 증가해 7~8개가 된다. 뿌리는 보리보다 더 깊이 들어가므로 수분과 양분의 흡수력이 강하여 가뭄이나 척박토에도 잘 견딘다.

열매의 크기는 품종에 따라 차이가 있으나 대체로 길이가 5~6mm, 폭이 3mm, 두께가 2~3mm이고 1,000개의 무게는 30~40g 정도이다. 밀의 꽃은 아침부터 피기 시작하지만 오후에 가장 많이 핀다. 한 이삭에서는 끝에서 1/3 부근의 작은 이삭부터 꽃이 피고, 1개의 작은 이삭에서는 가장 밑에 있는 꽃부터 피기 시작한다. 작은 이삭의 개화시간은 20~90분, 한 이삭의 개화기간은 3~4일, 한 포기에서 개화기간은 8일이다.

밀은 BC 1만~1만5천년경에 재배되기 시작한 가장 오래된 작물 중에 하나이다. 석기시대에 이미 유럽과 중국에서 널리 재배하였고, 한국에서도 밀의 재배 역사는 매우 길다. 평안남도 대동군 미림리에서 발견된 밀은 BC 200~100년경의 것으로 추정되며, 경주의 반월성지, 부여의 부소산 백제 군량창고의 유적에서도 밀이 발견되었다.

밀은 고온에 약하므로 연간 평균기온이 3.8℃, 여름철 평균기온이 14℃ 이상인 지대에서 경제적인 재배가 가능하다. 밀은 그 품질이 강우량과 밀접한 관계가 있는데, 강우량이 적고 성숙기에 고온이 아닌 대륙성 기후에서는 경질(硬質)밀이 생산되며, 기후가 온화하고 강우량이 많은 해양성 기후에서는 연질(軟質)밀의 분상질(粉狀質)밀이 생산된다.

밀은 전세계에 약 22종이 있는데, 크게 보통계 밀(T. aestivum)과 1립계 밀, 2립계 밀, 티모피비계 밀로 나눈다. 보통계 밀은 세계 재배면적의 90%를 차지하고 있으며 한국에서 재배하는 밀도 모두 이것이다.

다음으로 많이 재배하는 밀은 마카로니 밀(T. durum)로 중앙아시아, 아프리카, 북아메리카에서 재배된다. 마카로니 밀은 밀 중에서 가장 경질이고 마카로니, 스파게티 등을 만드는 데 사용하며 세계 밀 생산량의 5%를 차지한다.

밀의 품질은 이용목적에 따라 평가기준이 다른데, 양조용으로 재배할 때는 밀알의 배젖이 차지하는 비율이 큰 것이 유리하며, 밀가루 제조를 목적으로 할 때는 제분율이 높은 것이 좋다. 밀은 동양에서 보조식량으로 쓰이지만 서양에서는 주식량이며,

쌀과 함께 세계의 2대 식량 작물이다. 90% 이상이 제분되어 제면 · 제빵 · 제과 · 공업용으로 쓰인다. 또한 간장과 된장의 원료로도 쓰이며 밀기울은 좋은 사료이다.

보리 Hordeum

보리

원산지에 대해서는 여러 가지 학설이 있다. 야생종이 발견된 지역을 토대로 여섯줄보리는 중국 양쯔강 상류의 티베트지방, 두줄보리는 카스피해 남쪽의 터키 및 인접지역을 원산지로 보는 설이 가장 유력하다. 보리는 인류가 재배한 가장 오래된 작물의 하나로 알려져 있다. 대체로 지금부터 7천~1만년 전에 재배가 시작된 것으로 추측하고 있다.

두줄보리의 재배기록에서, 가장 오래된 것은 이라크 북부의 자르모 유적에서 발견된 것이다. 그것은 이삭이 부러지지 않은 두줄보리의 알과 수축(穗軸)을 발견했는데, BC 5천년경에 이미 두줄보리의 재배종이 있었음을 확인했다.

중국에서는 은(殷)나라 때 '갑골문자'에서 보리에 해당하는 것이 기록되어 있었다고 한다. 보리가 오곡 중의 하나로 설정된 것이 BC 2천7백년경의 신농시대(神農時代)라는 점에서 고찰한다면, 그 재배역사가 매우 오래됨을 알 수 있다. 한국에는 고대 중국으로부터 전파된 것으로 보이며, 일설에는 4~5세기경에 보리가 한국에서 일본으로 전파되었다고 한다.

분포

보리는 높은 온도에서 적응하는 성질이 강해서 적도 부근까지 재배된다. 가을보리는 가을밀이나 호밀보다 내한성이 약해 가을밀보다 낮은 위도에 분포한다. 그러나 봄보리는 맥류 중에서는 가장 생육기간이 짧기 때문에 가장 고위도까지 재배된다.

스코틀랜드에서는 북위 61도, 노르웨이에서는 북위 70도, 시베리아 중부에서는 북위

58~59도까지 재배된다. 해발고도는 알프스 2,000m, 아프가니스탄 2,900m, 히말라야 3,600m, 티베트 4,480m, 페루 2,100~4,000m에서 재배된다. 한국에서 가을보리의 재배 북한계는 겉보리의 경우 북위 38도선에 가까우며, 쌀보리는 충청남도 이남지방이다.

보리는 종자에 껍질이 붙었느냐 떨어졌느냐에 따라 겉보리와 쌀보리로 나누어진다. 이삭에 달린 씨알의 줄 수에 따라서 여섯줄보리와 두줄보리로 나누어진다. 성숙한 뒤에 외영과 내영이 종자에 밀착되어 떨어지지 않는 것을 겉보리[皮麥]라고 하고, 영이 잘 떨어지는 것을 쌀보리[裸麥]라고 한다. 또 여섯줄보리의 이삭 횡단면의 모양에 따라서 육모보리와 네모보리(늘보리)로 나누어진다.

보리는 추파성(秋播性) 유무에 따라 추파형(가을보리)과 춘파형(봄보리)으로 구분하는데, 한국에서는 대부분 추파형을 재배한다. 이 밖에도 줄기 길이에 따라서 단간종·중간종·장간종으로 구별하고, 성숙기에 따라서 조숙종·중숙종·만숙종으로 분류하기도 한다.

종자의 크기는 겉보리가 길이 6~8mm, 너비 3~4mm, 두께 2mm 내·외다. 1,000알의 무게는 겉보리가 30~45g, 두줄보리는 40~50g, 쌀보리는 30~40g이다.

한국에서 현재 재배되고 있는 중요한 보리의 장려품종은 크게 나누어 겉보리와 쌀보리가 있으며, 맥주 양조용으로 재배하는 맥주보리로 나눌 수 있다. 겉보리의 장려품종으로는 부농·올보리·강보리·밀양 6호·부흥·항미·동보리 1호와 2호·알보리·오월보리·조강보리·부호보리·두루보리·탑골보리·남해보리·여기·수원 18호의 17품종이 있다.

쌀보리의 장려품종은 백동·광성·목포 51호·무안보리·논산 1–6호·향천과 1호의 7품종이 있다. 맥주 양조용으로 재배되는 장려품종은 향맥·골든멜론·사천 2호·사천 6호·두산 8호의 5품종이 있다.

이용

보리의 용도는 식량·사료·공업원료용으로 구분된다. 밀을 재배하여 빵을 주식으로 하는 유럽이나 미국에서의 보리는 주로 사료용으로 재배된다. 그러나 쌀을 주식으로 하는 일본이나 한국 등 동양권에서는 식량으로 재배되고 있다. 식량으로 쓰일 때는 쌀과 섞어서 밥을 지어 먹는 혼식방법이 일반적이며, 공업원료로서의 주용도는 맥주 양조의 원료로 이용한다. 그 밖에 소주·위스키·된장·고추장 제조에도 이용된다. 엿기름을 만들어 엿·감주를 만들기도 하며, 볶아서 보리차로 쓰인다.

호밀 Rye

호밀

화본과의 1년초 또는 월년초로 라이보리라고도 한다. 캅카스 · 터키가 원산지이다.

맥류 중에서도 냉량한 기후에 적합하고 내한성이 강하며 건조한 사질토나 메마른 땅에서도 잘 자란다. 원래는 원산지에서 밀밭의 잡초로 생육한 것이 점차 불량지에서 작물로 재배된 것 같다. 유럽에서는 청동기시대부터 재배된 것으로 추측하고 있으며, 중국에는 오래 전에 전래되었다. 밀과는 속이 다르지만 근연종이며, 인공적으로 교배한 잡종이 생겨 라이밀이라고 한다.

다소 산미(酸味)가 있고 정백(精白) · 제분하여 흑빵을 만든다. 또 위스키의 원료가 되며 맥아로 하여 보드카나 맥주를 양조한다. 간장이나 된장의 원료로도 쓸 수 있는데, 호밀의 이삭에 자낭균이 기생하면 흑색각상(黑色角狀)의 맥각은 약용한다.

003 FOOD Materials Science
잡곡류

기장 Panicum miliaceum

기장

외떡잎식물 벼목 화본과의 한해살이풀로 재배식물이다. 열매는 익으면 떨어지기 쉽고, 도정하면 조와 비슷하나 조보다는 굵다. 밥이나 떡을 만들고 사료로도 쓰인다.

원종은 명확하지 않으나 동부아시아 및 그보다 약간 중앙아시아에 가까운 지역까지 포함한 대륙성 기후의 온대지역에서 유목민에 의해 재배되었을 것이라는 견해가 유력하다.

수확량이 적고 주식으로 이용하기도 부적합하여 재배가 많지 않다. 기장에는 메기장과 찰기장이 있는데, 주로 농가의 별식을 만드는 데 이용되고 기름지지 못하고 메마른 땅에서도 잘 견디며 조보다 성숙이 빠른 이점이 있어 산간지에서 재배되고 있다. 주산지는 경상북도이며 강원도와 각 지방의 산간지에서 재배된다.

품종은 수형(穗型 : 이삭의 형태)에 따라 3가지로 구분한다.

1. 평수형(平穗型) : 산수형(散穗型)이라고도 하며, 이삭가지가 사방으로 퍼지는 형이다.
2. 기수형(寄穗型) : 가지나 줄기가 길며 한쪽으로 몰린다. 한국의 품종은 거의 이에 속한다.
3. 밀수형(密穗型) : 가지 · 줄기가 짧고 빽빽하게 자란다.

파종시기 · 파종량 · 파종법은 대체로 조와 같다. 주성분은 당질(糖質)이며, 쌀과 비교하면 조 단백질의 95%는 순수 단백질이지만 분량에서 쌀보다 많고 소화율은 떨어진다. 단백질 · 지방질 · 비타민A 등이 풍부하고 팥과 혼식한다. 떡을 만들면 별미가 있고 소화율도 높으며, 중국 동북부에서는 황주(黃酒)를 만든다.

구미(歐美)에서는 껍질째 부수어서 돼지사료로 이용하므로 호그 밀렛(hog millet)이라는 이름이 있다. 이삭은 빗자루를 만드는 데 쓰인다.

메밀 Buck wheat

메밀은 각지에서 재배한다. 높이는 60~90cm이고 줄기 속은 비어 있다. 뿌리는 천근성이나 원뿌리는 90~120cm에 달해 가뭄에 강하다. 열매는 성숙하면 갈색 또는 암갈색을 띠며 모양은 세모진다.

● 메밀

메밀은 건조한 땅에서도 싹이 잘 트고 생육기간이 60~100일로 짧으며 불량 환경에 적응하는 힘이 특히 강하다. 서늘하고 알맞게 비가 내리는 지역에서 자라는데, 생육 초기에는 온화하고, 개화 성숙기에는 고온이 아니면서 비가 적은 조건이 좋다. 그러나 생육기간이 짧고 기후에 대한 적응력이 강하므로 북위 70도까지 중점토를 제외한 어느 곳에서나 재배할 수 있어 그 재배 범위가 매우 넓다. 종류에는 이른 씨뿌림에 적응하는 여름메밀, 늦은 씨뿌림에 적응하는 가을메밀, 그리고 그 중간 성질을 가진 중간형으로 구별된다. 풋것은 베어 사료로 쓰며, 잎은 채소로도 이용된다.

종자의 열매는 메밀쌀을 만들어 밥을 지어먹기도 하는데, 녹말작물이면서도 단백질 함량이 높고 비타민B_1 · B_2, 니코틴산 등을 함유하여 영양가와 밥맛이 좋다. 가루는 메밀묵이나 면을 만드는 원료가 되어, 한국에서는 옛날부터 메밀묵과 냉면을 즐겨 먹었다. 섬유소 함량이 높고 루틴(rutin)이 들어 있어 구충제나 혈압강하제로 쓰이는데, 이 루틴을 생산할 목적으로 재배하기도 한다.

수수Sorghum

수수

고량(高粱) · 촉서 · 고랑 · 로속(蘆粟)이라고도 한다. 표면은 굳고 흰색의 납질물이 있으며 속이 차 있다. 처음에는 잎과 줄기가 녹색이나 차츰 붉은 갈색으로 변한다.

이삭의 모양은 품종에 따라 다르다. 몰려 있는 것, 퍼져 있는 것, 이삭이 곧게 선 것과 숙인 것 등이 있다. 배젖의 녹말 성질 차이에 따라서 메수수와 찰수수가 있다. 척박한 땅이나 건조한 땅에서도 잘 자라며, 조생종은 화곡류 중에서 생육기간이 가장 짧아서 파종 후 약 80일이면 수확할 수 있으므로 고랭지 · 개간지 등의 작물로 이용된다.

내력

원산지는 동아시아에서 중앙아시아에 걸친 대륙성 기후의 온대지방으로 추정되며, 신석기시대부터 아시아와 유럽 일대에서 재배되었다. 중국에서는 오곡의 하나로서 고대로부터 중요한 작물로 취급했다. 한국에는 중국을 거쳐 전해졌으며 오랜 옛날부터 재배되어 온 것으로 추정된다. 현재의 수수재배 상황은 북한지역이 비교적 재배면적이 넓으며 한국에서는 강원 및 경기에서 일부 재배되고 있다.

옥수수 Corn

● 옥수수

줄기는 곧게 서며 높이 1.5~2.5m의 크기로 자라고 일반적으로 가지를 치지 않는다. 줄기에 어긋나게 달린다.

각각의 작은 이삭은 2개의 작은 꽃으로 되어 있으며 1개의 작은 꽃은 불임화(不稔花)이다. 씨방에는 긴 비단실 모양의 암술대가 있으며 이것이 개화할 때 다발 모양으로 포 끝에 나와서 수분(受粉)한다. 같은 그루에서는 수꽃이 암꽃보다 2일 정도 빨리 피며 풍매화로서 타가수정을 한다. 옥수수알은 수분 후 젖익음때(유숙기), 풀익음때(호숙기), 굳음때(경화기), 누루익음때(황숙기)를 거쳐서 익음때(성숙기)에 이르며 품종과 지역에 따라 차이는 있으나 성숙까지 45~60일이 걸린다.

원산지는 멕시코에서 남아메리카 북부라고 하나, 그 원종이 아직까지 명확하지 않으므로 그 기원에 대해서도 여러 가지 설이 있는데, 적어도 수천 년 전에 재배된 이래 주작물(主作物)로서 남북아메리카 대륙에 걸쳐 널리 재배되었다.

1492년 콜럼버스가 옥수수를 재배하는 것을 보고 종자를 에스파냐로 가지고 돌아간 후부터 30년 동안에 전유럽에 전파되었으며, 그 후 인도나 중국에도 16세기 초에 널리 퍼졌다. 한국에는 16세기에 중국에서 전래된 것으로 알려져 있다.

분류 및 품종 특성

[옥수수 종자]

1. 마치종 : 성숙한 씨알의 표면이 움푹하게 들어가 말의 이빨처럼 된다. 성숙기가

늦고 이삭이 굵어 수량이 많다. 사료 및 공업용에 알맞다.

2. 경립종 : 씨알 윗부분이 둥글고 대부분 각질(角質)이며 이삭과 씨알이 마치종보다 작다. 수량이 떨어지나 맛이 좋아서 식용으로 주로 재배된다.
3. 감미종 : 씨알 전체가 반투명인 각질로 되어 있고 여문 후에는 쭈글쭈글해진다. 조생이며 단맛이 강하고 연하여 식용 및 통조림용으로 이용된다.
4. 폭립종 : 씨알이 거의 각질이고 잘며, 식용으로는 품질이 우수하지 못하지만 팝콘으로 이용하기에 알맞다.
5. 연립종 : 연질로서 각질은 배젖 주위에 극히 얇은 층이 있거나 전혀 없는 경우도 있다.
6. 연감종 : 연립종과 감미종의 중간 성질을 가진 것으로 아메리카 일부에서 재배된다.
7. 나종 : 납질종(蠟質種)이라고도 하며 찰옥수수라 하는 것으로, 씨알이 납질 모양으로 반투명에 가깝고 찰기가 있어 떡을 만들기에 알맞다. 아시아에 분포되어 있다.
8. 유부종 : 씨알 하나하나가 모두 껍질에 싸여 있는 것으로, 별로 재배되지 않는다.

용도

유럽에서는 사료작물로 이용되나 아시아 · 아프리카에서는 식용으로서 더 중요하다. 한국에서는 완숙되기 전에 수확하여 간식용으로 이용하나, 중부 산간지나 북부지방에서는 완숙 후에 수확하여 식량으로 이용하고 있다. 씨알은 물에 불려서 쌀이나 팥과 섞어 밥을 짓거나 맷돌에 갈아서 쌀 · 조와 섞어 먹기도 한다.

소화율이나 칼로리가 쌀 · 보리에 뒤떨어지지 않으나 단백질이 적으므로, 주식으로 하려면 콩과 섞어 먹거나 유럽에서처럼 우유 · 고기 · 달걀 등과 함께 먹는 것이 바람직하다. 또 엿이나 묵을 만들며, 가루는 콩가루 · 밀가루와 섞어서 과자 · 빵 · 만두 · 죽을 만들며 가축사료에도 쓰인다.

공업원료로서는 종실에서 옥수수녹말 · 포도당 · 풀 · 양조용에 이용되며 옥수수줄기로는 펄프 · 화약 원료를 만든다. 줄기와 잎은 가축사료로, 풋베기한 것은 사일리지로 이용된다. 이밖에 건축용 · 연료 · 충전물(充塡物) · 방석 · 짚신 · 의약원료(옥수수의 수염은 심장병약 원료) · 코르크 대용으로도 쓰인다.

율무Coix lachrymajobi var. mayuen

● 율무

의주자 · 인미 · 의미(薏米)라고도 한다. 높이 1~1.5m이다. 속이 딱딱하며 곧게 자라고 가지가 갈라진다. 잎은 어긋나고 바소꼴이며 나비가 약 2.5cm로서 밑부분은 잎집으로 된다. 꽃은 7~9월에 피고 잎겨드랑이에서 나온 꽃이삭 끝에 길이 3cm 정도의 수꽃이삭이 달린다. 밑부분에 타원형의 잎집에 싸여 있는 암꽃이삭이 있다. 포는 딱딱하고 타원 모양이며 길이 약 1.2cm로서 검은 빛을 띤 갈색으로 익는다. 씨방이 성숙하면 잎집은 딱딱해지고 검은 갈색으로 된다. 열매는 견과로서 10월에 익는다. 번식은 종자로 한다.

중국이 원산지인 귀화식물로서 약료작물로 재배한다. 종자를 의이인(薏苡仁)이라고 하는데, 차 등으로 먹거나 이뇨 · 진통 · 진경 · 강장작용이 있으므로 부종 · 신경통 · 류머티즘 · 방광결석 등에 약재로 쓰인다. 생잎은 차 대용으로 쓰고, 뿌리는 황달과 신경통에 쓰인다. 줄기에 달린 잎은 사료로도 쓰인다.

조Italian millet

● 조

영문명으로 Barn grass 또는 Chinese corn이라고 한다. 속명의 Setara는 라틴어의 seta(강한 털)에서 유래하며, 종명의 italica는 "이탈리아산의"를 뜻한다. 조는 밭에서 재배한다.

꽃이삭은 길이 15~20cm로서 한쪽으로 굽고 짧은 가지가 많이 갈라져서 꽃이 밀착한다. 1개의 작은 가지에는 1개의 양성화와 단성화가 달리고 밑부분에 가시같은 털이 있다. 작은 이삭은 길이 3mm 정도로서 1개의 꽃이 된다. 첫째 포영(苞穎: 작은 이삭 밑에 난 한 쌍의 포)은 길이 0.8~1mm로서 3맥이 있고, 둘째 포영은 길이 2mm 정도로서 5맥이 있으며 까락(芒)은 없다. 퇴화된 꽃의 호영(護穎: 화본과 식물꽃의 맨 밑을 받치고 있는 조각)은 5맥이 있고 까락이 없으며 둘째 포영과 비슷하다. 영과(穎果)는 황색이고 둥글며 떨어진 다음 포영이 남는다.

원산지는 동부아시아이며 그 원형(原型)은 강아지풀(S. viridis)이다.

조는 고대부터 재배되었으며, 중국에서는 BC 2천7백년에 이미 5곡(五穀)의 하나였다. 한국에서는 옛날부터 구황작물(救荒作物)로서 중요시되어 왔으며, 가뭄을 타기 쉬운 산간지대에서는 밭벼 대신 재배된다. 조가 세계적인 작물은 못되지만, 한국에서는 옛날부터 전국적으로 재배해 온 작물로서 한때는 보리 다음으로 많이 재배했던 밭작물이었다. 요즈음에는 식생활이 바뀌면서 극히 적은 면적에서만 재배되고 있다. 조의 분류와 품종을 살펴보면 봄에 뿌리는 봄조와, 여름에 뿌리는 그루조로 구분된다.

씨앗의 성질에 따라 차조와 메조로 나뉜다. 한국의 남부지방에서는 일본종, 북부지방에서는 중국 전래품종이 다소 재배되나, 전국 재배품종은 한국 재래품종이 주를 이룬다. 조의 재배 환경은 온난건조를 좋아하며 다소 가뭄이나 저온에도 잘 견딘다. 발아의 적온은 30~31℃이다. 병해충으로는 조균데병이 있는데, 잎이 점차 담갈색으로 변해서 찢어지고 가색의 가루를 날리다가 백발이 되는 병이다. 조는 쌀이나 보리와 함께 주식의 혼반용으로 이용되며 엿 · 떡 · 소주 및 견사용의 풀, 새의 사료 등으로 이용된다.

피 Barnyard millet

피

아시아가 원산지이며 예로부터 한국 · 인도 · 중국 · 일본 · 유럽 등지에서 재배되었으며, 현재는 미국이나 아프리카에서도 재배된다. 옛날에는 구황작물로서 많이 재배하였다. 환경적응성이 커서 산지나 척박한 땅에서도 잘 견디며 냉수답 또는 밭에서는 냉수가 솟는 저습지에 재배되어 왔다. 그러나 최근에는 거의 재배되지 않고 있다. 벼와 비슷하다.

꽃은 8~9월에 피고 원추꽃차례에는 가지가 많다. 작은 이삭은 1개의 꽃이 되고 길이 3.5~4mm로 까끄라기가 있거나 없다. 첫째 포영과 둘째 포영에 5맥이 있고, 호영(護穎)과 더불어 겉에 털이 있다. 수술은 3개, 암술은 1개이다. 7~10개의 분얼이 생기며 여름에 이삭이 나온다. 종자는 노란색 또는 어두운 갈색으로 익는다.

성질은 강건하고 생육기간이 짧아서 100~120일이다. 논·밭에서 모두 재배되며, 파종기는 추운지방에서는 4월 중순부터 5월 하순, 따뜻한 지방에서는 병충해를 피하기 위해 좀더 늦어진다. 피는 보통 가볍게 쪄서 절구로 정백한다. 단백질·지방이 많으며, 영양분은 쌀·보리에 떨어지지 않으나 소화율이 나쁘다.

밥에 섞어 먹거나 제분해서 떡·엿을 만들며 밀가루와 섞어서 빵을 만들기도 한다. 또 된장의 원료로도 쓰고 소주의 양조에도 이용한다. 피짚은 부드럽고 영양가가 높아서 겨울에 가축사료로 중요하다. 특히 석회분이 많아서 말의 사료로 쓰면 연골증에 걸리지 않는다. 일본에서는 말의 사료용으로 재배한다.

Food Materials Science

CHAPTER 02 서류

FOOD Materials Science
01 서류

감자Potato

감자

감자는 마령서(馬鈴薯) · 하지감자 · 북감저(北甘藷)라고도 한다. 페루 · 칠레 등의 안데스산맥이 원산지로 온대지방에서 널리 재배한다. 높이는 60~100cm이고 독특한 냄새가 난다. 땅속에 있는 줄기 마디로부터 가는 줄기가 나와 그 끝이 비대해져 덩이줄기를 형성한다.

덩이줄기에는 오목하게 팬 눈자국이 나있고, 그 자국에서는 작고 어린 싹이 돋아난다. 땅 위 줄기의 단면은 둥글게 모가 져있다. 잎은 줄기의 각 마디에서 나오는데, 대개 3~4쌍의 작은 잎으로 된 겹잎이며 작은 잎 사이에는 다시 작은 조각잎이 붙는다.

6월경에 잎겨드랑이에서 긴 꽃대가 나와 취산꽃차례를 이루고 지름 2~3cm 되는 별 모양의 5갈래로 얕게 갈라진 엷은 자주색 또는 흰색의 꽃이 핀다. 꽃이 진 뒤에 토마토와 비슷한 작은 열매가 달린다.

삶아서 주식 또는 간식으로 하고, 굽거나 기름에 튀겨 먹기도 한다. 소주의 원료와 알코올의 원료로 사용되고, 감자녹말은 당면, 공업용 원료로 이용하는 외에 좋은 사료도 된다.

성분은 덩이줄기에 수분 75%, 녹말 13~20%, 단백질 1.5~2.6%, 무기질 0.6~1%, 환원당 0.03mg, 비타민C 10~30mg이 들어 있다. 질소화합물의 절반을 차지하는 아미노산 중에는 밀가루보다 더 많은 필수아미노산이 함유되어 있다. 그리고 날감자 100g은 열량 80cal에 해당한다.

덩이줄기의 싹이 돋는 부분은 알칼로이드의 1종인 솔라닌(solanine : $C_{45}H_{73}O_{15}N$)이 들어 있다. 이것에 독성이 있으므로 싹이 나거나 빛이 푸르게 변한 감자는 많이 먹지 않도록 주의해야 한다.

재배관리

감자는 비교적 한랭한 기후에서 잘 자라며, 감자의 세계적인 산지는 대부분 연평균 기온이 4.5~10℃인 지대이다. 휴면이 끝난 씨감자를 심으면 4~5℃에서 발아하며, 발아일수는 일반적으로 30~40일로 긴데 이 기간을 발아기라고 한다. 발아 후 꽃망울이 형성될 때까지의 기간을 개엽기(開葉期)라고 하고, 이 기간 동안에 보통 5~6장의 잎이 자라며 지상부가 무성하게 된다. 생육 말기까지 조생종은 13장, 만생종은 17장 정도의 잎 전개를 볼 수 있다.

꽃망울이 형성된 다음부터 꽃이 피기 시작할 때까지의 10~15일간을 덩이줄기[塊莖] 형성기라고 하고, 이 기간에 덩이줄기의 비대가 왕성하며 양분의 흡수와 동화 및 전류가 모두 왕성하다. 줄기와 잎이 누렇게 변하는 시기로부터 잎과 줄기가 말라버릴 때까지의 5~15일간을 덩이줄기 완성기라고 한다. 이 기간에는 덩이줄기의 비대가 진행되지 않고 중량이 점차 감소하며 주피(主皮)가 코르크화 된다. 이와 같은 생육과정을 거쳐 심은 뒤 품종에 따라 90~130일이면 성숙하게 된다.

심는 시기는 중 · 남부 평지는 3월 중 · 하순, 고랭지는 5월 중순이다. 감자를 심는 밀도는 산간부 75×30cm, 평지 60×(24~30)cm 정도이고, 씨감자의 분량은 굵은 것은 4등분, 보통 것은 이등분하며, 10a당 180~200kg이 필요하다. 이랑을 만들고 골에 심었다가 나중에 흙으로 뿌리를 덮어준다. 발아가 완전히 끝나면 한 차례 김을 매고 솎아서 2대 정도만 남겨둔다. 싹이 15~18cm 정도 자라면 다시 한 번 김을 매고 흙으로 약간 덮어준다.

꽃망울이 달리기 시작할 때가 되면 4~5cm 정도의 흙으로 덮어준다. 꽃이 많이 필 경우에는 꽃을 따주는 것이 좋다. 줄기의 잎이 누렇게 되면 수확하는데, 중 · 남부의 평지는 6월 하순부터 7월 중순, 서북부나 중부의 고랭지는 7월 중순에서 8월 상 · 중순이 수확기이다.

고구마 Sweet potato

감서 · 단고구마라고도 한다. 한국 전역에서 널리 재배한다. 길이가 약 3m 정도이

고구마

다. 줄기는 길게 땅바닥을 따라 뻗으면서 뿌리를 내린다. 잎은 어긋나고 잎의 몸은 심장 모양으로 얕게 갈라지며 잎과 줄기를 자르면 즙이 나온다. 줄기 밑쪽의 잎자루 기부에서 뿌리를 내리는데, 그 일부는 땅속에서 커져 덩이뿌리인 고구마가 된다. 모양은 양쪽이 뾰족한 원기둥꼴에서 공 모양까지 여러 가지이고, 빛깔도 흰색 · 노란색 · 연한 붉은색 · 붉은색 · 연한 자주색으로 다양하다.

꽃은 7~8월에 잎겨드랑이에서 나온 꽃자루에 연한 홍색의 나팔꽃 모양으로 몇 개씩 달린다. 꽃받침은 5개로 갈라진다. 화관은 깔때기 모양이고 수술 5개와 암술 1개가 있다. 열매는 공 모양 삭과로 2~4개의 흑갈색 종자가 여문다.

가을에 서리가 내리면 잎과 줄기는 시드는데, 이때 고구마를 캐어 보온 저장했다가 이듬해 봄 묘상(苗床)에 심으면 싹이 나온다. 싹을 잘라 밭에 심으면 뿌리를 내린다. 아열대 · 열대 지방에서는 1년 내내 시들지 않으므로 적당한 시기에 줄기를 잘라 번식한다. 재배할 때는 종자를 쓰지 않는다.

용도

성분은 수분 69.39%, 당질 27.7%, 단백질 1.3% 등이며 주성분은 녹말이다. 제2차 세계대전 이전에는 대부분 식용으로 소비했으나, 최근에는 식용이 40% 안팎에 그쳐 예전처럼 주식을 보조하는 식품이 아니라 주로 부식 또는 간식으로 이용한다.

공업용으로는 녹말용으로 30% 정도를 사용하고, 엿 · 포도당 · 과자류 · 식용가공품 · 의약품 · 화장품 · 알코올 · 위스키 · 소주 등의 원료로 많이 사용한다. 돼지 등의 가축 사료용으로도 쓰이며 잎과 줄기는 땅의 생산력을 유지하는 풋거름으로 사용한다.

요리

감자에 비해 당질과 비타민C가 많고 칼로리가 낮다. 삶거나 굽는 것 외에 튀김이나 죽으로도 조리한다. 서양에서는 버터구이 · 파이 · 프라이 스위트 포테이토 등을 만든다.

마Dioscorea batatas

● 마

산우(山芋) · 서여(薯蕷)라고도 한다. 중국이 원산지로 약초로 재배하며 산지에서 자생한다. 식물체에 자줏빛이 돌고 뿌리는 육질이며 땅 속 깊이 들어간다. 품종에 따라 긴 것, 손바닥처럼 생긴 것, 덩어리 같은 것 등 여러 가지이다.

잎은 삼각형과 비슷하고 심장 밑 모양이며, 잎자루는 잎맥과 더불어 자줏빛이 돌고 잎겨드랑이에 주아(珠芽)가 생긴다.

꽃은 단성화로 6~7월에 피고 잎겨드랑이에서 1~3개씩 수상꽃차례[穗狀花序]를 이룬다. 수꽃 이삭은 곧게 서고 암꽃 이삭은 밑으로 처진다. 열매는 삭과로 10월에 익으며 3개의 날개가 있고 둥근 날개가 달린 종자가 들어 있다. 덩이뿌리를 한방에서는 산약(山藥)이라고 하며, 덩이뿌리는 식용 · 약용(강장 · 강정 · 지사제)으로 이용한다. 한국 · 일본 · 타이완 · 중국에 분포한다.

야콘Polymnia sonchifolia

● 야콘

키가 1.5~3m이다. 덩이뿌리는 고구마와 모양이 비슷하고, 땅 위로 나온 부분은 뚱딴지와 모양이 비슷하다. 줄기는 녹색 또는 자주색으로, 원통 모양이거나 약간 각이 져있고 털이 많으며 성숙하면 속이 빈다.

원줄기 밑쪽에는 마디가 많으며 가지가 발생하고 지표면의 뿌리줄기 눈에서 부정근이 많이 발생한다. 9월 말에 노란색 꽃이 피고 열매는 잘 맺지 않는다. 꽃이 피는 시기부터 덩이뿌리가 빠르게 살찌기 시작한다.

식용으로 이용되는 부위는 주로 덩이뿌리이다. 덩이뿌리는 고구마처럼 단맛이 나고 배맛처럼 시원하며 수분이 많다. 주된 성분은 프락토올리고당 · 인눌린 · 폴리페놀 등이며 알칼리성 식이섬유 등도 많이 들어 있다. 따라서 샐러드 등에 넣어 날것으로 먹고 삶아먹어도 좋다.

어린 잎은 샐러드용으로 이용하고, 수확기의 잎은 차로 이용한다. 대표적인 요리로는 야콘냉면, 야콘국수, 야콘호떡 등이 있다.

원산지는 남아메리카 안데스지방의 볼리비아와 페루이며, 원산지에서는 "땅 속의 배"로 불린다. 한국에는 1985년에 들어와 강화군 · 상주시 · 괴산군 등에서 재배하며, 일본으로 수출도 한다.

FOOD
Materials Science

Food Materials Science

CHAPTER 03 두류

01 FOOD Materials Science

두류

강낭콩Phaseolus vulgaris var. humilis

강낭콩

한자로 채두(菜豆), 운두(雲豆)라고도 한다. 원산지는 멕시코 중앙부에서 과테말라, 온두라스 일대이다. BC 5세기경부터 아메리카 대륙의 원주민이 재배하였고, 중앙 · 남아메리카로 보급되었다. 유럽에는 아메리카 대륙 발견 이후 에스파냐 사람에 의해 전파되었다고 한다.

한국에는 중국 남쪽지방에서 들어왔다고 하며, 일제강점기에 일본에서 여러 품종을 도입하여 식용으로 재배했다. 홍색 등의 꽃이 피며, 열매는 원통형이거나 좀 납작한 원통형의 꼬투리이다. 줄기잎은 사료로 쓰인다. 성분은 녹말 60%, 단백질 20% 정도를 함유한다.

재배 환경

온도에 대한 적응성은 품종에 따라 다르나, 대체로 온난한 기후에서 잘 자라며 추위에 약하다. 기온이 10℃ 이상, 토양온도 9℃ 이상이 아니면 정상적인 생육을 하지 못한다. 개화기에 온도가 높으면 꽃이 떨어지고, 고온과 건조시에는 콩알이 굵어지지 않는다. 결실기에 비가 자주 오고 다습하면 썩기 쉬우며, 수확 직전에는 꼬투리에서 싹이 터 수량과 품질이 떨어진다.

이용

열매는 밥에 넣어서 먹거나 떡 · 과자의 소로, 어린 꼬투리는 채소로 쓰인다. 중남미 · 인도 · 아프리카 등지에서는 주식으로 이용된다.

녹두 Phaseolus radiatus

● 녹두

안두(安豆)·길두(吉豆)라고도 한다. 따뜻한 기후의 양토(壤土 : 모래와 점토가 알맞게 섞인 검은빛의 흙)에서 잘 자란다. 높이는 30~80cm이다. 줄기는 가늘고 세로로 난 맥이 있고 10여 개의 마디가 있으며 가지를 친다. 잎은 1쌍의 떡잎과 갓 생겨난 잎이 나온 뒤, 3개의 작은 잎으로 된 겹잎이 나온다.

꽃은 노란색으로 8월에 피며, 잎겨드랑이에 몇 개씩 모여서 나나 3~4쌍만이 열매를 맺는다. 열매는 협과로 처음에는 녹색이지만, 익으면 검어지고 길고 거친 털로 덮인다. 길이 5~6cm이고 한 꼬투리에 10~15개의 종자가 들어 있다. 종자는 녹색인 것이 많으나 노란색, 녹색을 띤 갈색, 검은빛을 띤 갈색인 것도 있다.

건조에는 강하나 습기가 많은 상태에서는 약하다. 토양은 양토가 좋으나 습기가 많지 않으면 척박한 토양에서도 자란다. 이어짓기[連作]를 하면 수확량이 크게 줄어들므로 3~4년 동안 휴작하는 것이 좋다. 형태는 팥과 비슷하며 종자를 식용하기 위해 재배한다. 콩이나 팥보다 생육기간이 짧으므로 보리를 수확한 뒤 씨를 뿌려도 된다.

봄녹두는 4월 중순에서 하순, 그루녹두는 6월 하순에서 7월 중순에 씨를 뿌린다. 익으면 꼬투리가 벌어져 종자가 튀기 쉬우므로 익는 대로 몇 번에 나누어 수확한다.

품종을 나누지 않고 종자의 빛깔에 따라 노란색, 녹색을 띤 갈색, 검은빛을 띤 갈색 녹두로 구분하나 녹색녹두가 전체의 90%를 차지한다. 성분은 녹말 53~54%, 단백질 25~26%로 영양가가 높고 향미가 좋다.

청포(녹두묵)·빈대떡·떡고물·녹두차·녹두죽·숙주나물 등으로 먹는다. 민간에서는 피부병을 치료하는데 쓰이며 해열·해독작용을 한다. 원산지는 인도로 추정되며 한국·중국·인도 등의 아시아지역에 주로 분포한다.

대두 Soybean

대두(大豆), 콩이라고도 한다. 식용작물로 널리 재배하고 있다. 줄기는 높이가 60~

대두

100cm이고 곧게 서며 덩굴성인 품종도 있다. 뿌리에는 많은 근류(뿌리혹)가 있다. 잎은 어긋나고 3장의 작은 잎이 나온 잎이며, 작은 잎은 달걀 모양 또는 타원 모양이고 가장자리가 밋밋하다.

꽃은 7~8월에 자줏빛이 도는 붉은색 또는 흰색으로 피고, 잎겨드랑이에서 나온 짧은 꽃대에 총상꽃차례를 이루며 달린다. 꽃받침은 종 모양이고 끝이 5개로 갈라진다. 화관은 나비 모양이고, 수술은 10개이다.

열매는 협과로 줄 모양의 편평한 타원형이며 1~7개의 종자가 들어 있다. 완전히 익으면 꼬투리가 터져서 종자가 흩어진다. 종자는 품종에 따라 둥근 모양과 편평하고 둥근 모양 그리고 크기도 매우 다양하다. 종자의 빛깔은 황색 · 검은색 · 연한 갈색 · 초록색 등 여러 가지가 있다.

콩은 야생의 들콩(덩굴콩)으로부터 재배작물로 발달했다. 중국 동북지방에서 야생콩과 콩의 중간형이 재배되고, 이들의 변이형(變異型) 분포로 볼 때 원산지는 중국 동북지방에서 화베이[華北]에 걸친 지역으로 추정된다. 중국에서는 오곡의 하나로 4천년 전부터 재배되었으며, 한국에는 삼국시대 초기(BC 1세기 초)부터 재배되었다는 기록이 있다.

용도

콩은 전세계에서 경제적으로 매우 중요한 작물이다. 사람들에게 식물성 단백질을 공급할 뿐만 아니라 수많은 화학제품의 원료로도 쓰인다. 콩에는 수분 8.6%, 단백질 40%, 지방 18%, 섬유질 3.5%, 회분 4.6%, 펜토산 4.4%, 당분 7% 등이 함유되어 있다.

한국사람의 식생활에서 가장 비중이 큰 단백질 공급원이다. 가공하여 두부 · 된장 · 간장 · 콩가루 · 과자 · 콩기름 등을 만들고, 콩기름은 다시 가공하여 인조버터의 제조원료와 각종 공업원료로 쓰인다. 콩깻묵은 사료나 비료로 쓰고, 다시 가공하여 간장 · 된장 · 과자 등을 만드는 데 쓰인다. 또 콩나물로 길러 먹기도 한다.

품종

콩에는 여러 품종이 있는데, 형태와 빛깔로 분류하면 다음과 같다. 재배콩의 대부분을 차지하는 품종으로 종자가 황색이며 모양이 둥근종, 종자가 녹색인 푸른종, 검정콩, 종자가 매우 작은 쥐눈이콩, 그 밖에 갈색 · 얼룩이 · 아주까리콩 등 매우 다양하다.

또한 꽃눈 형성에 필요한 햇빛을 쬐는 시간과 기온에 따라서 여름형 · 중간형 · 가을형으로 나눈다. 여름형은 주로 고온에서 꽃이 피고 이른 시기에 수확하는 품종으로, 봄에 일찍 심지 않으면 수확량이 적다. 가을형은 햇빛을 쬐는 시간이 짧을 때 꽃이 피고 늦은 시기에 수확하는데, 품질이 좋고 수확량이 많은 품종이 많다.

동부*Vigna sinensis*

● 동부

강두(豇豆) · 광저기라고도 하며, 지방에 따라서는 광정이로 부르기도 한다. 작물로 재배하는데, 전체에 털이 없으며 줄기는 곧게 서며 왜성(矮性)과 덩굴성의 구별이 있다.

잎은 3출 복엽(三出複葉)이고 잎자루가 길다. 꼭대기의 작은 잎은 사각형꼴 달걀 모양이고 끝이 뾰족하며 길이 8~15cm이다. 옆쪽의 작은 잎은 일그러진 달걀 모양이고 잎자루는 짧다.

꽃은 잎겨드랑이에 총상꽃차례[總狀花序]를 이루고 8월에 피는데, 백색 · 자주색 또는 담황색 등으로 피며 나비 모양이다. 열매는 협과로 긴 꼬투리이고 밑에서부터 올라가면서 익고, 신장형이며 빛깔은 여러 가지이다.

동부는 팥과 비슷하나 종자가 약간 길고 종자의 눈도 길어서 구별된다. 고온을 요하는 따뜻한 지방에서 알맞은 작물이며 서리에 약하다. 그러나 한국에서는 여름의 고온시기를 이용하여 재배가 가능하다. 토양은 별로 가리지 않는다. 한국 · 동남아시아 · 중앙아프리카 · 미국 등지에서 재배된다.

종자를 밥에 넣거나 떡의 소, 과자를 만드는 데 이용한다. 미국에서는 풋베기 사료 또는 건초로 이용한다. 약재로도 쓰이는데, 신장을 보호하고 위장을 튼튼히 하며 혈액순환을 촉진시킨다. 또한 당뇨병 · 구토 · 설사 등에도 효력이 있다. 원산지를 동남아시아 · 서남아시아로 보는 학자도 있고, 중앙아프리카로 보는 학자도 있다. 오래전부터 재배되었고 한국에는 중국으로부터 전래되었다.

땅콩 Peanut

땅콩

땅콩을 낙화생(落花生)이라고도 한다. 브라질이 원산지로 널리 재배되고 있다. 원줄기는 밑 부분에서 갈라져 옆으로 비스듬히 자라므로 사방으로 퍼지며 전체에 털이 있고 높이는 60cm에 달한다. 잎은 어긋나고 짝수 1회 깃꼴겹잎으로 잎자루가 길다. 작은 잎은 4개이고 거꾸로 선 달걀 모양으로 끝이 둥글고 턱잎은 크며 끝이 길게 뾰족해진다.

7~9월에 노란색꽃이 잎겨드랑이에 1개씩 달리는데, 꽃자루가 없으며 나비 모양 꽃의 대처럼 보이는 꽃받침통 끝에 꽃받침조각 · 꽃잎 및 수술이 달린다. 꽃받침통 안에 1개의 씨방이 있고 실같은 암술대가 밖으로 나오며, 수정이 되면 씨방 밑부분이 길게 자라서 씨방이 땅속으로 들어간다. 꼬투리는 긴 타원형으로 두껍고 딱딱하며 황백색으로 겉에 그물 모양의 맥이 있고 속에 2~3개의 종자가 들어 있다. 종자는 살이 쪄서 몸집이 크며 두툼하고 기름기가 있으며 식용을 한다.

한국에 땅콩이 도입된 것은 1800~1845년 사이에 중국으로부터 들어온 것으로 추정된다. 땅콩은 원줄기로부터 약 10개 내 · 외의 가지가 어긋나기로 발생되는데, 이 가지가 뻗는 모양에 따라 땅콩의 모양을 세 가지로 분류한다. 즉 가지가 땅 표면에서 곧게 서는 종류를 직립형(直立型), 가지가 땅 표면과 같은 방향으로 뻗는 종류를 포복형(匍匐型), 이 두 가지 형의 중간형인 것을 반립형(半立型)이라 한다.

땅콩은 종자의 크기에 따라 생육기간이나 그 내용 성분과 용도에 차이가 있는데,

종자가 큰 대립종(大粒種)은 단백질 함량이 높아서 보통 간식용으로 이용되며, 종자가 작은 소립종은 지방 함유율이 높아서 기름을 짜거나 과자나 빵 등 식품의 가공에 이용된다. 한국에서는 평균기온 12℃의 등온선이 통과하는 남쪽인 영남·호남지역과 제주도가 대립종 땅콩재배 적응지역이며, 그 이북이 소립종 적응지역으로 구분되어 있다.

국내에서 육성한 땅콩품종으로는 대립종에 서둔땅콩·영호땅콩이 있으며, 소립종으로는 올땅콩을 장려하고 있다. 땅콩 종자에는 45~50%의 지방과 20~30%의 단백질이 포함되어 있어 영양가가 매우 풍부한 식품에 속한다. 볶아서 간식용으로 먹고 땅콩버터·과자용 등으로 널리 쓰이며, 낙화생유는 식용기름·마가린·기계유·윤활유 등에 쓰인다. 줄기와 잎은 질소함량이 많아서 가축의 사료로 알맞으며 또한 녹비로 쓰인다. 땅콩껍질도 사료와 제지원료로 사용한다.

렌즈콩 Lentils

이집트 또는 병아리콩이라고도 한다. 일반 콩보다 조금 크며 모양이 불규칙하게 생겼다. 주로 지중해, 인도, 중앙아시아 지역의 요리에 쓰인다. 삶아 샐러드나 으깨서 퓌레로 사용한다.

● 렌즈콩

리마콩 Lima bean

리마빈, 리마콩이라고도 한다. 열대 아메리카 및 과테말라가 원산지이다. 온대에서는 겨울에 말라 죽는다. 덩굴이 없는 품종도 있다. 여름에 나비 모양의 흰색꽃을 달고 초승달 모양의 꼬투리가 여문다. 콩은 한 개의 꼬투리에 3~4알이 들어 있고 지

● 리마콩

름 1.5~2cm로 편평하다. 흰색 · 검은색 · 붉은색 외에 얼룩무늬도 있다.

어린 꼬투리를 삶으면 달고 향미가 있어 두협류(豆莢類) 중에서 가장 맛이 있다고 하여 슈가빈(sugar bean)이라는 이름이 붙었다. 콩에는 파세올라틴이나 시안산을 함유하고 있어 중독되기도 하므로 콩 삶은 물은 버린다.

완두콩Pea

완두콩

각지에서 재배한다. 멘델이 실험에 이용한 식물로 유명하다. 높이 2m 정도이고 잎은 겹잎이며 잎 끝은 덩굴손으로 되어 지주를 감아 올라가면서 자란다. 잎겨드랑이에서 꽃대가 나와 1~2개씩의 접형화가 핀다. 꽃은 흰색 · 붉은색 · 자주색 등이며 늦은 봄에 핀다. 꼬투리에는 5~6개의 종자가 들어 있다.

완두의 원산지는 지중해 연안으로 고대 그리스 · 로마시대에 이미 재배되었다. 중국에는 5세기경에 전해졌고, 한국에서의 재배 역사는 오래되지 않다. 완두는 10월 중순에서 11월 중순에 파종하여 이듬해 4~6월에 수확하는 보통재배법이 있다. 주로 남부의 2모작 지대에서 많이 재배하며, 9월에 파종하여 12~3월에 수확하는 촉성재배법, 5~6월에 파종하여 초가을에 수확하는 억제재배법 등 3가지 재배방식이 있다.

완두의 씨알은 탄수화물이 주성분이며 단맛이 뛰어나고 단백질도 많으며 어린 꼬투리에는 비타민도 풍부하다. 팥이나 강낭콩처럼 밥에 넣어 먹거나 떡 · 과자의 고물로도 이용된다. 성숙하기 전의 푸른 씨알은 통조림으로, 어린 꼬투리는 채소로, 잎 · 줄기는 가축의 사료(飼料)로 이용한다.

잠두Fava bean

크고 긴 연한 녹색 꼬투리 안에 자라는 콩팥 모양의 갈색콩이다. 우리나라에서는 잠두(蠶豆)라고 부르며, 다른 나라에서는 파바빈(Faba bean), 브로드빈(Broad bean), 볼슨빈(Borse bean)이라고도 한다.

● 잠두

파바빈은 말린 것이나 조리한 상태로 구입이 가능하지만, 제철에 생산되는 콩보다는 신선하지 않다. 신선한 파바빈을 고를 때에는 콩이 콩깍지에 돌출되지 않은 것을 구입해야 한다. 최대 수확기는 봄에서 초여름이다.

파바빈은 익혀서 먹거나 또는 익힌 다음 차갑게 식혀서 먹기도 하는데, 퓌레나 수프로 만들어 먹는다. 파바빈은 매우 거친 표면을 가지고 있어 조리하기 전에 반드시 끓는 물에 데쳐서 껍질을 벗기고 나서 먹는 것이 좋다. 지중해와 중서부지역에서 매우 인기 있는 음식재료로서 다양한 조리방법을 이용하여 먹는다.

팥Red bean

소두(小豆)·적소두(赤小豆)라고도 부른다. 팥의 원종(原種)에 대해서는 분명하지 않으나, 원산지는 중국 일대일 것으로 추정되고 있으며, 동양에서 오래전부터 재배한 작물이다. 한국은 중국에서 들어온 것으로 생각되며 재배한 역사도 오래된 작물이다.

● 팥

줄기는 콩보다 다소 가늘고 긴데 덩굴이 뻗는 경향이 있으며 쓰러지기가 쉽다. 높이는 보통 50~90cm인 것이 많고 줄기는 녹색이나 붉은빛을 띤 자주색이다. 잎은 어긋나고 3개의 작은 잎으로 된 겹잎이며, 긴 잎자루의 밑부분에 작은 턱잎이 있다. 작은 잎은 달걀 모양 또는 마름모꼴 달걀 모양이다.

꼬투리는 길이 10cm 정도의 가늘고 긴 원통형이며 털이 없다. 성숙하면 연한 노란색, 연한 갈색, 검은 갈색으로 되며 속에 3~10개의 종자가 들어 있다. 색깔은 이른바 팥색, 그 밖에 흰색, 연한 노란색, 검은색, 연한 녹색, 검은색 무늬가 있는 것 등이 있다.

팥은 줄기가 곧게 서는 보통팥과 덩굴성인 덩굴팥으로 구별되는데, 생태적 특성에 따라 여름팥과 가을팥, 씨껍질의 색깔에 따라 붉은팥 · 검정팥 · 푸른팥 · 얼룩팥 등으로 구별한다.

팥의 품종은 정리되어 있지 않고 재래품종이 재배되고 있으며 홍천적두(洪川赤豆)가 대립(大粒) · 조숙 · 다수(多收)로서 가장 우수하며, 이 밖에 조숙종인 진천적두(鎭川赤豆), 만숙종인 영동적두 · 문의적두 등이 우량시되고 있다.

팥에는 녹말 등의 탄수화물이 약 50% 함유되어 있으며, 그 밖에 단백질이 약 20% 함유되어 있다. 씨껍질의 색소는 안토시안이므로 알칼리나 철냄비에 끓이면 검은색을 띠고, 산이나 공기에 접촉하면 붉은색을 띤다.

재배는 콩과 비슷하며, 저온 · 다습에 약하나 생육기간이 짧으므로 고랭지에서도 적당하며, 다른 작물의 앞 · 뒷그루의 짧은 기간을 이용해서 재배할 수도 있다. 이어짓기는 좋지 않으므로 돌려짓기를 해야 한다.

Food Materials Science

CHAPTER 04 육류

FOOD Materials Science

01 육류

노루Western roe deer

노루

육질(肉質)이 연하고 냄새가 많이 나지 않아서 전골요리에도 좋고, 갖은 양념을 하여 구이를 해도 좋다. 노루고기로 곰국을 끓일 때는 하루 정도 고아 뼈까지 노글노글해지면 국물이 아주 진해진다. 이 국물을 받혀서 식히면 묵처럼 응고되는데, 이것을 차가운 곳에 두고 하루에 1~2번 데워서 먹으면 겨울철 보양식으로 좋다. 한국에서는 예로부터 검은 염소곰과 함께 노루곰을 약효를 겸한 건강식품으로 애용했다.

돼지고기Pork

돼지고기

저육(豬肉)이라고도 한다. 멧돼지를 가축으로 기른 것이 돼지인데, 일찍부터 식용한 곳은 중국으로 중국요리에서 요리명에 '러우[肉]'라는 말이 붙은 것은 돼지고기를 가리킨다.

돼지의 종류는 한국에 수십 종이 있으나 크게 흰돼지와 검정돼지로 나눌 수 있다. 흰돼지는 비계가 두꺼워 살이 많이 찌고 빨리 크는데 비해, 검정돼지는 사료 효율이 나빠 빨리 크지는 않지만 살이 단단하고 맛이 좋다.

돼지고기는 잡은지 3~4일 지난 것이 가장 맛있다고 하며, 오래 되면 고기가 누렇게 되고 단면이 휘어진다. 원래 고기의 빛깔은 쇠고기보다 연한 분홍색이고 쇠고기에 비해 지방 함량이 많고 지방이 희고 견고한데, 방향이 있는 것이 우량품이다. 돼지고기는 대체로 연하고 지방질이 많아 열량을 많이 얻을 수 있는 식품이므로 여러 가지 요리에 폭넓게 이용된다.

다만, 돼지고기에는 갈고리촌충 등의 기생충이 있을 염려가 많으므로 날로 먹는 일은 피하고 반드시 충분히 익혀서 먹어야 한다. 그러나 너무 익히면 고기맛을 잃게 되므로 구이를 할 경우는 우선 센불로 양쪽 면을 완전히 익힌 다음 불을 낮추어 속까지 익도록 뚜껑을 덮어 익히는 것이 좋다. 한국의 돼지고기 요리로는 삶아 눌러 만든 제육을 양념하여 구이나 볶음을 하고, 갈비나 족으로는 찜을 하며, 돼지머리는 삶아 돼지머리 편육을 만든다.

돼지고기의 부위는 대체로 어깻살 · 등심 · 삼겹살 · 방앗살 · 뒷다리 등으로 구분한다. 등심 · 방앗살을 최상육, 뒷다리를 상육, 어깻살을 중육, 삼겹살을 하육으로 친다. 다른 육류와 마찬가지로 돼지고기에는 단백질의 함량이 많고, 비타민B_1의 함량이 월등히 많다. 100g 당 열량은 125kcal이다.

멧돼지 Brawn

● 멧돼지

돼지의 원종(原種)인 멧돼지의 고기이다. 한국에서는 예로부터 멧돼지고기를 일품 식용육으로서 귀히 여겨 왔다. 12~1월 중순에 걸쳐 먹이가 풍족한 한지(寒地)에서 잡히는 무게 60kg 정도의 암퇘지가 가장 맛이 있다. 멧돼지는 본래 무엇이든지 가리지 않고 먹는 잡식성이기 때문에 지방이 풍부하고 자극성이 강하다. 도살 후 7~10일이 고기가 가장 부드럽고 맛이 있다. 일반적으로 육류(肉類)는 오래 익히면 단단해지지만, 멧돼지고기는 익힐수록 부드러워지는 것이 특징이다. 멧돼지를 통째로 그을러 털을 태워버리고 가죽채로 요리하면 더욱 구수하고 맛이 있다. 한국에서도 멧돼지를 사육하는 농가가 늘어나 멧돼지고기가 많이 시판되고 있다.

사슴 Deer/Venison

사슴

사슴은 초식동물로서 풀 · 가지 · 나무껍질 · 줄기 등을 먹는다. 사슴은 전형적으로 날씬하며 다리가 길고 모피는 갈색이다. 이들은 보통 집단을 형성하여 지내며, 몇몇 종은 매년 긴 이주(移住)를 되풀이한다. 암컷은 일반적으로 1~2마리의 새끼를 낳는데, 태어났을 때 새끼는 흔히 반점을 가지고 있다. 사슴은 고기와 가죽, 뿔을 얻기 위해 사냥되는데, 뿔은 기념물로 보존되기도 하고 중국 등에서는 오래 전부터 약재로 사용되어 왔다.

사슴고기는 담백하고 연하며 별다른 냄새도 나지 않으므로, 예로부터 식용으로 애용되어 왔다. 고기맛은 가을부터 초겨울에 걸쳐 포획한 것이 가장 좋으며, 주로 불고기, 로스구이, 전골요리를 해서 먹는다. 사슴의 뿔, 특히 대각은 녹용(鹿茸)이라 하는데, 혈액순환을 돕고 심장을 강하게 한다고 하여 한방에서는 강장제로 귀중하게 쓰인다.

소고기 Beef

소고기

우육(牛肉)이라고도 한다. 소고기는 좋은 질의 동물성 단백질과 비타민A, B_1, B_2 등을 함유하고 있어 영양가가 높다. 나이 · 성별 · 부위에 따라 고기의 유연성 · 빛깔 · 풍미가 다르며, 육우(肉牛)로 사육한 4~5세의 암소 고기가 가장 연하다고 알려져 있다. 약간 오렌지색을 띤 선명한 적색에 살결이 곱고 백색이면서 끈적거리는 느낌의 지방이 있는 것이 좋다. 지방이 붉은 살 속에 곱게 분산된 것일수록 입의 촉감이 좋고 가열 조리해도 단단해지지 않는데, 이유는 고기의 단백섬유는 급속히 가열될 때 수축되어 단단해지는 성질을 가지고 있으나, 지방은 열의 전달이 느려 붉은 살 부분의 급속한 온도상승을 방지하기 때문이다.

소고기의 구수한 맛은 주로 이노신산인데, 이것은 소를 도살한 후 4~5℃ 정도에 약 10일간 보존하는 숙성기간 중에 다량으로 생긴다. 숙성이 끝난 고기는 장기간 보존할 수 없으므로 급속냉동을 시켜 -20℃ 이하에서 보존한다. 또 소고기를 공기에 접촉시키면 적색의 육색소인 미오글로빈이 산화되어 갈색의 메트미오글로빈으로 변화되고, 지방도 산화되어 산패(酸敗)되므로 곧 사용하지 않을 경우에는 공기에 접촉되지 않도록 포장하여 냉장고 안에 보관해야 한다.

송아지고기 Veal

송아지고기

송아지고기 지육 분류는 두 가지 요인, 즉 동물의 연령과 사료의 종류에 의해 결정된다. 송아지고기에는 세 가지 종류가 있다. 어린 송아지고기, 특수사육 송아지고기, 큰 송아지고기로 나눈다.

어린 송아지고기(Bob veal)는 도축 시 체중이 70kg 이하인 어린 송아지고기이다. 살코기는 밝은 핑크색이며 약간 부드러운 조직감을 가졌다. 특수사육 송아지고기(special fed veal)는 송아지가 160~220kg이 될 때까지 영양학적으로 완전한 성분을 지닌 사료를 공급하여 사육한 송아지의 고기이다. 그 결과 살코기는 부드러운 핑크색이며 고기는 단단하고 매끄럽고 부드러운 조직감을 지니게 된다. 수출 시 가장 선호되는 미국산 송아지고기가 이 특수사육 송아지고기이다. 큰 송아지고기(veal calf)는 대략 생후 5~12개월 사이일 때 판매된다. 이들 송아지는 건초, 곡물 및 기타 영양성분을 섞은 사료로 사육된다. 큰 송아지고기의 살코기는 어두운 핑크색이거나 적색이며, 마블링이 다소 있고 외부지방이 있으며 조직감은 다소 단단하다.

양고기 Mutton

생후 1년 7개월 이상 된 양의 고기이다. 그것보다 어린 양의 고기는 새끼양고기(lamb)

양고기

라 하여 구별한다. 외국에서는 양을 유사 이전부터 길렀으나 한국에서는 백제 때부터 사육한 것으로 알려졌고, 최근에는 털 생산용으로 사육되고 있을 뿐 식육 생산용으로는 사육하지 않는다.

양고기는 섬유질이 연하여 돼지고기 대용으로 사용되나 특유한 냄새가 난다. 냄새를 없애는 데는 생강 · 마늘 · 파 · 후춧가루 · 카레가루 · 포도주 등이 사용되며 끓는물로 한 번 데쳐도 된다.

양고기 요리로는 칭기즈칸요리 · 바비큐 · 불고기 · 스튜 등이 좋다. 또 점착력이 강하므로 햄 · 소시지의 결합제로서도 널리 사용된다. 고기 빛깔이 밝고 광택이 있으며 지방질이 적당히 섞인 백색의 것을 선택하는 것이 좋다.

염소Goat

염소

가축화에 의해 전 세계적으로 분포하며 야생화되고 있다. 검정 또는 흰색이고 크기 120~160cm, 어깨높이 70~100cm, 뿔 길이 80~130cm, 몸무게는 25~95kg 정도이다. 매우 민첩하며 공격적인 성향이 있어 자기먹이 뿐 아니라 다른 가축의 먹이도 빼앗는다. 그래서 염소 무리들이 자연을 훼손하는 경우가 세계적으로 종종 발생한다.

발정기에는 뿔을 부딪쳐 서로 싸운다. 험준한 산에서 서식하며 먹이는 나뭇잎 · 새싹 · 풀잎 등이고, 사육하는 경우에도 거친 먹이에 잘 견딘다. 임신기간은 145~160일이며, 한 배에 1~2마리의 새끼를 낳는다. 갓 태어난 새끼는 털이 있고 눈을 뜨고, 며칠이 지나면 걸을 수 있다. 생후 3~4개월이면 번식이 가능하고 수명은 10~14년이다. 흑염소에는 지질 함량이 적은 반면, 단백질 · 칼슘 · 철분이 많다. 철분은 빈혈을 막고, 임산부가 태아에게 빼앗긴 칼슘을 보충하고 성장기의 어린이에게 직접 필요한 영양소이다.

염소고기는 속을 덥게 하고 내장을 보하며 심장을 안정시키고 놀라는 것을 멈추게 한다. 염소의 허파는 폐를 보하고 기침을 그치게 하며, 콩팥은 신기허약을 보하고 정수를 늘린다. 쓸개는 청맹을 다스리고 눈을 밝게 하며, 간에 있는 비타민A는 야맹증과 노년기의 시력 감퇴에 유효하다.

토끼 Rabbit

● 토끼

일반적으로 굴토끼는 길들인 사육토끼(집토끼)를 가리킬 때가 많다. 토끼과는 일반적으로 굴토끼류(rabbit)와 멧토끼류(hare)로 구분된다. 그러나 이 두 무리는 구조상 크게 다르지 않다. 굴토끼류는 태어날 때 털이 없고 눈을 뜨지 못하며 무력하다. 그러나 멧토끼류는 태어날 때 이미 털이 많으며, 태어난 지 얼마 지나지 않아도 뛸 수 있다. 또 굴토끼류는 군집성이고 멧토끼류보다 작다. 그러나 멧토끼류는 단독성이다.

그 밖에 굴토끼류는 귀가 길고 꼬리가 짧으며 뒷다리가 길다. 모피는 대개 회색이나 갈색이다. 한 배에 2~8마리씩 1년에 몇 차례 새끼를 낳는데, 지방질과 콜레스테롤이 적다. 모든 육류 중 단백질과 미네랄이 가장 많으며 인간의 신경퇴화를 막는 항체는 토끼에만 존재한다.

FOOD Materials Science

02 가금류

거위 Goose

야생기러기를 길들여 식육용으로 개량한 가금이다. 거유 · 게모 · 게우라고도 불렸

거위

으며, 한자로는 '아(鵝)'라 한다. 820년에 신라아(新羅鵝)를 일본에 전했다는 기록이 있어 한국에는 이보다 오래 전부터 길렀을 것으로 보인다.

품종에는 유럽계와 중국계가 있다. 유럽계에는 회색기러기를 개량한 엠덴종(Emden)과 프랑스에서 개량한 툴루스종(Toulouse)이 있으며, 두 종 모두 성질이 온화하고 살이 많이 찐다. 잘 기른 것은 배에 살이 쪄서 땅에 닿을 정도이다. 중국계는 개리를 개량한 것인데, 중국거위라고도 불리며 윗부리의 기부에 혹 모양의 돌기가 있어 유럽계와는 쉽게 구별할 수 있다. 깃털은 흰색이 많으나 갈색 계통도 있다. 유럽계보다는 좀 작고 한국에서는 이 품종을 많이 기른다. 고기를 얻기 위한 목적 외에 사람이나 가축을 보면 잘 울어서 집보기용으로도 기른다. 거위는 가금이 된 지 오래되었으므로 거친 먹이도 잘 먹고 추위에도 강하다. 못이나 냇가의 넓은 풀밭에 울타리를 치고 눈비를 가릴만한 간단한 지붕을 씌운 뒤 집단으로 풀어서 먹인다. 사육 비율은 수컷 1마리에 암컷 3마리로 한다.

반드시 물에서 교미하므로 씨알을 얻기 위해서는 물이 있는 곳에서 길러야 한다. 산란기는 이른 봄부터 시작되며 한 계절에 중국계는 50개, 유럽계는 20개 정도를 낳는다. 알은 그대로 어미거위에게 품게 하거나 닭이나 칠면조에게 품게 해도 좋은데, 근래에는 인공부화를 많이 한다. 부화기간은 약 30일이다. 질병에 강하며 수명은 40~50년이다. 번식용으로는 15~16년간 이용할 수 있다.

닭 Fowl

품종

닭의 품종은 용도별로 달걀 생산을 주목적으로 하는 난용종, 고기 생산을 주목적으로 하는 육용종, 고기와 달걀 생산을 주목적으로 하는 난육겸용종, 애완동물로 기르기 위한 애완종으로 나뉜다.

● 닭

난용종은 알을 많이 낳는 대신 고기의 질과 양이 떨어지고, 육용종은 고기의 질과 양은 뛰어나나 알을 낳는 능력이 떨어진다. 난육겸용종은 두 가지 특성을 고루 갖춘 종으로서 미국의 뉴햄프셔종, 영국의 서섹스종, 오스트레일리아의 오스트랄로프종이 대표적인 품종이다. 애완종에는 보통 '밴텀(bantam)'이라 불리는 소형 개량종이 많으며 '샤모'와 같은 싸움닭도 이 품종에 속한다.

달걀을 얻기 위해 기르는 난용종 품종에는 다음과 같은 것이 있다.

1. 레그혼종 : 이탈리아가 원산지이다. 전형적인 난용종 체형을 하고 있으며 성질이 예민하고 행동이 민첩하며 체질이 강건하다. 볏이 크고 귓불은 희며 정강이는 노란색이다. 알을 잘 품지 않으려 하고 빨리 자란다. 표준체중은 암컷이 1.8kg, 수컷이 2.5kg이고, 알을 처음 낳는 나이는 150~160일, 연간 산란수는 220~250개, 알무게는 55~60g이다.
2. 메노르카종 : 에스파냐가 원산지이다. 몸이 직선적이고 고기수염이 길며 귓불은 크다. 부리 · 정강이 · 발가락은 검은색이고 피부는 회색, 알껍질은 흰색이다. 표준체중은 암컷 3.2~3.4kg, 수컷이 3.8~4kg이고, 알을 처음 낳는 나이는 180~200일, 연간 산란수는 150~160개, 알무게는 60~65g이다.
3. 함부르크종 : 독일이 원산지이다. 외모가 아름답고 체구가 작아서 애완용으로도 기르는데, 성질은 경쾌하고 활발하나 추위에 약하다. 깃털은 금색과 은색의 2종이 있으며, 귓불은 흰색이고 정강이는 가늘다. 알껍질도 흰색이고 고기의 질은 좋지 않다. 표준체중은 암컷이 1.6~2kg, 수컷이 2~2.5kg이고, 알을 처음 낳는 나이는 180일, 연간 산란수는 200~250개, 알무게는 45g이다.
4. 안달루시아종 : 에스파냐가 원산지이다. 체질은 약하나 체형이 아름다워 애완용으로 많이 기른다. 성질은 활발하나 알을 잘 품지 않는다. 깃털은 푸른빛이 도는 회색이다. 표준체중은 암컷이 2.7kg, 수컷이 3.5kg이고, 알을 처음 낳는 나이는 180~200일, 연간 산란수는 150개, 알무게는 60g이다.

닭고기와 달걀을 얻기 위해 기르는 난육겸용종 품종에는 다음과 같은 것이 있다.

1. 플리머스록종 : 미국이 원산지이다. 체질이 강건하고 거친 사료도 잘 먹으며 늦게 자라는 편에 속한다. 볏은 작은 홑볏이고 귓불은 빨간색이며 피부와 정강이는 노란색이다. 내종(內種)으로 횡반플리머스록종과 백색플리머스록종이 있다. 표준체중은 암컷이 3.3kg, 수컷이 4.7kg으로, 알을 처음 낳는 나이는 170~180일, 연간 산란수는 180~200개, 알무게는 60g이다.
2. 로드아일랜드레드종 : 미국이 원산지로 장미볏과 홑볏이 있으며, 귓불과 정강이는 빨간색이고 피부는 노란색이다. 성질이 온순하고 알을 잘 품으며 만우성(晩羽性)이다. 표준체중은 암컷이 3kg, 수컷이 4.0kg으로 처음 알을 낳는 나이는 170~190일, 연간 산란수 200개, 알무게는 50~60g이다.
3. 뉴햄프셔종 : 미국이 원산지이다. 체질이 강건하고 성질이 온순하며 알을 잘 품지 않고 빨리 자란다. 깃털은 호두색이며 가운데 꼬리깃은 검정색이다. 표준체중은 암컷이 2.9kg, 수컷이 3.9kg으로 처음 알을 낳는 나이는 170~180일, 연간 산란수는 180~220개, 알무게는 57~60g이다.
4. 오핑턴종 : 영국이 원산지이다. 홑볏이며 넓적다리에 연우(軟羽)가 있고, 정강이는 짧고 검정색이며 피부는 회색이다. 표준체중은 암컷이 3.6kg, 수컷이 4.5kg으로 처음 알을 낳는 나이는 180~200일, 연간 산란수는 140개, 알무게는 60g이다.
5. 오스트랄로프종 : 오스트레일리아가 원산지로, 홑볏이며 깃털은 검정색이고 피부는 회색이다. 처음 알을 낳는 나이는 180~200일, 연간 산란수는 200개, 알무게는 55~60g이다.

닭고기를 얻기 위한 육용종 품종에는 다음과 같은 것들이 있다.

1. 코니시종 : 영국이 원산지이다. 암수의 체형이 비슷한데, 깃털이 튼튼하며 날개와 정강이의 길이가 짧고 가슴이 딱 벌어져 있다. 꽁지는 밑으로 처져 있다. 내종(內種)으로는 암색코니시종 · 백색코니시종 등이 있으며, 백색코니시종은 다른 육용종 품종의 번식용 수탉으로 많이 이용된다. 표준체중은 암컷이 3.6kg, 수컷이 4.8kg으로 알을 처음 낳는 나이는 200일, 연간 산란수 100~120개, 알무게는 60g이다.

2. 브라마종 : 인도가 원산지로 닭 중에서 가장 무겁다. 성질이 온순하고 체질이 강건하며 성장 속도가 느리다. 깃털은 담색과 은색의 두 종류가 있고, 볏은 장미볏이며 부리와 피부는 노란색이다. 표준체중은 암컷이 4.5kg, 수컷이 5.4kg으로 알을 처음 낳는 나이는 210~240일, 연간 산란수 110~120개이다. 알을 잘 품는다.
3. 코친종 : 중국이 원산지로 체질이 강건하고 성질이 온순하다. 표준체중은 암컷이 3.8kg, 수컷이 5kg이다. 알을 처음 낳는 나이는 210~240일이며 연간 90개의 알을 낳는다. 알을 잘 품는다.

부화

종란은 종계에서 생산된 알로 무게가 55~60g의 크기로 신선하고 알껍질이 충실한 것이 좋다. 기형란이나 혈란(血卵) 등은 종란으로 사용하지 않는다. 종란은 13.5℃에서 알의 둔단이 위로 오게 하여 약 1주일 정도 저장하는 것이 적당하다.

모계부화(母鷄孵化)는 어미닭에 의해 알을 까는 것으로, 어미닭으로는 취소성이 강한 재래종이나 잡종이 적당하며 부화장소로는 조용하고 컴컴한 곳이 좋다. 어미닭에 알을 안기는 수는 몸무게 2~3kg의 닭이면 10~15개가 적당하고, 알을 안는 동안 하루 1~2회 사료를 먹인다.

인공부화는 부화기를 이용하여 인공적으로 병아리를 까는 방법이다. 부화시 알의 위치는 둔단이 위로 오도록 하며 온도는 37~38℃로, 상대습도는 60%로 맞추어 주고 부화기 안의 공기는 산소함량이 21% 이상, 이산화탄소의 함량이 0.5% 이하로 조절한다. 부화 중 알의 발육상태를 조사하기 위해 입란 후 4~5일에 1차 검란, 12~14일에 2차 검란, 18일에 3차 검란을 실시하고 입란 후 18일까지 3시간 간격으로 알을 회전시켜 준다.

오골계 Gallus gallus var. domesticus

원산지는 동남아시아이며, 체형과 자세는 닭품종의 하나인 코친종(Cochin)을 닮아

오골계

서 둥글고 몸매가 미끈하다. 인도차이나 동쪽에 널리 분포하는 특수한 닭이다. 한국에는 언제 어떻게 도입되었는지 정확히 알 수 없지만, 일본과 마찬가지로 중국에서 도입된 것으로 알려져 있다. 단 일본에서는 독자적인 품종으로 잘 개량된데 비해, 한국에서는 아직 품종개량과 보존이 불완전한 상태이다. 따라서 전형적인 부드러운 깃털을 갖추고 깃털이 다리와 발가락을 완전히 덮은 개체를 찾아보기는 어렵다. 몸이 작아서 암컷은 0.6~1.1kg, 수컷은 1.5kg 안팎이며, 고기는 민간에서 호흡기질환에 효과가 있다고 하여 약용으로 쓰인다.

국내에 있는 오골계의 경우 대부분은 혼합종이다. 깃털은 대개 흰색과 검은색이고, 깃털판이 가늘게 갈라져 있어 마치 비단실 같다. 머리는 작은 편이며 수컷의 정수리에는 어두운 보라색 또는 어두운 붉은색의 짧고 넓은 복관(複冠)이 있다. 한국에는 딸기 모양의 볏을 가진 수컷이 보통이지만 때로는 3매관 또는 장미관인 것도 있다.

다리는 짧고 바깥쪽에 깃털이 나있다. 피부 · 고기 · 뼈 등이 모두 어두운 보라색을 띠고 뒷발가락 위쪽에 또 하나의 긴 발가락이 있어 발가락이 모두 5개인 점이 특징이다. 성질이 온순하나 체질은 허약하고 알을 낳는 개수도 적다.

충청남도 논산시 연산면 화악리에는 이들 혼합종과 다소 차이가 있는 오골계가 사육되고 있다. 이 오골계는 관이 자주색 딸기 모양으로 계절과 기온에 따라 농도가 변하는 특징이 있으며, 발가락은 일반닭과 같이 앞에 3개, 뒤에 1개가 있다. 깃털빛은 대부분이 검은색이며, 흰색이 5%, 기타 혼합색이 15% 정도이다. 깃털의 질은 일반닭과 같다. 현재 가축천연기념물(265호)로 지정되어 보호되고 있다.

오리 Duck

전 세계에 140여 종이 분포한다. 북반구의 북부에서 번식하는 종들은 겨울을 나기 위해 남쪽으로 이동하지만, 온대와 열대의 종들은 텃새로서 한 지역에서 살면서 번식한다.

오리의 생김새는 부리가 납작하고 양쪽 가장자리는 빗살 모양이다. 물을 걸러서 낟알이나 물에 사는 동·식물 등의 먹이를 찾아 먹는다. 바다에 사는 오리는 해조류·패류·어류 등을 먹는다. 다리는 짧으며 앞쪽을 향한 3개의 발가락 사이에 물갈퀴가 나있다. 깃털의 색깔은 보통 암컷보다 수컷이 화려하며 열대지방에 사는 오리는 암·수 같은 색깔이다.

● 오리

둥지는 땅 위나 물가 풀밭에 풀이나 갈대의 잎·줄기 등을 엮어 틀고 알자리에는 어미의 가슴 솜털을 깐다. 한 배에 약 10개의 알을 낳으며 알을 품는 기간은 약 26일이다. 새끼는 온몸이 솜털로 덮여 있고 알을 깨고 나오자마자 어미를 따라 행동하며 헤엄도 친다. 수컷의 몸빛깔이 화려한 종은 보호색을 띤 암컷이 새끼를 지킨다.

한편 철따라 이동하는 종은 밤낮을 가리지 않고 계속 날며, 월동지에서는 단일종 또는 여러 종이 함께 무리를 지어 지낸다. 민물에 사는 오리는 보통 낮에는 안전한 호수나 해안·연못 등지의 물 위에 떠서 쉬다가 해가 진 뒤에 내륙의 물가나 논밭 등지에 날아가 먹이를 찾는다.

칠면조 Turkey

북아메리카와 멕시코가 원산지이다. 몸길이는 수컷 약 1.2m, 암컷 약 0.9m이고, 몸무게는 수컷 5.8~6.8kg, 암컷 3.6~4.6kg이다. 야생종은 초지에서 산지에 걸쳐 생활한다. 야생종은 가축으로 길들여진 품종보다 몸이 작아서 날개 길이가 약 50cm이며 깃털은 청동색이다. 머리에서 목에 걸쳐 피부가 드러나 있고 센털이 나 있는데, 이 부분이 붉은색이나 파란색으로 변하기 때문에 칠면조라는 이름이 붙었다. 수컷의 앞이마에는 신축성 있는 육질(肉質)의 돌기가 달려 있다. 수컷은 발정기가 되면 암컷을 유혹하기 위해 날개를 펴서 지면에 대고 꽁지를

● 칠면조

부채 모양으로 펼친 채 암컷의 주위를 맴돈다.

칠면조는 오래 전부터 북아메리카의 원주민들에 의해 사육되어 왔는데, 콜럼버스가 북아메리카 대륙을 발견한 1492년 이후 전 세계에 보급되었다. 사육품종은 원종과 같은 청동색 품종 이외에 흰색 · 검정색 · 노란색 등 다양하다. 산란기는 4~6월이며 한 해에 30~50개를 낳는다. 알은 평균 80g에 크기는 달걀의 약 2배이다. 암컷이 품는 알의 수는 12~18개가 적당하나 암탉에게 맡길 때는 10개 정도로 한다. 알을 품은 지 28~29일만에 부화한다. 닭보다는 약간 많은 동물질 사료를 주도록 하고, 생후 30~60일에는 비타민 결핍증이 생기기 쉬우므로 간유나 비타민A · D 등을 사료에 섞어 먹인다. 습기에 약하므로 장마 때 습도조절에 특히 주의해야 한다.

FOOD Materials Science

03 야생조류

고니/백조 Swan

백조

흔히 백조, 흑조라고 불린다. 크게 5종에서 7종으로 나뉜다. 큰고니는 날개 길이가 약 60cm이며 콧구멍 앞까지 부리가 노란색을 띤다. 유럽 · 시베리아에서 번식하며 한국에는 겨울새로 찾아와 저수지나 물이 괸 논, 호수, 늪 · 하구 · 만 등지에서 겨울을 난다. 강원도 경포대 경포호와 경상남도 낙동강 하구 및 전라남도 진도 · 해남 등은 대표적인 월동지이다.

고니는 날개 길이가 약 55cm 이하이며 부리의 기부만 노란색이다. 큰고니보다 북쪽에서 번식하고 한국에는 큰고니 무리에 섞여 찾아오지만 그 수는 적다. 유럽산 아종은 소형이며 부리의 노란색 부분이 적고, '미국고니'라고도 불리는 미국산 아종은 부리의 눈 앞쪽 부위만 노란색을 띤다.

혹고니는 날개 길이가 약 60cm이며 코에 둥근 혹이 있고 부리는 연한 붉은색이다. 유럽에서 몽골에 이르는 유라시아 대륙에 분포하고, 공원에서 사육되는 종은 거의 가금(家禽)처럼 되어 있다. 검은목고니는 날개 길이가 약 44cm로 남아메리카에서 번식하며 목이 검고 붉은 코혹이 있다.

그 밖에 흑고니는 오스트레일리아에서만 서식하는 특산종으로 날개 길이가 약 45cm로 온몸이 검고 날개의 날개깃만 희고 부리는 붉다.

기러기 Wild goose

● 기러기

한자어로 '안(雁)' · '홍(鴻)'이라 쓰고 옹계(翁鷄) · 홍안(鴻雁)이라고도 한다. 몸은 수컷이 암컷보다 크며, 몸 빛깔은 종류에 따라 다르나 암수의 빛깔은 같다. 목은 몸보다 짧으며 부리는 밑부분이 둥글고 끝으로 갈수록 가늘어지며 치판(齒板)을 가지고 있다. 다리는 오리보다 앞으로 나와 있어 빨리 걸을 수 있다. 땅 위에 간단한 둥우리를 틀고 짝지어 살며 한 배에 3~12개의 알을 낳아 24~33일 동안 품는데, 암컷이 알을 품는 동안 수컷은 주위를 경계한다. 새끼는 여름까지 어미새의 보호를 받다가 가을이 되면 둥지를 떠난다. 갯벌 · 호수 · 습지 · 논밭 등지에서 무리지어 산다.

전세계에 14종이 알려져 있으며, 한국에는 흑기러기 · 회색기러기 · 쇠기러기 · 흰이마기러기 · 큰기러기 · 흰기러기 · 개리 등 7종이 찾아온다. 회색기러기와 흰이마기러기 · 흰기러기는 미조(迷鳥)이고, 나머지 4종은 겨울새이다. 시베리아 동부와 사할린 · 알래스카 등지에서 번식하고, 한국 · 일본 · 중국(북부) · 몽골 · 북아메리카(서부) 등지에서 겨울을 난다.

≪삼국사기≫ 「백제본기」에 의하면, 시조 온조왕 43년에 기러기 100여 마리가 왕궁으로 날아들었을 때 일관(日官)이 "먼 곳의 사람들이 찾아와 기탁할 것이다"고 하였는데, 이것은 왕궁으로 날아 든 기러기를 하늘과 지상을 왕래하는 신(神)의 사자로 해석했기 때문이다.

≪규합총서≫에는 기러기에 신(信)·예(禮)·절(節)·지(智)의 덕(德)이 있다고 적혀 있다. 기러기는 암컷과 수컷의 사이가 좋다고 해서 전통혼례에서는 나무기러기(木雁)를 전하는 의식이 있다. 또 다정한 형제처럼 줄을 지어 함께 날아다니므로, 남의 형제를 높여서 안항(雁行)이라고도 한다. 이동할 때 경험이 많은 기러기를 선두로 하여 V자 모양으로 높이 날아가는 것은 서열과 질서를 상징하는 것으로 여겨진다.

꿩 Pheasant

꿩

꿩은 대표적인 텃새이다. 전체 길이가 수컷 80cm, 암컷 60cm이다. 생김새는 닭과 비슷하나 꼬리가 길다. 수컷과 암컷의 몸 빛깔이 아주 다른데, 흔히 빛깔이 고운 수컷을 장끼, 빛깔이 곱지 않은 암컷은 까투리라고 부른다. 주로 아시아 중남부, 중국 동부, 한국 등지에 약 50종이 분포한다.

알을 낳는 시기는 5~6월이고 한 배에서 6~10(때로는 12~18)개의 알을 낳는다. 알을 품는 기간은 약 21일이며, 새끼는 알에서 깨어나자마자 활동을 한다. 알은 갈색과 푸른빛을 띤 회색으로 크기는 긴 쪽 지름이 약 42mm, 짧은 쪽 지름이 약 33mm이다. 먹이는 찔레열매를 비롯하여 각종 나무열매와 풀씨, 곡물의 낟알을 먹으며 메뚜기·개미·거미·지네·달팽이 등의 동물성 먹이도 잡아먹는다.

서식지는 다양해서 민가 부근이나 구릉·산간초지·숲에 살며, 수컷은 높은 소리를 내지만 암컷은 낮은 소리를 낸다. 수컷 한 마리에 암컷 여러 마리씩 무리를 짓고 사는데, 겨울이나 번식기 이외에는 따로 무리를 만든다. 한국, 중국 남동부, 일본, 칠레 북동부에 분포하며, 일본 홋카이도에는 한국에서 가지고 들어간 종이 살고 있다.

메추리 Common quail

메추리

몸길이가 약 18~20cm이다. 흰색을 띤 황갈색 바탕에 검정색 세로무늬가 있다. 배 쪽은 등 쪽보다 연한 색을 띠고 있으며, 엷은 크림색 눈썹선이 나있다.

수컷은 멱이 짙은 갈색이며, 암컷은 멱이 희고 가슴에 얼룩점이 있다. 날 때는 짧은 날개를 빠르게 움직여 일직선으로 나는데, 멀리 날지는 못하고 약 50m 정도를 날아간다.

북한에서는 흔한 텃새이나, 남한에서는 봄 · 가을의 나그네새이거나 겨울새이다. 초원의 나무뿌리 부근 오목한 곳에 마른풀을 깔고 한 배에 7~12개의 알을 낳는다. 20일 동안 알을 품으며 새끼는 알을 깨고 나오자마자 행동하는데, 풀씨나 곡물의 낟알, 곤충 따위를 먹는 잡식성이다. 인공사육을 하면 1년에 100개의 알을 쉽게 받아낼 수 있다. 구세계 전역에 불연속적으로 분포하며 구북구에서 번식하는 집단은 아프리카와 아시아 남부의 따뜻한 곳에서 겨울을 난다.

비둘기 Dove

비둘기

비둘기목에는 사막꿩과(Pteroclidae)와 비둘기과(Columbidae) 외에 이미 멸종된 도도과(Raphidae) 등이 있다. 비둘기과에는 총 289종이 알려져 있지만, 한국에는 멧비둘기 · 양비둘기 · 흑비둘기(천연기념물 215) · 염주비둘기 · 녹색비둘기 등 5종이 있다.

멧비둘기는 한국에서 흔히 볼 수 있는 대표적인 야생비둘기로 사냥새이다. 양비둘기는 해안의 바위 절벽이나 내륙의 바위산 또는 교각(다리) 등에 무리지어 사는 비둘기로 장소에 따라 비교적 흔한 텃새이다.

흑비둘기는 울릉도와 남해도서(제주도 북제주군 추자군도, 사수도 및 전라남도 남해안 도서)에서 드물게 볼 수 있는 도서종(島嶼種)이다. 염주비둘기는 서해 앞바다 섬에 적은 수가 서식하며, 녹색비둘기(제주도에서 처음으로 잡힘)는 미조(迷鳥)이다. 집비둘기는 리비아비둘기를 개량하여 만들어 낸 품종이다.

형태와 생태

몸에 비해 머리가 작고 목은 가늘다. 부리는 굵으면서 짧고 부드럽다. 다리는 짧으며 발가락은 앞으로 3개, 뒤로 1개가 있다. 발톱은 짧고 튼튼하여 나무나 땅 위에서 생활하기에 알맞다. 깃은 부드러우나 빠지기가 쉽다. 제일 큰 야생종은 뉴기니에 사는 관비둘기로 날개 길이가 무려 40cm나 된다. 둥지를 짓는 장소는 수컷이 정하고, 재료를 나르면 암컷이 집을 짓는다.

알을 낳는 개수는 1~2개이며, 조건이 맞으면 계속해서 번식하는 습성이 있다. 암수 같이 12~17일 동안 알을 품는다. 새끼를 키울 때는 젖으로 키우는데, 비둘기 젖은 모이주머니의 안쪽 벽이 두꺼워져 액체로 녹아나오는 것이다. 먹이는 주로 나무열매나 풀씨를 먹고 일부 종은 달팽이 등 작은 동물성 먹이도 먹는다.

사육

인간은 기원전 400년부터 비둘기를 기르기 시작하여 전서구(傳書鳩)를 만들어내기에 이르렀다. 관상용으로는 자코뱅비둘기 · 공작비둘기(판테일) · 트럼페티비둘기 등의 품종이 만들어졌으며, 멧비둘기는 수렵용 또는 식용으로 쓰인다.

관상용 비둘기의 사료는 잡곡인데, 옥수수 · 삼씨 · 수수 등을 주식으로 하고 그 밖에 소금과 채소 · 물이 필요하다. 전서구의 사육에는 암수 1쌍의 경우 약 $1m^3$ 넓이의 상자면 충분하다. 사료는 옥수수 30%, 밀 20%, 현미 15%, 삼씨 15%를 섞어준다. 시중에서 판매하는 혼합사료도 좋다. 사료의 양은 하루에 35~41g 정도가 적당하며 아침과 저녁에 준다. 채소는 썰어서 주고 물은 깨끗해야 한다. 맑은 날에는 목욕도 시켜준다.

타조 Ostrich

타조

머리 높이 약 2.4m, 등 높이 약 1.4m, 몸무게 약 155kg이다. 수컷의 몸은 검정색이다. 날개깃은 16개, 꽁지깃은 50~60개이며 모두 장식으로 다는 술 모양에 흰색이다. 암컷은 몸이 갈색이고 술 모양의 깃털도 희지 않다. 날개는 퇴화하여 날지 못하지만 달리는 속도가 빨라 시속 90km까지 달릴 수 있다고 한다. 수컷의 깃털은 19세기 무렵 부인용 모자나 장식품에 이용되기도 했다.

수컷은 멱주머니를 가지고 울음소리를 내며 앉아서 깃털을 펴서 구애행동을 한다. 보통 수컷 1마리가 암컷 3~5마리를 거느리는데, 수컷이 모래 위에 만든 오목한 곳에 암컷이 6~8개의 알을 낳는다. 한 둥지에 여러 암컷이 15~30개, 때로는 60개까지 알을 낳는다. 알을 품는 것은 주로 수컷이고, 기간은 40~42일이다. 부화한 새끼는 누런 갈색이며 목에 세로로 4개의 줄무늬가 있다. 암컷은 3년 반, 수컷은 4년이면 다 자란다. 알은 크림색에 껍질이 두껍고 지름 15cm, 무게는 1.6kg이나 나간다. 현지에서는 껍질을 컵으로 사용한다. 가죽이 고급 가방이나 핸드백 재료로 인기가 높아 아프리카 남부에서는 가죽용으로 기르기도 한다.

Food Materials Science

CHAPTER 05 난류

01 FOOD Materials Science

가금류

달걀Egg

달걀

계란이라고도 한다. 달걀의 겉은 단단한 껍데기(난각)에 싸여 있고, 그 안에는 2층의 속껍질이 있다. 겉껍데기에는 작은 구멍이 많아서 그 구멍을 통해 호흡을 한다. 또 시간이 지나면 이 구멍을 통해 이산화탄소와 수분이 증발하고, 미생물이 침투하여 내용물이 빨리 썩게 된다. 2층으로 된 속껍질 사이의 한쪽에는 공기집이 있는데, 이 공기집은 갓 낳은 달걀일 때는 작았다가 시간이 지나 수분과 이산화탄소가 증발하면 차차 커진다.

속껍질 안에는 흰자위(난백)가 있고, 겉껍데기와 노른자위(난황) 주위에는 묽은 흰자위가 있으며, 그 중간에는 된 흰자위가 있다. 노른자위는 얇은 막으로 둘러싸여 있고 양쪽 끝이 알끈으로 고정되어 있다. 각 구성물질의 비율은 껍데기 11%, 흰자위 58%, 노른자위 31%이다.

평균 중량은 48~60g 정도이며, 중량에 따라 소란(43g 이하)·중란(44~51g)·대란(52~59g)·특란(60~67g)·왕란(68g 이상)으로 나뉜다.

껍데기

달걀껍데기는 93.7%가 무기염류 성분이어서 단단한 느낌을 준다. 달걀껍데기에 들어 있는 무기염류로는 칼슘카보네이트가 대부분이고, 그 밖에 적은 양의 마그네슘카보네이트와 칼슘·마그네슘포스페이트가 있다. 유기물은 4.75%, 수분은 1.5% 정도가 들어 있다. 달걀껍데기의 색은 흰색이 가장 흔하고 연한 갈색과 갈색도 있다.

흰자위와 노른자위

흰자위에는 수분 88.9%, 단백질 10.2%, 지방 0.1%, 무기질 0.82%, 철 0.0001%와 아주 적은 양의 티아민·니아신·리보플라빈 등이 들어 있고, 노른자위에는 수분 49.4%, 단백질 16.2%, 지방 32.6%, 무기질 1.8%, 철 0.0065%, 비타민A 2,320(IU)와 적은 양의 티아민·리보플라빈 등이 들어 있다.

신선한 흰자위는 반투명한데 변질되기 시작하면 투명해진다. 흰자위가 엷은 녹색을 띠고 있는 것은 리보플라빈 때문이다. 노른자위의 색은 연노랑색에서 진한 오렌지색까지 있는데, 주된 색소는 카로티노이드(carotinoid) 색소의 일종인 크산토필(xanthophyll)이고, 그 밖에 카로틴과 크립토크산틴(cryptoxanthin)도 조금 들어 있다. 크산토필과 크립토크산틴은 몸 안에서 비타민A로 바뀌지 않는다. 노른자위의 색소 함유량은 주로 닭의 먹이에 따라 달라지며, 녹황색 채소를 많이 먹은 닭의 알은 색이 진하다. 따라서 노른자위의 색은 달걀껍데기의 색과 관계가 없다.

신선한 달걀

달걀의 겉껍데기는 거칠고 광택이 나지 않는데, 이같이 껍데기가 거친 것은 달걀을 낳을 때 껍데기에 덮여 있던 점액이 그대로 굳어서 오톨도톨해지기 때문이다. 이 물질은 달걀 내부를 보호하는 노릇을 하며 시간이 지나면 자연스럽게 없어진다. 달걀은 낳는 즉시 썩기 시작하며 이 썩는 과정의 속도를 느리게 할 수는 있으나 완전히 멈출 수는 없다.

달걀이 썩기 시작하면 우선 단백질과 지방이 가수분해되기 때문에 유리수(遊離水)가 많이 생기고 이산화탄소와 암모니아가 생긴다. 수분과 이산화탄소는 껍데기의 구멍을 통해 증발하므로 공기집이 차차 커진다. 아울러 암모니아가 많이 생기면 pH가 높아지고 심하면 암모니아 냄새가 난다. 또한 흰자위가 묽어지고 수분이 노른자위를 둘러싸고 있는 막을 뚫고 안으로 들어가 노른자위가 묽어지고 커지며 쉽게 터진다. 달걀을 깨뜨려서 접시에 놓았을 때 흰자위와 노른자위가 넓게 퍼지면 신선하지 못한 것이다.

영양

달걀에 들어있는 단백질은 영양가가 뛰어나다. 흰자위의 단백질은 오브알부민(ovalbumin) · 콘알부민(conalbumin) · 오보뮤코이드(ovomucoid) · 글로불린(globulin) · 오보뮤신(ovomucin) · 아비딘(avidin) 등 6종으로 구성되어 있고, 노른자위는 리포비텔린(lipovitellin)과 리포비텔레닌(lipovitellenin) 2종으로 구성되어 있다.

흰자위는 열을 받아 익으면 반투명하던 것이 흰색으로 변하는데, 물을 타지 않은 흰자위는 60℃에서 굳기 시작하여 62℃에서는 흐르지 않을 정도가 된다. 물을 타지 않은 노른자위는 65℃에서 굳기 시작하여 70℃가 넘어야 흐르지 않을 정도로 굳는다. 달걀 단백질은 소금기가 없으면 굳지 않으며, 달걀에 물을 타거나 설탕을 넣으면 응고 온도가 높아진다.

저장

달걀은 단단한 껍데기에 싸여 있어 위생상 다른 식품보다 안전하다고는 하지만 장기간 보존하기는 매우 힘들다. 그러므로 특수한 방법으로 저장해야 그 질을 최대한 보호할 수 있다.

1. 냉장법(refrigeration) : 달걀을 2~3℃의 실내에 미리 보관해 두었다가 온도 -1~-2℃, 습도 70~80%인 방에 저장하는 방법이다. 저장기간은 약 1년이다.
2. 도포법(coating) : 껍데기에 기름 · 파라핀 또는 콜로디온(collodion)을 칠해서 껍데기에 난 구멍을 막아 호흡을 멎게 하는 방법이다.
3. 침지법(immerse) : 달걀을 3%의 물유리(Na_2SiO_3) 용액이나 생석회(生石灰) 포화용액에 담가 저장하는 방법이다.
4. 냉동법(freezing) : 달걀을 깨뜨려 큰 그릇에 함께 담거나 1개씩 종이에 싸서 큰 그릇에 담고 -18℃ 이하의 온도에서 급속히 얼린 뒤 -15℃에서 저장하는 방법이다. 저장기간은 2년 이상이고 대개 단체급식용 저장법으로 많이 쓰인다.
5. 건조법(drying) : 달걀 전체 또는 흰자위와 노른자위를 구분하여 말리되, 먼저 살균하여 말린 다음 밀봉하고 저장한다.

6. 피단법(皮蛋法) : 중국에서 개발한 달걀 저장법으로, 소금이 들어간 알칼리성 풀을 쑤어 달걀껍데기에 바른 뒤 밀폐용기에 저장하여 껍데기를 통해 알칼리 및 소금 성분을 침투시키는 방법이다. 달걀의 저장법이 잘 발달하지 않은 나라에서는 따뜻한 계절에는 생산량이 많아 값이 비교적 싸지만 추워지기 시작하면 닭이 털갈이를 시작하여 생산량이 줄기 때문에 가격이 오른다. 그러나 저장법이 발달한 나라에서는 1년을 통해 달걀값의 변동이 거의 없는 편이다.

메추리알 Quail egg

메추라기의 알이다. 비타민A, B_1, B_2가 풍부하며 맛이 좋다. 삶았을 때 껍질이 잘 벗겨지는 것이 특징이다.

메추리알

오리알 Duck's egg

오리알은 달걀에 비해 크며(60~90g) 성분과 이용법이 달걀과 비슷하다. 알에서 냄새가 다소 나므로 생식은 하지 않는다. 일반성분을 보면 단백질 12.2~12.8%, 지방 13.6~15.2%, 탄수화물 0.9%, 무기질 1.0% 정도로 달걀과 비슷하다. 난황이 차지하는 비율이 달걀보다 많으며 단위 중량당의 에너지 생산량도 달걀보다 많다. 단백질과 당류는 달걀과 비슷하나 비타민B_1이 난류 중에서 비교적 많다.

오리알

02 FOOD Materials Science 어류

대구알 Cod roe

대구알

겨울철에 별미인 대구는 산란기 겨울철에 연안 해안으로 옮겨오며 보통은 탕으로 먹거나 알젓을 담가 먹는다. 해독작용이 뛰어난 미나리와 고단백 대구알을 넣은 미나리대구알탕은 숙취해소에 좋은 요리이다. 대구알은 단백질이 높고 칼로리가 적지만 콜레스테롤이 높다. 대구알에 들어 있는 비타민 E는 노화를 방지한다.

명란 Spawn roe

명란

보통 젓갈을 담가먹는다. 명란젓에는 노화를 방지하고 피부를 싱싱하게 해주는 비타민E가 함유되어 있어 마요네즈와 같이 섭취하면 유분을 함유한 식품이 비타민E의 흡수를 좋게 한다. 지방이 적고 열량이 낮아서 다이어트에 좋다.

연어알 Salmon roe

연어알은 주이시하고 매력적이어서 혼자만으로도 너끈히 오르되브르로 나갈 수 있으며, 카나페나 노리마키(海苔巻, 김말이) 스시에 마감용으로도 등장한다. 태평양에서 잡히는 연어 종류에서 얻은 알을 최고로 치지만, 다른 연어알도 쓸 수 있다. 암컷 연어의 내장을 빼낸 뒤 난소를 끄집어낸다. 난소 하나의 크기가 콩깍지와 비슷하다. 물에 헹구어 씻어낸 뒤 알을 담고 있는 섬세한 막을 조심스럽게 제거해 낸다. 그런 다음 소금물 용액에 넣는다.

● 연어알

캐비아처럼 연어알 역시 그 자태를 감상할 수 있도록 연어알만 따로 먹는 것이 가장 좋다. 사워크림이나 블리니를 곁들여 먹으면 환상적이지만 카나페에 올리면 아름답게 돋보인다. 일본에서는 스시의 가장 멋진 장식으로 쓰인다. 일본에서는 한때 생선 떡밥으로도 인기가 좋았다고 한다.

연어알의 풍미는 벌꿀, 바다 그리고 날연어의 진한 기름을 섞어놓은 것과 비슷하다. 처음 입에 넣었을 때에는 부드럽게 구르는 공같지만, 한 입 깨물면 그 기름진 생선향이 배어나온다.

철갑상어알 Caviar

철갑상어의 알을 소금에 절인 것으로, 갓 잡은 생선에서 떼어낸 알 덩어리를 정교한 체에 조심스럽게 걸러 알로부터 기타조직과 지방을 제거한다. 동시에 4~6%의 소금을 뿌리고 조미한다.

● 철갑상어알

이란에서는 질이 떨어지는 것만을 소금에 절인다. 질이 우수한 캐비아는 말로솔(malosol : 러시아어로 '소금을 약간만 친 것'이라는 뜻)이라고 분류한다.

신선한 캐비어는 1~3℃ 정도에서 저장해야 하는데, 그렇지 않으면 품질이 급속히 떨어지게 된다. 저온살균은 보다 효과가 좋은 저장법이다. 진품은 러시아와 이란에서 생산되는 것으로, 카스피해와 흑해에서 잡은 상어알로 만든다. 캐비아는 알의 크기와 가공처리법에 따라 품질의 등급이 결정된다. 등급명은 알을 얻는 철갑상어의 종류에 따른다. 가장 큰 알은 벨루가로 검은색이나 회색이다. 그보다 조금 작은 알인 오세트라는 회백색, 회록색, 갈색을 띤다. 가장 작은 알인 세브루가는 초록빛이 도는 검은색이다. 가장 희귀한 캐비아는 카스피해에서 잡은 작은 철갑상어의 황금빛 알로 만든 것으로, 옛날에는 차르의 식탁에만 오를 수 있었다. 등급이 더 낮은 캐비아는 깨지거나 미성숙된 알로 만들며 소금을 많이 쳐서 압축한다. 파우스나야라고 하는데, 이러한 캐비아는 진한 풍미 때문에 선호되기도 한다. 연어의 붉은 알과 다른 생선들의 알도 때로는 캐비아란 이름으로 판매되고 있다.

1. 벨루가(Beluga caviar) : 2~4mm의 크기로 200~400kg의 철갑상어에서 채취하는 알로, 굵으며 회색에서 진한 회색을 띤다.
2. 오세트라(Osetra caviar) : 길이가 2mm 정도이고, 무게는 50~80kg의 철갑상어에서 채취하며 알은 연한 브라운, 브라운, 진한 브라운색을 띤다.
3. 세브루가(Sevruga caviar) : 1~1.5mm 크기의 철갑상어로 무게는 8~15kg으로 몸집이 비교적 적으며 알의 크기도 작고 회색을 띤다.
4. 말로솔(Malosol caviar) : 러시아산으로 말로솔은 '적은 염분을 함유하고 있다'는 뜻으로, 염분 함량은 3~4%로 보존기간이 짧고 가격이 매우 비싼 편이다.
5. 파우스나야(Pausnaya caviar) : 러시아산으로 캐비아에 압력을 가한다는 뜻으로, 1kg의 가공 캐비아를 얻기 위해서는 5kg의 생 캐비아가 필요하다.

청어알 Herring roe

청어알

옛날에는 마른 청어알이 많이 제조되었지만, 최근에는 냉장고가 보급됨에 따라 염장 청어알을 많이 가공하게 한다. 염장 방법은 마른 간 또는 물간하여 사용한다.

Food Materials Science

CHAPTER 06 우유 및 유제품류

FOOD Materials Science

01 우유류

우유

우유는 어린 송아지의 유일한 먹이로서, 어미의 젖으로 생명을 유지하고 정상적인 성장을 할 수 있다. 소의 젖에서 짜낸 우유는 사람에게도 영양가가 높은 것으로 알려져 있다. 인류가 소를 가축으로 사육하기 시작한 것은 약 BC 6천년 경으로 추측하는데, 우유의 역사도 그만큼 오래된 것으로 짐작할 수 있다. 우유는 BC 4천년 경 이미 메소포타미아(이라크)의 우르(Ur)에서 이용한 사실을 보여주는 조각이 발견되었고, 다시 같은 지방의 자르모(Jarmo)에서도 가축화된 소의 뼈가 발견된 것으로 보아 인류가 우유를 최초로 먹기 시작한 역사는 그 이전으로 거슬러 올라갈 것으로 추측된다.

한국에서는 삼국시대에 우유가 있었고, 고려시대에 귀족층에서 우유를 이용하고 있었다는 기록이 있다. 고려 말기에는 소의 증식이 활발해져 유우소(乳牛所)까지 두어 그 제도가 조선시대에 전해졌다. 그러나 우유의 생산량이나 소비량은 제한되어 희귀식품으로 취급되었으며, 1960년대에 들어와 우유의 생산량이 증가하였고, 유제품이 개발되어 대중화되기 시작했다. 우유는 인체에 필수적인 영양소인 칼슘 성분이 풍부하고 또한 인체에 흡수가 매우 뛰어나기 때문에 식품 중 최고의 것으로 평가된다.

성분

우유의 성분 조성(組成)은 젖소의 착유시간 · 사육방법 · 품종 · 연령 · 비유기 · 계절 · 건강상태 등에 따라 변화된다. 한국 젖소 품종은 홀스타인(Holstein)종이 대부분을 차지하고, 그 나머지가 저지(Jersey)종과 건지(Guernsey)종이다.

홀스타인종의 젖은 수분이 많고 흰색인데 비해, 저지와 건지의 젖은 농도가 진하고 약간의 황색을 띤다. 계절적으로 가을에서 겨울에 걸쳐 농후한 조성이 되고 봄에서 여름에는 고형분량이 적어진다. 성분 중에서 젖당과 회분은 그 함량의 변화가 적고 지방과 단백질은 변화가 크다. 분만 후 수일간은 초유라 하여 지방과 단백질, 특히 글로불린이 많고 가열에 약한 우유가 생산되는데, 사람이 마시기에는 적당하지 않다. 이 초유는 이후에 분비되는 정상유와 구별하여 처리한다.

우유의 단백질은 카세인이 약 80%를 차지하며 수용성인 알부민이나 글로불린은 적다. 카세인은 인을 함유하는 단백질로서 칼슘과 결합되었다. 카세인 칼슘은 수분 중에 미세한 입자로 콜로이드 상태로 분산되어 있기 때문에 우유에 광선을 쬐면 입자가 난반사(亂反射)를 일으켜 희고 불투명하게 보인다. 지방은 수 μm 정도의 둥근 모양으로 현탁(懸濁)되어 있어 우유가 노르스름하게 보인다.

유지방에는 분자량이 적은 저급지방산, 특히 부티르산이 많은 것이 특징이다. 당분은 99.8% 젖당이며, 젖당은 젖에만 존재하는 특수한 당분으로 포도당과 갈락토오스가 결합된 것이다. 갈락토오스는 당분의 일종으로 인지질과 함께 뇌의 발육에 중요한 구실을 하며, 젖당은 그 급원으로서 매우 중요하다. 회분으로는 인과 칼슘이 많고, 비타민류는 거의 모든 종류를 함유한다. 그러나 가열에 의해 그 일부가 파괴되므로 착유에서부터 포장되어 소비자의 손에 들어오기까지의 공정에서 그 살균처리가 타당한 방법으로 이루어져야 한다.

우유와 모유의 성분을 비교해 보면 여러 가지 다른 점이 있다.

1. 단백질은 우유에 더 많고 그 조성도 다르다.
2. 지방량은 거의 비슷하지만 모유지방이 흡수가 잘되고 필수지방산이 많다.
3. 회분 · 칼슘 · 인이 우유에 훨씬 더 많다. 기타 미량인 다른 성분도 차이가 있다.

가공과 제품

우유는 여러 가지 가공 공정을 거쳐 많은 종류의 제품으로 만들어지는데, 젖소가 새끼를 출산하고 약 5일 정도 후에 나오는 초유(初乳)는 단백질 함유량이 높기 때문에 상품으로 사용하지 못한다. 초유는 어린 송아지의 면역력을 높이기 위해 면역 글로불린이 많이 함유되어 있다. 우유로 생산되는 제품은 응용 우유류와 유제품류로 크게 두 가지로 나누어진다. 응용 우유류를 시유(市乳, market milk)라고 하는데, 우유를 가열 · 살균하여 소비자가 위생상 안전하게 마실 수 있도록 적은 단위용량으로 포장한 것이며, 매일 시중에 배달된다는 뜻에서 이러한 이름이 붙었다.

우유의 살균법에는 병원미생물은 완전히 없애지만 일반미생물은 약간 남게 하는 저온살균(파스퇴르 살균)과 모든 미생물을 포자까지 포함하여 완전히 살균하는 완전살균이 있다. 저온살균은 예전에는 저온 장시간법(62~65℃에서 30분)을 이용했었으나, 지금은 고온 단시간법(75℃에서 15초)이 이용되고 있다. 완전살균에는 최근 초고온법(UHT법 : 135~150℃에서 1~10초)이 개발되어 유럽에서는 수출용 · 열대용 · 피서지용에 사용한다.

환원우유란, 크림 · 무염버터 · 연유 · 전지분유 · 탈지분유 등을 배합하고 물을 가해 우유의 상태로 환원시킨 것으로 가공우유에 속한다. 포장용기는 거의 유리병이지만 최근 종이나 플라스틱제 용기의 사용이 증가한다.

보존성과 모유

우유의 보존성은 생우유 상태로는 냉각시키지 않는 한 변패가 빠르다. 저온살균한 시유도 조건에 따라 조금씩 다르나 보통 10℃ 이하에 보존해도 제조 후 3~5일 정도밖에 가지 않는다. 최고온에서 완전 살균한 우유는 완전무균상태가 된다.

생산과 조리

세계적으로 우유 생산량을 보면, 러시아 · 미국이 가장 많고, 지역적으로는 러시아권 · 북아메리카권 · 서북 유럽권 · 오세아니아권이 대량생산 지역이다.

한국의 우유 생산량은 8·15광복 전 약 3천톤이 생산되던 것이 6·25전쟁을 계기로 그 1/10 정도로 감소되었다가 낙농이 다시 시작된 1960년대 초기 외국에서 젖소를 도입하면서 매년 증가하기 시작했다. 또한 1962년부터 여러 가공업체들이 설립되면서 분유 · 버터 · 아이스크림 · 치즈 등 각종 유제품이 생산되기 시작했다.

우유 생산량의 2/3 정도가 음용(飮用) 우유이고, 다음이 유제품 가공용이다. 그러나

1인당 소비량은 구미 각국에 비해 아직도 적은 편이다.

우유는 그대로 마시는 것 외에 포타주(potage : 되직한 수프) · 화이트소스, 생선이나 내장요리, 오믈렛 등의 조미에 이용된다. 가열하는 경우에 처음부터 넣거나 75℃ 이상으로 가열하면 우유의 약산성 때문에 단백질이 응고되어 마무리가 잘 안되므로 조리의 마지막에 넣고 약한 불에서 잘 저으면서 가열하는 것이 요령이다.

FOOD Materials Science

02 연유류

우유를 진공상태에서 1/2~1/3 정도로 농축시킨 것으로, 가당연유와 무당연유가 있고, 전지연유와 탈지연유가 있다.

● 연유

가당연유는 우유를 농축한 후 약 40%의 설탕을 첨가해서 전체 당분이 약 53%가 되게 한 것으로, 너무 달기 때문에 어린이에게는 적합하지 않다. 또한 연유에 의존하면 단백질 · 지방 · 비타민C 등이 부족되기 쉽다. 무당연유(evaporated milk)는 우유를 1/2~2/5 정도로 농축한 것으로, 당분은 첨가되지 않는다. 무당연유는 생우유에 비해 소화하기가 쉬운데, 그것은 고열압축에 의해 카세인이 미세한 커드(curd)로 되어 있으며, 지방이 작은 입자가 되어 지방분해 효소와 접촉하기가 쉽기 때문이다.

연유는 실온에서도 장기간 보존할 수 있기 때문에 칼슘과 인의 좋은 공급원이 된다. 탈지연유는 탈지우유를 농축한 것이다. 만드는 방법은 우유를 농축하기 위한 특별한 기술이 개발되지 않은 옛날에는 우유를 냄비(접시 모양의 철제냄비)에 넣고 가열하면서 주걱으로 휘저어 수분을 증발시켰다. 그러나 1856년 미국에서 진공농축솥이 발명되면서부터 공업적 규모로 생산하게 되었고, 한국에서는 1963년부터 가당연유를 생산하기 시작했다.

연유는 보존성이 있는 우유제품으로 편리한 반면 당분 함량이 높고, 무당의 경우에는 고열(115℃에서 15~20분)로 살균했으므로 신선한 영양분을 기대하기 어려운 단점이 있다. 연유는 예전에는 어린이용으로 쓰였으나, 오늘날에는 분유가 보급되어 연유는 주로 제과·아이스크림 원료에 많이 사용된다.

03 분유류

FOOD Materials Science

우유에서 수분을 제거하여 가루상태로 만든 식품으로 가루우유라고도 한다. 분유는 우유에 비해 오랫동안 보존할 수 있고 부패하는 일이 적으며 운반에 편리하다는 장점이 있다. 분유는 4가지가 있는데, 우유 전체를 그대로 건조시킨 전지분유(全脂粉乳), 탈지우유를 건조시킨 탈지분유(스킴밀크 : skim milk), 우유에 설탕·젖당·덱스트린·맥아당 등을 가하여 건조시킨 가당분유, 모유의 조성에 가깝도록 유유아(乳幼兒)에 필요한 영양소를 첨가한 조제분유가 있다.

분유의 제조법으로는 원료우유→조성표준화(組成標準化)→가열→여과→감압농축→건조→냉각→체질→계량충전→가스 치환(置換)→밀봉의 공정을 거친다.

건조법으로는 가열한 철제 원통의 표면에 우유의 얇은 막을 만들게 하여 수분을 증발시키는 원통건조법과, 미세한 노즐로부터 고압으로 우유를 분무시켜 열풍 중에서 순간적으로 건조시키는 분무건조법이 있다.

오늘날에는 자동화된 분무건조법으로 분유를 생산한다. 분유를 생산하기 시작한 것은 13세기로 알려졌으나, 1885년에 유병식(乳瓶式)으로 제조한 분유가 처음 상품화되었고, 미국에서는 1887년 맥아분유를 생산했다. 한국은 우유의 생산이 거의 없었으나 1962년부터 우유가 대량 생산되기 시작하여 1965년부터 분유를 생산하게 되었다.

전지분유 Whole milk powder

● 전지분유

우유를 그대로 건조시켜 분말로 만들어 첨가물을 넣지 않은 것으로, 우유의 지방 함유량을 규격에 맞게 조제한 뒤 농축·탈수시킨다. 물을 부으면 다시 우유로 환원되는 환원유로 쓰이며 고소한 맛을 낸다.

전지분유 100g당 열량 495kcal, 탄수화물 38g, 지방 27g, 단백질 25g, 칼슘 950mg, 나트륨 420mg으로 단백질, 유지방, 탄수화물 등의 영양분이 풍부하다. 제조법은 원유를 전지분유로 표준화시켜 균질화(3,000psi)하여 90℃에서 3분간 살균한 뒤 농축, 71℃에서 예열, 고압 펌프(2,500psi)를 거쳐 분무 건조시켜 32℃에서 수분을 2~4%로 만들어 냉각하여 입자를 골라 밀봉한다. 지방 함량이 많기 때문에 산화가 쉬워 상온에서 3~7개월 정도는 보존된다. 제과, 제빵, 아이스크림의 원료로 쓰인다.

탈지분유 Powdered skim milk

● 탈지분유

우유에서 지방을 분리·제거하여 건조시켜 분말로 만든 것으로 1년 이상 장기간 보존할 수 있다. 물을 부으면 다시 우유로 환원되는 환원유로 쓰이며, 전지분유보다 고단백 저칼로리이다.

탈지분유 100g당 열량 355kcal, 단백질 35g, 지방 1g, 칼슘 1,300mg, 나트륨 600mg으로 저지방, 고단백, 고칼슘이다. 제조법은 원유에서 크림을 분리시켜 72℃에서 15초간 살균한 뒤 농축하여 63℃에서 예열·여과·고압펌프(3,000psi)를 거쳐 분무 건조한 뒤 32℃에서 수분 2~4%로 만들어 냉각하여 입자를 골라 밀봉한다. 다이어트용 성인식품이나 제과, 제빵, 아이스크림의 원료로 쓰인다.

가당분유Sweetened milk powder

가당분유

우유에 당류(설탕, 과당, 포도당)를 첨가하고 수분을 제거하여 분말화하거나, 전지분유에 당류(설탕, 과당, 포도당)를 혼합한 것이다. 가당분유는 수분 5% 이하, 유고형분 70% 이상, 조지방 18% 이상, 당분(유당은 제외) 25% 이하여야 한다. 성분은 가당류를 제외하고 원유 100%이다.

FOOD Materials Science

04 가공우유류

가공우유

소에서 짜낸 생유에 다른 물질을 가하여 처리한 우유이다. 소에서 짠 생유 그대로를 위생적으로 처리한 것을 보통 우유라고 하는데, 가공유는 생유에 유성분을 증량하여 표준화시키고, 다시 미량의 비타민과 무기질 등의 영양소를 첨가하여 영양식품으로서의 가치를 높인 것이다. 농축우유 · 비타민 강화우유 · 환원우유 등이 이에 속한다.

1. 농축우유 : 보통 우유의 무지유고형분과 유지방분을 증량시킨 것으로, 농축유나 탈지분유와 크림이 사용된다.
2. 비타민 강화우유 : 처음에 비타민D를 첨가하는 방법이 널리 사용되었으며, 이 밖에 비타민A, 비타민B_1 또는 무기질로서 철분을 강화한 제품이 있다.
3. 환원우유 : 탈지분유 또는 농축 탈지유에 유지방을 첨가하여 본래의 보통 우유와

같이 만든 것이다. 전지분유와 농축전유(濃縮全乳)를 용해하여 본래의 우유와 같은 것으로 환원시키는 경우도 있다.

FOOD Materials Science

05 크림류

우유에서 분리된 연한 황색을 띤 유지방이다. 어원은 라틴어의 'cresma'인 그리스도교에서의 세례 때 사용하는 성유를 뜻했다. 이 'cresma'의 여성형인 'cresme'은 우유를 가열할 때 표면에 생기는 지방성 피막을 일컫는 것이었고, 이것이 프랑스어의 'crème'을 거쳐 영어의 'cream'이 되었다. 전유 중의 지방분은 약 3.3%인데, 제조방법에 따라 농도가 다른 크림이 생산된다. 「식품위생법」에서는 유지방분 18% 이상, 산도 0.2%(유산, 乳酸) 이하로 규정한다.

● 크림

크림의 제조방법은 크게 2가지가 있다. 첫째는 '정치법(靜置法)'으로, 우유를 깊은 용기에 넣고 12~24시간 가만히 놓아두어 비중이 가벼운 지방입자가 위에 떠올라 층을 만들게 되면 이것을 떠내는 것이다. 정치시간의 장단(長短)에 따라 크림의 농도가 달라진다. 이 방법은 가정이나 요리점의 주방에서 사용되었던 원시적인 방법이다. 다른 하나는 '원심분리법'으로, 상품으로서의 버터나 아이스크림 제조에 사용되는 방법이다. 우유를 원심분리기에 넣고 고속으로 회전시키면 비중이 가벼운 크림 성분은 중심으로 모이고 무거운 탈지유는 주변으로 몰리게 된다. 회전속도를 조절하거나 격벽(隔壁)을 이동시켜 지방분의 농도를 규정대로 맞춘다.

크림의 지방함량은 용도에 따라 다르게 조절되는데, 크림을 버터의 중간 원료로 사용할 때는 지방분 25~50% 이상의 크림을 사용한다. 크림을 천(churn : 각반기)에 걸어 교반하면 지방입자가 응집되어 버터와 버터밀크로 분리된다. 조리용으로는 소스 · 수프 · 푸딩 · 아이스크림 · 커피 · 홍차에 사용한다. 아이스크림용으로는 지방분 18~25%의 묽은 것을 사용하는데, 너무 진한 것을 사용하면 교반할 때 버터가 되어버리기 때문이다. 휘핑(거품 내기)용으로는 40% 정도의 진한 것을 사용하고, 음료용인 커피크림은 테이블크림이라고도 하며, 20~30%의 것을 사용한다.

최근에는 분말 상태인 인스턴트크림이 널리 보급된다. 이 분말 크림은 우유를 재료로 쓰지 않고 녹말당 · 야자경화유 · 카세인나트륨 등을 사용한 논데어리(nondairy), 즉 유제품을 함유하지 않은 제품인 경우가 대부분이다.

06 버터류

우유 중의 지방을 분리하여 크림을 만들고, 이것을 세게 휘저어 엉기게 한 다음 응고시켜 만든 유제품이다.

역사

버터

버터의 기원은 BC 3,000년경의 바빌로니아로 추정하는 설과, 인도의 신화에 우유를 교반(攪拌)하여 만들었다고 하는 것에서 고대 인도로 추정하는 설이 있다.

고대는 화장용이나 연고로 사용한 것 같고, 이에 대한 기록이 많다. 그리스 · 로마는 올리브기름을 식용으로 하였고, 지형적으로도 양 · 염소 등의 사육에 적합하였으므로 그들의 젖에서 치즈를 만들었으며, 소는 사역용이기 때문에 버터는 사용하지 않았다.

따라서 유럽에서는 소의 목축이 앞섰던 알프스 북쪽에서 버터의 이용이 보급되었고, 이러한 식습관의 차이는 오늘날까지 존재한다. 원시적인 가죽주머니로 우유를 흔들거나 치거나 하는 방법은 현재도 히말라야나 아프리카의 일부지방에서 볼 수 있다. 버터는 중세기까지도 귀중품이었고, 근세에 이르러 북유럽에서 대량생산이 가능하게 되었다. 1848년 통모양인 천(churn : 교동기)의 발명, 1878년 크림 분리기의 출현에 의해 급속히 공업화가 이루어졌다.

제법

우유를 크림 분리기에 걸어 원심력으로 비중이 가벼운 우유지방을 주로 함유하는 크림을 분리한다. 이 크림 중에는 30~40%의 우유지방분이 함유되어 있다. 다음에 크림을 살균하고 보통 5℃ 정도로 냉각하여 하룻밤 숙성시킨다. 이것을 천이라는 장치에 넣어 과격하게 교반하면, 현미경으로나 볼 수 있던 크기의 지방입자가 서로 충돌하여 육안으로 볼 수 있는 입자 크기로 성장하여 수분과 분리된다.

이때 얻는 지방 덩어리를 버터 입자, 수분을 버터우유라 한다. 천은 처음 통모양의 목제였으나 금속제품으로 발전했고, 근래는 연속장치로 발전하여 자동화가 되었다. 버터우유를 제거한 버터 입자는 2~3회 수세(水洗)한 후 기계적으로 연압(練壓)시키고 다시 소금을 가하여 균일한 조직으로 만든다. 가정용 버터는 기계적으로 절단 · 포장하여 여러 가지 크기로 하여 시판되고 있으며, 제과 원료 등의 영업용으로는 대형으로 포장 · 판매되고 있다.

종류

버터에는 젖산균을 넣어 발효시킨 발효 버터(sour butter)와 젖산균을 넣지 않고 먼저와 같이 숙성시킨 감성 버터(sweet butter)가 있다. 미국 · 유럽에서는 발효 버터가 많고, 한국 · 일본에서는 감성 버터가 대부분이다. 또 버터에는 소금을 넣은 가염 버터와 소금을 넣지 않은 무염 버터가 있는데, 가정용은 모두 가염 버터이다. 무염 버터는 보존성이 짧고 식탁용으로는 맛이 부족하므로 제과 원료나 조리용으로 이용되며, 신장병 환자를 위한 특수용도에 적합하다.

성분 및 영양가

버터의 평균 조성은 지방 81%, 수분 16%, 무기질 2%, 소금 1.5~1.8%이고, 나머지는 단백질을 주체로 하는 커드분(curd分)으로 되어 있다. 지방 중에는 뷰티르산 · 데칸산과 같이 탄소수가 적은 지방산이 있으며 버터 특유의 풍미를 지닌다. 버터 100g 당 열량은 721kcal이다.

품질 및 보존

버터는 지방질이 많은 식품이므로 장기간 방치하면 지방이 산화되어 산패를 일으키며, 냉장하지 않는 경우는 곰팡이가 발생하거나 녹아서 버터 특유의 텍스처가 사라지고 풍미를 해친다. 따라서 -5~0℃의 저온에서 직사광선을 피한 깨끗한 장소에 보존해야 된다. 표면이 가볍게 녹은 정도에서는 두드러진 변화는 아니지만, 한 번 녹은 버터는 먼저의 상태로 되돌아가지 않는다. 또 냄새를 잘 흡수하므로 냄새가 독한 물건과 같이 놓아두는 것은 피한다.

07 아이스크림류

FOOD Materials Science

아이스크림

우유 또는 유지방 · 무지유고형분(無脂乳固形分)에 설탕 · 달걀 · 안정제(젤라틴 등) · 향료 · 색소 등을 넣고 휘저어 얼린 빙과이다. 본래는 서양요리의 디저트(후식)로서 이용되었으나, 오늘날에는 기호품으로 널리 사용된다. 영양가도 높아 고지방의 것은 100g 당 열량이 200kcal 정도로, 간식 · 디저트 · 환자식 · 유아식 등으로 각광받고 있다.

1967년의 국제낙농국제규격(IDF) 안에 의하면, 유지방분이 8% 이상 함유되어 있는 것은 아이스크림이라 하고, 유지방분이 3% 이상 함유된 것을 밀크아이스로 부르게 되어 있다. 한국의 경우, 보건복지부 「식품위생법」에 의하면 유지방 6% 이상을 아이스크림, 2% 이상을 아이스밀크로 규정하고 있다.

크림은 1550년경 이탈리아에서 최초로 고안되어 유럽 각국에 전해진 것으로 알려져 있는데, 당시에는 얼음의 결정입자가 커서 현재의 셔벗과 같은 것이었다. 실제로 크림에 달걀노른자와 감미료를 섞고 휘저으면서 냉동시켜, 현재와 같은 얼음의 결정입자가 섬세하고 차며 부드러운 제품이 만들어지기 시작한 것은 1774년 프랑스 루이왕가(王家)의 요리사가 처음인 것으로 전해진다. 처음에는 이것을 크림아이스라 불렀으나, 그 후 크림 외에 우유의 수분을 감축시킨 농축유 · 연유 · 분유 등이 사용되고 냉동제조 기계가 진보하여 공업적 생산이 발달하게 되었다. 한국에서는 1970년대에 이르러 점차 빙과제조업이 본격화되어 현재의 수준에 달하게 되었다. 세계적으로는 미국에서 가장 많이 생산된다.

제법은 기본적으로 우유 · 유제품에 당류 · 향료 및 그 밖의 부재료를 혼합하여 균질화 · 살균 · 냉각 · 숙성하고 휘저어 공기를 함유시키고 동결시키는 순서로 만든다. 크게 나누어서 자가제조적인 유럽식과 미국의 공업적 제조법이 있는데, 전자는 달걀노른자 · 생크림 등을 사용하여 동결시킬 때까지 충분히 이겨 만들어서 호화로운 맛이 특징이고, 후자는 유제품적 · 영양적인 면을 중시하여 깨끗하며, 양적으로 쉽게 먹을 수 있는 품질로 만드는 것이 특징이다. 한국에서도 유럽풍의 것은 고급 레스토랑이나 호텔 등에서 자가 제조식으로 만들고, 미국풍의 것은 서울을 중심으로 한 근대적 아이스크림 공장에서 생산되어 전국적으로 보급되고 있다.

종류를 크게 나누면, 하드 아이스크림과 소프트 아이스크림이 있다. 충분히 동결시킨 것을 하드 아이스크림이라 하며, 제품의 모양과 포장용기 · 가공원료 · 가공법에 따라 상품의 종류가 다양하다. 기본적으로 바닐라(vanilla : 열대산의 덩굴풀) 등의 향료를 사용한 단순한 것은 플레인 아이스크림이라 하고, 달걀노른자의 함유량이 많은 것은 프렌치(French) 아이스크림 또는 커스터드(custard) 아이스크림이라 한다. 이 밖에도 과일 · 초콜릿 · 커피 · 양주 등을 첨가한 것을 풍미 아이스크림이라고 한다.

소프트크림은 충분히 동결되지 않은 비교적 부드러운 것을 가리키며, 제2차 세계

대전 이후 소형 제조기와 즉석용 혼합원료, 콘컵(컵 모양을 한, 과자같이 먹을 수 있게 만든 것)의 사용에 따라서 즉석제조 판매로 널리 보급되었다.

FOOD Materials Science

008 치즈류

연질치즈(Soft cheese)

연질치즈는 가장 부드러운 치즈들을 말하며, 수분함량은 45~50% 정도이며 비숙성, 세균숙성, 곰팡이숙성으로 분류한다. 연질치즈 중에서도 비숙성치즈(fresh cheese)는 스푼으로 쉽게 떠서 먹을 수 있고 음식물에도 발라서 사용한다.

연질치즈는 맛이 순하고 조직이 매끄럽고 매우 부드럽기 때문에 보관할 때는 통풍이 너무 잘되는 곳은 피하고 약간 습기가 있으면서 건조한 곳에 특별히 보관해야 하며 보존성이 좋지 않아 제조 후 빠른 기일 내에 소비해야 한다.

리코타 Ricotta

리코타

치즈를 만드는 과정에서 나오는 훼이(whey)에 신선한 밀크나 크림을 첨가해 한 번 더 데워서 만드는 '훼이 재활용' 소프트 치즈이다. 가염하여 숙성시킨 것, 훈제한 것, 허브로 싼 것 등 다양하게 변화를 준 것들이 많으며, 최근에는 크림을 많이 쓰면서 지방함량이 고형분의 15~45%로 높아지고 있다. 이탈리아 전역에서 나는데, 만드는 지방에 따라 풍미가 약간씩 달라지며 만든

직후에 가장 맛이 좋다. 리코타 살라타(Ricotta Salata)는 리코타를 가염하고 숙성시켜 만든 비교적 단단한 치즈이다.

풍미가 상큼하며 젖당의 감미로운 맛이 난다. 벌꿀이나 잼을 올려 디저트로 먹거나 라비올리 등의 속으로도 이용한다. 프랑스 코르시카섬에서 만드는 브로츄와 비슷하나, 이탈리아의 리코타는 요리나 과자의 재료로서 쓰는 일이 더 흔하다. 가벼운 레드와인, 커피나 홍차와 함께 들기도 한다.

마스카포네 Mascarpone

이탈리아에서 생산되는 크림치즈이다. 원래는 이탈리아 북부 롬바르디아주에서 생산하기 시작하였으나, 지금은 이탈리아 전지역에서 생산된다. 우유에서 분리한 크림을 원료로 사용하기 때문에 지방 함량이 매우 높다. 지방 함유율은 건조상태에서 80% 이상이나 된다. 껍질이 없는 부드러운 크림 형태이지만 입자의 밀도가 높아 형태가 유지된다. 맛은 섬세하고 부드러우며 크림향이 난다. 다른 치즈와 같은 짠맛이나 치즈 특유의 냄새가 나지 않는다. 이탈리아에서 생산되는 다른 치즈와 달리 버터밀크에 우유를 조금 섞어서 만든다.

● 마스카포네

제조과정은 두 단계를 거친다. 먼저 버터밀크를 80℃에서 15분 동안 가열한 다음 산성 성분을 첨가한다. 열과 산성이 반응하여 우유가 응고되면서 유장이 분리되며. 응고된 치즈를 차게 식혀 포장한다. 티라미수케이크의 재료로 사용되며, 빵에 발라먹기도 한다. 그 밖에 디저트나 소스의 재료로 사용된다.

브리 Brie

프랑스 브리지방에서 생산되는 연질치즈이다. 카망베르치즈와 함께 프랑스의 대

브리

표적인 연질치즈이다. 프랑스 파리 근교의 브리지방에서 생산되며, 지명에서 치즈 이름이 유래되었다. 젖산균으로 숙성시키며, 지방 함유율은 45%이다. 지름 30~37cm, 두께 3~3.5cm, 무게 2.5~3kg의 원반 모양이다. 숙성기간은 4~8주이며, 맛은 숙성 정도에 따라 부드러운 맛에서 자극적인 맛까지 다양하다. 보통 약간 신맛과 톡 쏘는 맛이며, 나무향이 난다.

솜털 같은 하얀 외피가 특징이다. 제조과정에서 커드를 틀에 넣고 커드가 굳은 후 페니실리움 칸디둠(Penicillium candidum)이라는 곰팡이를 뿌린다. 이것이 숙성되는 과정에서 하얀 외피를 형성하게 한다. 숙성이 덜되었을 때는 치즈 안이 흰색이었다가 숙성이 진행되면서 크림색이 된다. 와인과 어울리며, 테이블치즈로도 사용된다.

카망베르 Camembert

카망베르

세계적으로 유명한 프랑스의 노르망디지방에서 만든 흰곰팡이치즈이다. 카망베르 드 노르망디라고도 부른다. 20세기의 초현실주의 화가 달리(Salvador Dali)의 그림 ≪기억의 지속≫에 나오는 '녹아내리는 시계'는 과도하게 숙성된 카망베르 치즈로부터 영감을 얻은 것이라 한다. 프랑스혁명의 와중에 영국으로 피신하던 사제가 노르망디를 지나는 중에 머문 농가에서 여주인인 아렐(Marie Harel)에게 브리치즈의 제조법을 전수하여 만들어지기 시작한 치즈이다. 노르망디화한 브리라 할 수 있다.

쨍쨍한 해를 보기 힘들고 비가 흩뿌리는 날이 많은 노르망디는 목초가 부드럽고 이를 먹은 소가 양질의 밀크를 분비하여 좋은 버터, 생크림과 치즈의 산지가 되고 있다. 그렇지만 AOC(통제원산지명칭) 취득이 1984년에야 이루어진 탓에 복제품이 세계 각지에서 많이 나도는 치즈이기도 하다. 제조과정에 가열과 압착이 없으며, 대개 30~35일 이상 숙성시켜서 먹는다.

카망베르의 살은 매끄럽고 부드럽다. 산지의 사람들은 치즈의 중심 부분이 반숙인 상태를 즐긴다. 이 고장에서 양조되는 사과주인 시도르와 함께 하면 잘 어울린다. 카망베르를 아예 시도르에 보름 정도 담가두었다가 먹는 것을 즐기는 사람들도 있다.

코티지 Cottage

● 코티지

전유에서 일부 유지방을 제거하거나 완전히 유지방을 제거한 저온 살균된 우유에 스타터를 첨가하여 카제인을 응고시켜 만든 시고 작은 흰 결정의 숙성시키지 않은 신선한 연질치즈이다. 코티지치즈의 원산지는 네덜란드로, 처음에는 우유를 자연적으로 유산 발효시켜 카제인을 응고시켜 만들었다. 현재는 전유에서 일부 유지방을 제거하거나 완전히 유지방을 제거한 저온 살균된 우유에 스타터(발효제의 한 종류)를 첨가하여 카제인을 응고시켜 만든다.

응유에 약간의 훼이[乳淸]나 크림을 섞어 다양한 크기로 만들며 빛깔이 흰 알갱이 모양으로 맛이 부드러우나 약간 시다. 이러한 치즈 천연의 신맛을 제거하기 위해 커드를 씻어내기 때문에 순하고 김빠지는 맛을 가지고 있으며 질감은 촉촉하다. 커드에서 오래 물을 빼면 포트치즈(pot cheese)가 형성되며, 더 오래 물을 빼면 단단한 파머스치즈(farmer's cheese)라고 한다. 코티지치즈는 스몰커드(small-curd), 미디움커드(medium-curd), 라지커드(large-curd) 등의 3가지 종류가 있다.

상업적인 치즈 제조에서는 저온 살균한 탈지유나 물을 탄 저지방 유제품에서 응유를 얻으며, 훼이를 압착하지 않은 채 응유에서 추출하므로 어느 정도 액체가 남는다. 이런 유형의 코티지치즈는 지방 성분이 적어 저지방성 다이어트 식품으로 인기가 높다. 크림드 코티지치즈는 4~8%의 크림이 첨가되어 있으며, 저지방 코티지치즈는 1~2%의 지방이 있고, 무지방 코티지치즈는 지방이 전혀 없다. 코티즈치즈는 단순한 것과 조미된 것이 판매되는데 조미된 것 중 가장 인기 있는 것은 정향과 파인애플을 첨가한 것이다.

코티지치즈는 다른 치즈보다 수분함량이 높아 보존이 어려우므로 냉장고의 가장 찬 부분에 두고 찍힌 날짜로부터 10일까지만 보관할 수 있다.

코티지치즈는 보통 그냥 먹거나 과일 · 채소 · 양념과 섞어 샐러드나 샌드위치, 치즈케이크(커드케이크)를 만드는데 사용되며, 팬케이크나 커스타드, 블린츠(치즈 · 과일을 넣은 핫케이크)의 속재료로도 이용한다.

크림치즈Cream cheese

크림치즈

크림과 우유를 섞어 만든 치즈이다. 숙성이 되어 있지 않아 맛이 부드럽고 매끄럽다. 특히 미국에서 인기 있는 치즈이며, 일반치즈와 달리 짠맛 대신 약간 신맛이 나고 끝맛이 고소하다. 수분함량이 높고 지방이 45% 이상 들어 있는데, 지방함량이 65%를 넘으면 더블크림치즈라고 한다. 발효에는 보통 스타터와 레닛을 함께 사용하지만 더블크림치즈는 스타터만으로 발효시킨다. 쉽게 상하기 때문에 빨리 먹어야 하고, 카나페 · 샌드위치 · 샐러드드레싱 · 디저트요리 · 쿠키 · 치즈케이크 등의 재료로 사용한다.

반경질치즈(Semi hard cheese)

반경질치즈는 세균 숙성치즈와 곰팡이 숙성치즈로 분류되며, 수분함량은 40~45% 정도로 대부분 응유를 익히지 않고 압착하여 만든다.

고르곤졸라Gorgonzola

이탈리아의 롬바르디아와 피에몬테지방에서 소의 전유를 써서 숙성시킨 블루치즈

고르곤졸라

이다. 이탈리아의 대표적인 블루치즈로, 이탈리아 롬바르디아주(州) 밀라노(Milano) 동쪽에 있는 고르곤졸라 지방에서 주로 생산된다. 9세기 후반 "고르곤졸라의 스트라키노(Stracchino di Gorgonzola)"로 알려졌는데, 스트라키노는 '피곤한'을 뜻하는 'stracco'의 파생어이다. 가을에 고산목장으로부터 귀환하다가 고르곤졸라에서 쉬고 있던 지친 소들의 우유로 처음 만들어졌으며, 알프스지역에 서식하는 페니실리움 곰팡이가 피어서 고르곤졸라 치즈가 탄생했다고 한다.

이 밖에 천연 까브(cave : 저장고)가 있는 발사시나(Valsassina)의 파스투로(Pasturo)에서 태어난 치즈라는 설도 있다. 가열과 압착을 하지 않고 만들어 숙성시키며, 숙성 시작 3~4주 후에 바늘로 공기구멍을 뚫어준다.

20세기 초부터 외국에서 인기를 끌어왔는데, 이는 푸른곰팡이치즈이면서도 로크포르, 스틸턴 등에 비해 곰팡이가 적어 톡 쏘는 맛이 덜하고, 염분이 세지 않으며, 감촉이 크림처럼 좋기 때문이다. 서양배 위에 얹어 먹거나 스테이크 소스로 즐기며 샐러드, 파스타, 뇨끼, 리소토, 폴렌타, 드레싱 등 각종 요리의 맛을 돋우는 데 쓰인다. 잘 숙성된 진한 레드와인을 마시면서 먹으면 일품이다.

숙성 정도에 따라 비앙코(bianco), 돌체(dolce), 피칸테(piccante)로 나뉜다. 비앙코는 곰팡이가 막 자라기 시작한 것, 돌체는 숙성기간이 60일이 지난 것, 피칸테는 90~100일 가량 숙성시킨 것이다. 돌체는 크림같이 부드럽고 단맛이 좋으며 마스카르포네치즈나 견과류와 함께 케이크에 잘 사용된다. 맛과 향이 강하고 건조하여 쉽게 부서지는 피칸테는 디저트로 곧잘 먹는다.

모짜렐라 Mozzarella

이탈리아의 캄파니아지방에서 물소젖 또는 우유 커드로 만든 프레시치즈이다. 물소젖 치즈에 관한 언급은 12세기 초에 나타나기 시작했으며, 18세기 후반에 들면서 모짜렐라는 이탈리아 남부 전역에 퍼졌다. mozzare는 '잘라낸다'는 뜻이다. 33~36℃

모짜렐라

로 데워 응고시킨 물소젖 커드를 잘게 잘라 5시간 가량 발효시킨 뒤, 몰드에 넣어 95℃의 물에 가라앉히고 휘저어 고무질 조직으로 만든다. 손으로 직접 밀가루반죽처럼 섞어 이기기를 계속하면 윤기 나는 부드러운 덩어리를 얻게 되는데, 여기서 가닥을 뽑아 잘라내어 찬 소금물에 담그면 모짜렐라가 된다. 이렇게 손으로 이겨 뽑아내는 방식을 '파스타 필라타(pasta filata)'라 일컫는다.

전통적 특성을 인증받아 유럽연합(EU)의 TSG(Traditional Speciality Guaranteed : 전통특산품보증, 이탈리아어로는 STG) 치즈로 등재되어 있는 모짜렐라는 모짜렐라 디 부팔라 캄파나(Mozzarella di Bufala Campana)와 트래디셔널 모짜렐라 STG 두 가지로 나눌 수 있다. 모짜렐라 디 부팔라 캄파나는 물소젖을 젖산 발효시켜 파스타 필라타 방식으로 만들며 유럽연합의 PDO(보호원산지 명칭) 리스트에 올라있다. 모짜렐라 STG는 이탈리아 각지에서 나며 대개 우유를 써서 만든다.

신선한 젖내 속에 가벼운 단맛과 신맛이 나며, 숙성치즈 특유의 냄새가 없어 치즈 초심자들도 부담 없이 먹을 수 있다. 뜨거운 피자나 파스타에서 실처럼 길게 늘어나며, 냉동시키면 이같은 특성이 현저히 떨어지므로 얼리지 않는 것이 좋다. 토마토, 바질(basil)과 함께 샐러드용으로도 잘 쓰인다. 가벼운 레드와인이나 상큼한 화이트 와인과 같이 들어도 좋다.

페타 Feta

페타

그리스의 발칸에서 양젖 또는 우유로 만들어 신선한 상태로 먹게 만든 치즈이다. 2,000년 이상의 역사를 지닌 연질치즈이다. 산이 많아 예로부터 양과 염소의 목축이 성하던 고대 그리스의 아테네 근교에서 목동들이 여분의 젖을 저장하기 위해 만들기 시작했다고 전해 온다.

약 35℃로 데운 원유에 레닛을 넣어 응고시켜 얻은 커드를 천으로 된 주머니에 담아 훼이를 배출하여 만든다. 외국에서 접하는 페타는 수출용으로 만든 가염한 것들이며, 산지에서는 먼저 프레시한 상태에서 먹고, 남은 것을 소금물에 담가 보관한다. 그리스에서 만든 페타는 대부분 자국 내에서 소비되고, 외국에서 살 수 있는 페타는 대부분 덴마크에서 제조된 것이다. 2002년 10월 유럽연합(EU)집행위원회가 그리스산 페타치즈를 PDO(보호원산지 명칭)로 인정하자 덴마크는 부당하다며 유럽연합 재판소에 제소했다.

우유제는 지방분이 적고 풍미가 떨어지지만, 양젖제에서는 양 특유의 감칠맛이 난다. 먹기 전에 우유에 담가 소금기를 뺀 후, 토마토 · 오이 · 양파 등과 함께 그리스식 샐러드로 해 먹거나, 파스타의 토핑으로 쓰거나, 빵의 반죽에 넣는 등 요리에 두루 사용된다. 과일 풍미가 강한 레드와인, 아니면 쌉쌀한 화이트와인과 함께 내놓아도 좋다.

경질치즈(Hard Cheese)

경질치즈는 쥐라나 알프스 산악인들이 그들의 겨울 식량을 고산지대 목장에서 만들어낸 데서 유래되었다고 한다. 수분함량이 30~40%로 일반적으로 경질치즈는 제조과정에서 응유를 끓여 익힌 다음 세균을 첨가하여 3개월 이상 숙성시켜 만든다. 운반과정을 쉽게 하기 위해 일반적으로 큰 바퀴 형태로 만들어진다.

고다 Gouda

● 고다

우유를 써서 압착하여 숙성시킨 네덜란드의 세미하드치즈이다. 정식 이름은 'Noord-Hollandse Gouda'이다. 6세기경에 처음 만들어져 13세기부터 수출되기 시작한 네덜란드를 대표하는 치즈로 네덜란드 치즈 생산량의 60%를 차지한다. 로테르담 북동쪽 22km에 소재하는 하우다는 '네덜란드의 심장'이라 불리기도 하는 곳으로, 매주 목요일에 서는 치즈시장은 관광코스이다. 같은 이름으로 미국, 영국, 독일, 덴마크, 일본 등지에서도 많이 생산되고 있다. 가열하지 않고 커드를 압착해서 만든다. 310~620g의 작은 것도 있으며, 1년 이상, 더러는 4년간 숙성시킨 것도 나온다.

숙성이 진행되면서 속살의 조직, 색깔과 맛이 상당히 달라진다. 얼마 안 된 것은 윤기가 돌고 입에 닿는 느낌이 크림 같으며 버터의 풍미가 난다. 샌드위치에 넣어 먹거나 빵, 피클과 함께 먹으면 맛있다. 또 과일향이 은은한 화이트와인이나 맥주, 진한 레드와인, 위스키 등과 잘 어울린다. 오래되면 거무스름해지면서 갈색으로 변하고 속살이 단단하게 여물어진다. 검지를 구부려 두드려서 나무널판 소리가 나는 것이 상태가 좋은 것이며, 상자소리가 나면 속에 가스가 차 있는 것이다.

그뤼에르 Gruyere

그뤼에르

스위스의 프리부르에서 무살균 우유를 사용해 가열 압착하여 숙성시킨 대형 하드치즈이다. 스위스 서부 프리부르(Fribourg)의 프랑스 접경지 그뤼에르를 중심으로 거의 1,000년 전부터 만들어 온 경질치즈이다. 1,115년에 한 수도원에서 쓴 기록에 최초로 언급되며, 적어도 2세기 이상 지금의 모습으로 만들어져 왔다. 프랑스의 두 데파르트망(Doubs Department)과 쥐라(Jura)에서도 생산되며, 스위스와 프랑스는 1951년의 스트레사회의에서 그뤼에르를 브랜드명으로 쓰기로 합의했다. 만드는 방법은 에멘탈치즈와 유사하나 소금을 더 쓰고, 커드를 더 크게 토막내고, 더 뜨겁게 데우고, 더 세게 압착하며 보다 낮은 온도에서 천천히 숙성시키는 차이가 있다. 높은 습도에서 뒤집고 소금물로 닦기를 반복함으로써 모르주(morge : 단백질분해 박테리아의 증식으로 치즈의 거죽에 붙어있는 차갈색의 끈적끈적한 것)가 나타나고 이로 인해 바깥에서 안쪽으로 숙성이 이루어진다.

에멘탈에 비해 짜며 맛과 향이 강하다. 호두맛과 크림같은 느낌이 나면서 어렴풋이 신맛이 돈다. 에멘탈과 함께 치즈 퐁듀에 빠트릴 수 없다. 키슈(quiche : 파이의 일종)나 양파 그라탱 등에도 사용된다. 쓴맛과 과일향이 나는 화이트와인이나 가벼운 레드와인과 같이 곁들이면 좋다.

에담 Edam

에담

네덜란드에서 탈지 또는 부분탈지 우유를 압착해 숙성시킨 하드치즈이다. 정식 이름은 Noord-Hollandse Edammer로서 가열하지 않고 압착해서 만드는 하드치즈이다. 네덜란드에서 하우다(Gouda) 다음으로 많이 생산된다. 14세기 이후 수백 년 동안 붉게 왁스 코팅되어 외국으로 팔려나간 치즈로써, 세계 대부분의 나라에 수출되고 있다.

'에담'은 옛날에 세계 각지로 수출되어 나가는 치즈를 선적하던 네덜란드 북쪽 항구 마을의 이름이다. 붉은 왁스 코팅은 배편으로 수출되는 동안 잘 견디게 하기 위해서였다. 이 때문에 레드볼(red ball) 또는 크림슨캐논볼(crimson cannon ball)이라는 별칭을 갖고 있다. 검은색으로 코팅한 것도 있는데, 이는 17주 이상 숙성되었다는 표시이다.

탈지 또는 부분탈지 우유를 사용한 탓으로 지방함유율이 낮아 감칠맛이 강하지 않고 버터 같은 풍미가 나며 어렴풋이 신맛이 뒤를 끈다. 얇게 썰어 샌드위치와 함께 아침식사용으로 많이 먹으며, 여러 가지 스낵치즈로서도 자주 쓰이고, 녹는 성질이 좋아 그릴요리에도 적합하다. 쓴맛이 약간 도는 화이트와인 아니면 과일향의 레드와인, 흑맥주 등과 곁들이면 잘 맞는다.

에멘탈 Emmental

스위스 에멘탈지방에서 생우유를 가열 압착해 숙성시킨 하드치즈이다. 에멘탈러

에멘탈

(Emmentaler)라고도 하는 스위스의 대표적 치즈로서 '스위스치즈'라고 하면 보통 에멘탈을 가리키는 것으로 이해될 정도이다. 체리 또는 호두 크기의 반듯한 원형 기공(흔히 치즈의 '눈(eye)'이라고 한다.)으로 유명하다. 애니메이션 『톰과 제리』에 등장하는 것도 이 치즈이다. 15, 16세기부터 에멘탈 계곡에서 가열하고 압착해 만들어 온 것으로, 사람들의 애호 속에 지금은 여러 나라에서 만든다. 껍질에 'Switzerland'라고 압인된 것이 본고장 스위스 제품이다. 미국에서는 이렇게 압인된 것을 "Swizerland Swiss", 미국에서 만든 에멘탈을 "Swiss"라고 부르며 구분한다. 3종의 박테리아가 스타터(starter : 발효제 또는 접종균)로 사용되는데, 이 중 프로피온산(propionic acid)이 온도가 오를 때 탄산가스를 발생시켜 동그랗고 큰 눈(eye)을 만든다.

'치즈의 눈물(기름기)'로 반짝이는 살은 부드러워 입안에서 쉽게 녹는다. 미묘한 호두향과 어렴풋한 단맛이 돈다. 퐁듀를 비롯하여 요리용으로도 두루 쓰인다. 스위스에서 나는 향긋한 과일향의 화이트와인과 잘 어울린다.

체더 Cheddar

체더

영국 서머싯지방에서 우유를 압착해 오래 숙성시킨 치즈이다. 잉글랜드 남서부인 서머싯(Somerset)의 체더마을을 고향으로 하는 수분이 적은 치즈이다. 일찍이 해외로 뻗어나간 영국인들에 의해 각지로 퍼져 오늘날 미국 · 캐나다 · 오스트레일리아 · 뉴질랜드 · 인도 등 세계 여러 곳에서 생산 · 소비되며, 이미 보통명칭이 되어버린 치즈이다. 또한 커드를 벽돌 모양으로 잘라 통 안에 차곡차곡 쌓아 뒤집으며 훼이를 제거하고, 하나의 치즈로 응착시키는 과정은 "체더링(cheddaring)"이라는 유가공 용어가 되었다.

공장제는 20kg 정도의 입방체를 진공 포장하며, 전통적인 농가제는 30kg에 가까운 드럼 모습으로 둘레에 포목을 감아 숙성시킨다. 10℃ 이하의 저온에서 숙성시키면 질이 더욱 좋아진다. 적색이나 녹색의 왁스로 도포되어 있으며, 1년 반 이상 장기 숙성시킨 것도 만들어지고 있다. 전통적인 것은 현재 웨스트컨트리팜하우스체더(West Country Farmhouse Cheddar)라는 명칭으로 EU의 PDO(보호원산지 명칭) 목록에 올라있다. 대량 생산되는 아메리칸 '체더'도 유명하다.

차갈색의 딱딱하고 거친 외피 속에 금빛이 도는 아이보리색의 내부는 매끄럽고 단단하며 쉽게 잘라진다. 달착지근한 방향(芳香)과 부드러운 신맛 등 묵직하게 느껴지는 풍미들이 하모니를 이룬다. 1년 이상 숙성시킨 것은 미세한 알갱이가 씹히기도 하는데, 이는 소금이 아니라 젖산칼슘이 결정을 형성한 것이다. 그냥 크래커나 셀러리와 함께 먹어도 훌륭하며 쉽게 녹아 요리에도 많이 사용된다. 디저트와인(dessert wine)과 함께 하기에도 좋다.

초경질치즈(Very hard cheese)

초경질치즈는 수분함량이 25~30%로 매우 단단한 치즈로써 주로 분말 형태로 만들어서 샐러드나 피자, 스파게티 등 요리의 마무리 과정에 쓰인다.

그라나 파다노Grana padano

● 그라나 파다노

이탈리아의 파다나 평야에서 우유를 써서 가열 압착하여 오래 숙성시킨 하드치즈이다. 12세기에 베네딕토와 시토 수도회 수사들이 그때까지 버려져 있던 파두안(Paduan) 평원을 매립, 개간하여 농사와 소의 사육을 시작한 후 우유가 남아돌게 되자, 이를 오래 보존하기 위해 개발한 치즈이다. 그라나(grana : 이탈리아어로 알갱이라는 뜻)라는 이름 그대로 속살이 알갱이들로 이루어져 있는 것이 특징이다. 이는 제조과정에서 크림을 일부 제거하는 것과 관계가 있다. 커드를 잘게 토막 내어 높은 온도의 열탕에서 탄력이 붙을 때까지 휘저어 응축시킨 다음, 압착하고 장기간 숙성시켜 만든다. 4~8mm에 이르는 두꺼운 껍질을 한 것도 나온다.

파르미자노 레자노에 비해, 제조기준이 덜 엄격하고 만드는 시간과 숙성기간이 짧아 가격이 낮다. 이탈리아요리에 빠지지 않는 치즈로 흔히 "부엌의 남편"이라고도 일컬어진다. 그냥 먹으면 알갱이가 씹히면서 고아한 풍미를 느끼게 한다. 가루를 내어 파스타나 그라탱 위에 뿌리는 데 쓰기도 하며, 진하지 않은 레드와인, 화이트와인 또는 맥주에 곁들이기도 한다.

파르메산Parmesan

파르메산

이탈리아의 에밀리야로마냐와 롬바르디아 지방에서 우유를 써서 가열 압착해 장기 숙성시킨 하드치즈이다. 이탈리아에서 '치즈의 왕'으로 불리는 치즈로, 이탈리아에서 파르미자노 레자노(Parmigiano Reggiano)로 불린다. 이미 13세기에 제조법상 고유한 특징들이 확립되었고, 지금까지 변함없이 이어지고 있다. 『데카메론』에는 "가루를 내 산더미로 쌓아놓은 파르미자노로 마카로니와 라비올리를 만들고 있었다"고 전하는 얘기가 있다. 가열하고 압착해 커드를 만들어 보통 2~3년간 숙성시킨다. 단단한 껍질이 6mm에 이르는 것도 있으며, 표면 보호를 위해 왁스로 도포한다. 살이 쉽게 부서지는 치즈이다.

커드는 전날 저녁에 착유하여 자연상태에서 일부 탈지된 우유와 아침에 짠 생 전유(全乳)를 혼합해 데우고, 여기에 전날 얻은 천연젖산균을 스타터(발효제)로 넣어 만든다. 이따금 아미노산 결정이 씹히면서 품격 높은 감칠맛이 나는 것이 어떤 요리나 와인과도 잘 어울린다. 좋은 와인과 그렇지 못한 와인을 가리는 '와인품질평가회'에서도 쓰인다.

페코리노로마노 Pecorino romano

페코리노로마노

이탈리아의 사르데냐와 라치오지방에서 양젖을 오래 숙성시켜 만든 하드치즈이다. 기원전 1세기 고대 로마까지 거슬러 올라가는 이탈리아에서 가장 오래된 치즈로 황제의 연회 테이블에 오르는 고급안주였다. 로마 보병군단의 기본 휴대식량이기도 했는데, 맛이 빼어나면서 열량이 높고 소화가 쉬웠기 때문이다. 이름이 양(羊)을 가리키는 이탈리아어 페코라(pecora)에서 유래된 만큼, 양젖을 가열하여 응고시킨 뒤 압착해 만든다.

원래 보존식품으로 시작된 치즈답게 짠맛이 강하고 특유의 향을 풍긴다. 거칠거칠한 작은 아미노산 알갱이가 씹히기도 한다. 본고장에서는 초여름에 누에콩과 함께 먹는 풍습이 전해온다. 절단면에서 훼이가 배어나오는 시기를 '치즈가 우는 시기'라고 하는데, 이때가 가장 먹기 좋은 시점이다. 강한 레드와인과 좋은 짝을 이룬다.

FOOD Materials Science

09 가공치즈류

가공치즈란, 우유를 응고·발효시켜 만든 치즈나 자연치즈 두 가지 이상을 혼합하거나 다른 재료를 혼합하여 유화제(乳化劑)와 함께 가열·용해하여 균질하게 가공한 치즈를 말한다. 초기에는 불량치즈의 재생법으로 이용되었으나, 오늘날엔 가열처리되어 보존성이 좋고 경제적이며 원료 치즈의 배합에 따라 기호에 맞는 맛을 낼 수 있다는 점과, 맛이 부드럽고 여러 가지 형태와 크기의 포장이 가능하여 다채로운 상품화를 꾀할 수 있다는 점으로 널리 이용되고 있다.

분말치즈Powder cheese

분말치즈

파르메산, 페코리노 로마노, 그라나 파다노 치즈를 분말로 만들어 스파게티, 피자, 샐러드, 드레싱, 요리용 등으로 사용되고 있다.

슬라이스 체더치즈Slice cheddar cheese

슬라이스 체더치즈

치즈를 보관하고 먹기 편리하게 얇게 썰어 만든 것으로 미국에서 대량 생산되며, 우리나라에서는 피자치즈와 함께 가장 많이 소비되고 있는 치즈 중 하나이다. 주로 뷔페, 요리용, 샌드위치, 피자, 샐러드 등에 사용되고 있다.

퐁듀치즈Fondue cheese

퐁듀치즈

가정에서 쉽게 퐁듀요리를 할 수 있게 에멘탈, 그뤼에르, 와인, 브랜드, 향신료를 혼합하여 만든 치즈로서 불에 녹여 바게트, 삶은 새우, 야채 등을 찍어 먹는 것으로 사용되고 있다.

훈제치즈 Smoked cheese

자연치즈를 훈연한 제품으로 햄처럼 훈연한 맛이 나는 치즈이다. 훈연의 냄새 때문에 자연치즈 특유의 발효냄새가 전혀 없으며, 조직은 하드 치즈류에 속하기 때문에 약간 단단하지만 부드러워 뷔페, 샐러드, 치즈냄새를 싫어하는 사람들에게 많이 사용된다.

● 훈제치즈

Food Materials Science

CHAPTER 07 채소류

01 FOOD Materials Science

잎(엽채류)채소류

닷사이 &
그린비타민

닷사이 & 그린비타민 Datsai & Green vitamin

닷사이의 어린잎으로, 각종 비타민이 풍부하고 혈액순환 및 위를 튼튼하게 하는 효과가 있으며, 주로 식용으로 샐러드에 사용된다.

라디치오 Radicchio

라디치오

치커리의 일종으로 이탈리안 치커리라고도 한다. 흰색의 잎줄기에 붉은 자주색의 잎을 가지고 있는데, 붉은색의 잎과 흰색의 잎줄기가 조화를 이루어 입맛을 돋운다. 라디치오에는 쓴맛을 내는 인터빈 성분이 있어 소화를 촉진하고 심혈관계 기능을 강화시킨다. 라디치오는 연중 먹을 수 있는데, 이 중에서도 한겨울에서 초봄이 가장 맛이 좋다. 주로 샐러드나 장식용으로 많이 사용되며, 이탈리아에서는 오븐에 구워먹기도 한다. 라디치오에는 비타민과 미네랄이 풍부하게 들어 있는데, 이 중 비타민A, C, E와 엽산, 칼륨 등이 많이 들어 있다. 비닐봉지에 넣어 냉장고에서 일주일 정도 보관할 수 있다.

로메인 Romane

로마인들이 즐겨 먹던 상추의 한 종류로, 미네랄 성분이 풍부하여 잇몸을 튼튼하

로메인

게 하는 효과가 있다. 영어 명칭은 '로마인의 상추'라는 뜻으로, 로마인들이 대중적으로 즐겨먹던 상추라 하여 붙여졌다. 또 로마를 지배했던 시저(카이사르)가 좋아했던 채소라 하여 시저스샐러드(Caesar's Salad)라고도 하며, 원산지인 에게해 코스섬의 지명을 따서 코스상추라고도 한다. 녹색계(시저스 그린)와 적색계(시저스 레드), 작게 키우는 미니 로메인으로 구분된다.

상추의 한 종류이지만 배추처럼 잎이 직립하여 포기지며 자란다. 잎은 광택이 있고, 잎줄기는 두텁고 넓다. 포기로 수확하기도 하고, 잎을 하나씩 뜯어내어 수확하기도 한다. 포기수확의 경우에는 파종한지 70일 정도 지나면 결구(結球)시켜 수확할 수 있고, 잎 따기의 경우에는 파종한지 30~40일쯤 지나 잎의 크기가 15~20cm 정도 자라면 수확한다. 우리나라에서 재배되는 품종으로는 미니적로메인 · 아시아적로메인 · 청쌈로메인 · 장군로메인 · 황제로메인 · 홍진로메인 · 적로미오 · 홍미니 등이 있다.

영양성분은 생채 100g당 칼륨 290mg, 칼슘 36mg, 인 45mg, 마그네슘 6mg, 철 1.1mg 등 미네랄 성분이 풍부한 편이고, 카로틴 4,300μg, 비타민A 2,600I.U, 비타민C 24mg, 엽산 135.7mg 등이 함유되어 있다. 매일 섭취하면 피부가 건조해지는 것을 막아주고 잇몸을 튼튼하게 하여 잇몸의 출혈을 막아준다. 출산한 여성의 경우에는 젖의 분비량을 증가시켜 주는 작용도 한다. 포기째로 옆으로 놓고 썰어 샐러드로 이용하고, 잎을 떼어낸 것은 쌈으로 이용한다. 씹는 맛이 아삭아삭하며, 일반 상추와 달리 쓴맛이 적고 감칠맛이 난다.

롤로로사 Lollo rossa

롤로로사

유럽 상추의 한 종류로, 생김새가 매우 곱슬곱슬하다. 철과 마그네슘, 칼륨, 칼슘이 풍부하다. 국화과에 속하는 상추로, 원산지는 이탈리아이다. 로사(rossa)는 이탈리아어로 '장미처럼 붉다'는 뜻으로,

적색계를 롤로로사라 하고, 녹색계는 로사라고만 부르기도 한다. 잎의 중심부는 녹색이고, 끝은 밝은 적갈색을 띠며 매우 곱슬곱슬한 모양을 하고 있다. 포기로 수확하기도 하고 잎을 하나씩 뜯어내어 수확하기도 한다. 포기 수확은 파종한 뒤 70일, 잎 따기의 경우는 파종한 지 30~40일쯤 지나 잎이 15~20cm 정도 자라면 수확한다.

영양성분은 생채 100g당 철 1.4mg, 마그네슘 11mg, 칼륨 264mg, 칼슘 68mg, 인 25mg, 비타민A 113R.E., 비타민C 18mg, 비타민E 0.44mg, 엽산 49.8mg 등이 함유되어 있다. 또 겉잎에는 베타카로틴이 많이 함유되어 있으므로 버리지 말고 이용하는 것이 좋다. 신경계통과 폐조직의 세포를 만들어내어 혈액의 흐름을 정상적으로 유지해주고, 신진대사 작용을 촉진하는 효과가 있다. 이밖에 감기와 기관지 치료, 해열 효과도 있다고 한다. 유럽에서는 샐러드용으로 쓰인다. 우리나라에서는 주로 쌈채소로 먹고, 샐러드 외에 겉절이나 무침 등에도 이용된다. 색깔이 고와 회나 여러 가지 요리에 장식용으로도 쓰인다.

배추Brassica campestris ssp. pekinensis

배추

양귀비목 십자화과의 식물이며 잎사귀를 절여서 김치를 만드는데 사용하는 채소이다. 중국이 원산지이다. 겉잎은 달걀을 거꾸로 세워놓은 모양이고, 잎 중앙에 넓은 흰색의 가운데 맥이 있으며 녹색이거나 연한녹색이다. 뿌리에 달린 잎은 땅에 깔리고 가장자리에 불규칙한 톱니가 있으며 양쪽면에 주름이 있다. 줄기에 달린 잎은 줄기를 싼다.

꽃은 십자화관(十字花冠: 4개의 꽃잎이 십자형을 이룬 꽃부리)이며 짙은 노란색이다. 총상꽃차례를 이루며 밑동으로부터 위 끝을 향하여 꽃이 핀다. 1개의 암술과 6개의 수술이 있는데, 그 중 4개는 길고 2개는 짧다. 암술이 먼저 성숙하므로 꽃피기 전 4~5일부터 수정이 가능하다.

열매는 긴 뿔처럼 생겼으며 2실로 되어 있고 그 사이에 얇은 막이 있다. 완숙하면 양쪽의 과피는 앞끝부터 쪼개져서 종자가 떨어진다. 1개의 열매에는 20~28개의 밑씨가 들어 있으며, 보통상태에서 수정하면 18~25개의 종자를 생산한다. 조건이 알맞으면 싹이 난 뒤 60~90일에 결구(結球 : 배춧잎이 여러 겹으로 겹쳐져 둥글게 속이 드는 상태)를 끝내는데, 결구가 끝날 때에는 땅 윗부분의 전체 무게가 3~6kg, 잎 수 40~70장이 된다. 잎 수는 적으나 각 잎의 무게가 무거워서 결구를 이루는 것을 엽중형(葉重型)이라 하고, 각 잎의 무게는 가벼우나 잎 수가 많아서 결구하는 것을 엽수형(葉數型)이라 한다. 엽중형은 조생종에 많고, 엽수형은 중 · 만생종에 많다.

배추는 서늘한 기후를 좋아하며 온도에 대한 적응 범위가 좁다. 생육 적온은 18~21℃이며 10℃ 이하에서는 생육이 떨어지고 5℃ 이하에서는 멈춘다. 반대로 23℃ 이상의 고온에서는 역시 생육이 떨어진다. 특히 꽃눈분화 뒤는 잎 수가 더 이상 늘지 않고 이미 분화한 잎의 생장만 이루어진다.

꽃눈분화는 12℃ 이하의 저온을 일정기간 유지하면 이루어지기 때문에 보통 중부지방에서는 10월 초순에 일어나고 다음해 봄에 추대 개화한다. 그러나 봄에 씨를 뿌릴 경우 생육 초기에 저온상태가 되면 잎 수가 적은 상태에서 바로 꽃눈분화하여, 결구하기 전에 추대 개화하므로 결구배추를 생산하지 못할 수도 있다. 추대 시기는 품종에 따라 다르나 기온이 높아지면 시작되는데, 낮 온도가 15℃ 이상이 되면 꽃이 핀다. 종자가 뿌리를 내리기 시작한 상태에서 -1℃ 안팎의 저온처리를 약 1개월 동안 하면 씨뿌린지 30일 정도에서 추대 개화하므로, 어느 때라도 꽃을 피울 수 있다.

김치를 담그는 데 쓰인다. 배추 100g 중에는 비타민A 33IU, 카로틴 100IU, 비타민B_1 0.05mg, 비타민B_2 0.05mg, 니코틴산 0.5mg, 비타민C 40mg이 들어 있다. 연백(軟白)된 흰 부분에는 비타민A가 없고 푸른 부분에 많다.

시금치Spinach

● 시금치

쌍떡잎식물 중심자목 명아주과의 한해살이 또는 두해살이풀이다. 아시아 서남부가 원산지로서 한국에는 조선 초기에 중국에서 전해진 것으로 보이며, 흔히 채소로 가꾼다. 높이 약 50cm이다. 뿌리는 육질이고 연한 붉은색이며 굵고 길다. 원줄기는 곧게 서고 속이 비어 있다. 잎은 어긋나고 잎자루가 있으며 밑부분이 깊게 갈라지고 윗부분은 밋밋하다. 밑동의 잎은 긴 삼각 모양이거나 달걀 모양이고, 잎자루는 위로 갈수록 점차 짧아진다.

시금치는 일반적으로 종자의 형태에 따라서 유각종(var. spinosa)과 환종(var. grobe)의 2변종으로 나눈다. 유각종은 동양종, 환종은 서양종을 많이 포함하며, 생김새나 성상에서 뚜렷한 적응성의 차이를 보인다. 2종의 잡종계 품종도 일찍이 육성했다. 생육 적온은 15~20℃이고 서늘한 기후에서 잘 자라며 산성토양에 매우 약하다.

유각종은 일반적으로 꽃이 빨리 피며 추위에 강하다. 형태는 가늘고 작으며 잎살이 얇고 잎에 깊이 패어 들어간 흔적이 많으며 뿌리는 짙은 붉은빛이다. 환종은 대부분 식물체가 크고 잎살이 두꺼우며 추대가 늦다. 잎이 두껍고 잎에 깊이 패어 들어간 흔적이 적으며 뿌리의 붉은색도 엷다.

시금치 100g 중에는 철 33mg, 비타민A 2,600IU, 비타민B_1 0.12mg, 비타민B_2 0.03mg, 비타민C 100mg과 비타민K도 들어 있어 중요한 보건식품이다. 데쳐서 나물을 무쳐 먹거나 토장국을 끓여 먹는다.

아루굴라Arugula

아루굴라

이탈리아 요리에 많이 쓰이는 채소이다. 루콜라(rucola)는 지중해산 에루카 속의 일년초로 이탈리아 요리에 많이 쓰이는 채소이다. 루콜라는 프랑스어로 로켓(rocket), 영어로는 아루굴라(arugula)라고 하는데, 이 중 로켓은 프랑스어인 로케트(roquette)에서 유래했다. 고대 로마인들은 루콜라의 잎과 씨를 매우 소중히 여겨 씨로, 기름에, 향을 내는데 사용했다. 그러나 루콜라 기름은 1세기부터 마약으로 쓰여 수도원의 뜰에서는 재배가 금지되었다.

루콜라는 잎과 꽃을 모두 식용한다. 루콜라는 맛이 고소하고 쌉싸래하며 머스터드와 같이 톡 쏘는 매운 향이 특징이다. 루콜라는 샐러드로 루콜라보다 향이나 맛이 순한 채소와 섞어먹거나 파르메산 치즈와 함께 먹으면 좋다. 또는 올리브 오일에 가볍게 볶아먹거나 로스트 비트와 스테이크와 같은 육류요리에 곁들여 먹어도 좋다.

양배추 Cabbage

양배추

쌍떡잎식물 양귀비목 겨자과의 한해살이 또는 두해살이풀이다. 지중해 연안과 소아시아가 원산지이다. 잎은 두껍고 털이 없으며 분처럼 흰빛이 돌고 가장자리에 불규칙한 톱니가 있으며 주름이 있어 서로 겹쳐지고 가장 안쪽에 있는 잎은 공처럼 둥글며 단단하다.

꽃은 5~6월에 노란색으로 피고 2년생 뿌리에서 나온 꽃줄기 끝에 총상꽃차례를 이루며 달린다. 꽃받침 조각은 4개이고 길이 1cm의 긴 타원 모양이며, 꽃잎은 4개이고 길이 2cm의 달걀을 거꾸로 세운 모양이다. 수술은 6개 중 4개가 길고, 암술은 1개이다. 열매는 각과이고 짧은 원기둥 모양이며 비스듬히 선다.

양배추의 야생종은 아직 유럽과 지중해의 바닷가와 섬에 남아있다. 이것을 최초로 이용한 것은 서부 유럽의 해안에 살던 토착민들이며, 기원전 600년경에 유럽 중서부에 살던 켈트족(族)이 유럽 곳곳에 전파시켰다.

양상추 Head lettuce

양상추

쌍떡잎식물 초롱꽃목 국화과의 한해살이 또는 두해살이풀이다. 결구상추 또는 통상추라고도 한다. 유럽 남부와 서아시아가 원산지이며, 유럽과 미국에서 오래전부터 샐러드용으로 재배했다. 프랑스에서는 1880년경에 40개 품종이 있었고, 미국에는 유럽에서 도입되어 재배하기 시작했다. 한국에서는 해방 이후 미군들이 들어온 후에 군납용으로 재배하면서 널리 퍼졌다.

높이는 30~100cm이고 줄기는 아주 짧으며, 잎은 뿌리에 가깝게 붙는다. 줄기에 달린 잎은 잎자루와 잎이 매우 짧게 붙고 줄기 위로 올라갈수록 작아지며 흰색의 가루가 많이 붙는다. 꽃은 노란색의 두상화(頭狀花 : 꽃대 끝에 꽃자루가 없는 작은 꽃이 많이 모여 피어 머리 모양을 이룬 꽃)가 원추꽃차례를 이루며 달린다. 열매는 수과이고, 종자는 길이가 3~4mm, 폭이 0.8~1mm이다.

발아에 알맞은 온도는 18~21℃이고, 26℃ 이상이 되면 발아하지 않는다. 파종 후 6~8일이면 싹이 나온다. 싹이 난 후 2주일이 지나면 옮겨 심는 것이 가능하지만 잎이 1~2개 나온 후에 옮겨 심는 게 좋다. 수확은 품종에 따라 다르지만, 겨울에 재배하는 경우에는 정식한 후 3개월 후에 하고, 봄에 재배하는 경우에는 2개월 후, 여름에 재배하는 경우에는 1개월 후에 한다.

품종은 크게 크리습 헤드(Crisp head)류와 버터 헤드(Butter head)류로 나뉜다. 크리습 헤드는 현재 가장 많이 재배되는 종류로 잎 가장자리가 깊이 패어 들어간 모양이고 물결 모양을 이룬다. 버터 헤드는 반결구이고 유럽에서 주로 재배하며 잎 가장자리가 물결 모양이 아니다.

양상추는 샐러드로 많이 이용된다. 내용물로는 수분이 전체의 94~95%를 차지하고, 그 밖에 탄수화물 · 조단백질 · 조섬유 · 비타민C 등이 들어 있다. 양상추의 쓴맛은 락투세린(Lactucerin)과 락투신(Lactucin)이라는 알칼로이드 때문인데, 이것은 최면 · 진통 효과가 있어 양상추를 많이 먹으면 졸음이 온다.

청경채Pak choi

중국 배추의 한 종류로 중국요리에 많이 이용되며 녹즙, 쌈 채소로 이용된다. 원산지는 중국 화중지방으로, 중국 배추의 한 가지이다. 명칭은 잎과 줄기가 푸른색을 띤 데서 유래했다. 잎과 줄기가 흰색을 띠는 것은 백경채(白莖菜)라고 부른다. 생육하는데 적정한 온도는 15~20℃이고, 발아하는데 적정한 온도는 20~25℃이다. 파종에서 수확까지 소요되는 시간은 봄부터 가을까지는 30~40일, 겨울철 비닐하우스에서는 온도관리에 따라 2~3개월이 걸린다.

● 청경채

품종은 일반종과 교배종이 있다. 일반종은 값이 싸지만 자람세가 고르지 못한 것이 단점이고, 교배종은 자람세는 고르지만 값이 비싼 것이 단점이다. 재배할 때 토양이 건조하면 잘 자라지도 않고 잎 가장자리가 마르므로 토양의 수분을 적절히 유지하는 것이 중요하다. 한여름에 재배할 경우에는 반드시 한랭사(寒冷絲)로 덮어 해충과 고온으로부터의 피해를 막아야 한다. 수확은 뿌리 위 밑동을 잘라서 먹는 포기수확이 일반적이지만, 이렇게 할 경우에는 한 번밖에 수확할 수 없다. 쌈용도인 경우에는 상추를 수확하는 요령대로 아래에 난 잎들을 따주면서 키우면 여러 차례 수확을 할 수 있다.

매우 연하며 특별한 향이나 맛이 없어 소스의 맛을 살리는 요리에 쓰이며, 쌈이나 샐러드로도 많이 먹는다. 영양성분은 100g당 칼슘 90mg, 칼륨 227mg, 비타민A 345μg, 비타민C 48mg이 함유되어 있고, 면역체계를 향상시켜주는 β-카로틴도 풍부하다. 많이 섭취하면 신진대사 기능이 촉진되고 세포기능이 튼튼해지며, 칼슘이 풍부하여 치아와 골격의 발육도 좋아진다. 비타민C를 많이 함유하여 일정한 양을 꾸준히 섭취하면 피부미용에도 좋다. 녹즙으로 마시면 위의 기능을 도와주는 작용을 하고, 변비와 종기에도 효과가 있다. 씨는 탈모 치료제로도 쓰인다.

치커리 Chicory

쌍떡잎식물 초롱꽃목 국화과의 여러해살이풀이다. 북유럽이 원산지이다. 뿌리는 다육질이고 길며, 줄기는 높이가 50~150cm이고 단단하며 가지가 갈라지고 털이 있다. 뿌리에서 나온 잎은 아래쪽을 향하고 깃꼴로 갈라진다. 갈라진 조각은 밑부

● 치커리

분이 점차 좁아지고 날개와 같은 잎자루가 있으며, 끝에 달린 조각은 크고 옆에 달린 조각은 삼각형이다. 줄기에 달린 잎은 바소꼴의 달걀 모양 또는 바소꼴이고, 가장자리가 밋밋하며 뒷면에 털이 있다.

꽃은 7~9월에 하늘색으로 피고 줄기 윗부분 잎겨드랑이와 줄기 끝에 설상화가 두상꽃차례를 이루며 달린다. 총포는 원기둥 모양이고 총포 조각은 2개로 갈라진다. 품종에 따라 흰색 또는 엷은 붉은 색의 꽃도 있다.

열매는 수과이고 긴 도끼 모양이며 윗부분에 3~5개의 모서리가 있다. 관모는 짧고 비늘조각 모양이며 끝이 가늘게 갈라진다. 생육이 왕성하고 환경에 잘 적응하기 때문에 많이 재배한다.

뿌리는 약간 익혀서 버터를 발라먹고 잎은 샐러드로 먹는데, 뿌리에서 자라나는 어린잎을 봄에 채취해 이용한다. 식물체는 사료나 목초로 쓰인다. 꽃은 중추신경 계통의 흥분제 및 심장 활동을 증강시키는 약으로 쓰인다.

독일과 프랑스에서는 굵은 뿌리를 건조시켜 가루로 만들어 커피 대용의 음료로 이용하거나 커피의 색 및 쓴맛을 짙게 하는 첨가제로 사용한다. 유럽에서는 뿌리를 이뇨 · 강장 · 건위 및 피를 맑게 하는 민간약으로 이용한다. 한방에서는 식물체 전체를 약재로 쓰는데, 황달형 간염에 효과가 있고 소화기능을 개선한다.

치콘Chicon

치콘

치커리의 뿌리에서 새로 돋아난 싹을 상품화한 것으로, 배춧속처럼 생겼다. 쌈채소나 샐러드용으로 쓰인다. 소화제와 이뇨제, 완화제 등의 효능이 있다.

벨기에에서 처음으로 생산되었다 하여 벨지움 엔다이브 또는 벨기에 엔다이브(Belgium Endive)라고도 부른다. 1930년대에 벨기에의 수도 브뤼셀에서 치커리 뿌리를 캐내 얼지 않도록 지하실에 보관해두었다가 나중에 꺼내보니 뿌리에서 배춧속처럼 생긴 노란 싹이 올라왔는데, 이것이 처음 생산된 치콘이다. 이로부터 1차 재배를 하여 뿌리를 활성화시킨 뒤에 다시 어두운 곳에서 2차 재배를 하여 치콘을 생산하게 되었다. 봄 재배작형은 2월 하순에서 3월 중순에 파종하여 6월에서 7월 사이에 수확하고, 가을 재배작형은 8월 상순에서 중순 사이에 파종하여 11월부터 12월까지 수확한다. 뿌리는 4~6℃에서 적어도 35일 이상 저장하여야 결구(結球)한 치콘을 생산할 수 있다.

결구시킨 치콘은 배추보다 영양가가 높다. 당분이 풍부하여 몸에 잘 흡수되므로 다이어트 채소로도 인기가 높다. 효능은 소화제와 이뇨제, 완화제로 쓰이며, 류마티스와 관절염, 통풍 등을 예방하는 효과도 있다. 맛은 약간 쌉싸름하여 입맛을 돋운다. 서양에서는 주로 노란잎을 샐러드로 먹는데, 살짝 데쳐서 치즈 소스를 곁들인 요리가 유명하다. 우리나라에서는 샐러드 외에 잎을 하나씩 따내어 쌈채소로 이용한다. 데쳐서 나물로 먹거나 국거리로도 이용되며, 버터와 함께 볶아서 먹기도 한다.

02 FOOD Materials Science 줄기채소류

루바브 Rhubarb

쌍떡잎식물 마디풀목 마디풀과의 여러해살이풀이다. 시베리아 남부가 원산지이며, 잎은 달걀 모양의 심장형이고 길이가 45cm이며 가장자리가 밋밋하거나 물결 모양이다. 잎자루는 밝은 붉은빛을 띤다. 맛이 시고 향기가 있으므로 쪄서 파이 · 젤리 · 잼을 만들며 케이크의 원료로도 사용한다.

루바브

꽃은 여름에 엷은 노란색으로 피고, 길이 2m의 꽃줄기에 원뿔 모양을 이루며 달린다. 서양에서는 중요한 채소로 이용한다.

릭 Leek

릭

백합과 식물로 지중해 연안이 원산지이며 채소 또는 관상용으로 재배한다. 줄기는 파와 비슷해 굵고 연하지만 길이가 짧다. 잎은 파보다 크지만 납작하고 중간이 꺾여서 늘어진다. 잎의 너비는 5cm 정도이고, 길이는 꽃줄기의 길이와 비슷하게 자란다. 주로 감자수프, 생선요리, 육류요리에 사용되고 있다.

마늘 Garlic

마늘

외떡잎식물 백합목 백합과의 여러해살이풀이다. 마늘의 재배는 고대 이집트 · 그리스 시대부터이며, 근동방면으로부터 인도 · 중국 · 한국 · 아프리카의 각지에 전파되었다. 유럽에서는 지중해 연안에 주로 분포하는데, 중국에 전파된 것은 BC 2세기경으로 지금의 이란으로부터 도입되었다고 한다.

한국에 도입된 것은 명확하지는 않으나 ≪삼국유사≫에 나올 뿐만 아니라 ≪삼국사기≫에도 기록되어 있는 것으로 보아 재배 역사가 매우 오래된 듯하다. 현재 마늘은 이탈리아를 비롯한 남유럽, 미국의 루이지애나 · 텍사스 및 캘리포니아, 아시아의 한국 · 중국 · 일본 · 인도, 서부 아시아 및 열대 아시아 전역, 그리고 아프리카와 오스트레일리아 등지에서 많이 재배되고 있다.

이용

모든 음식의 조리에서 필수적인 양념으로 쓰인다. 마늘에는 탄수화물(스크로토스)

과 아미노산의 일종인 알리인(alliin)이 들어 있다. 마늘은 생으로 이용되고 그 밖에 여러 가지 조리에 이용되고 있으며 연한 잎과 줄기도 식용한다.

한국의 고기요리에서는 마늘이 많이 쓰이는데, 고기의 비린내를 없애주고 맛을 좋게 하며 함께 먹으면 단백질을 응고시켜 위에 대한 자극을 가볍게 하여 소화를 돕는다. 근래에는 마늘을 분말로 가공한 것이 이용되고 있으며 주성분을 합성하여 약용으로도 이용한다.

마늘에는 곰팡이를 죽이고 대장균·포도상구균 등의 살균효과도 있음이 실험에 의해 밝혀졌다. 마늘의 냄새는 황화아릴이며 비타민B를 많이 함유하고 있다. 한방에서는 '대산'이라 하여 비위(脾胃)를 따뜻하게 하고 기(氣)를 돋구며 살충·소종(消腫)의 효능이 있어 소화불량·위장의 냉통(冷痛)·수종(水腫)·이질·버짐으로 인한 탈모·종기 등에 달여서 복용하거나 으깨어 환부에 붙인다. 마늘의 알리신 성분은 신경안정 작용을 하여 피로해 있을 때는 자극과 영양을 준다. 또한 외부로부터의 자극을 완화시키거나 활력을 높인다.

샬롯 Shallot

● 샬롯

백합과(百合科, Liliaceae)에 속하는 은은한 향이 나는 다년생 풀 또는 그것의 비늘줄기로, 양파의 한 종류이다.

고대 팔레스타인 도시 에스칼론에서 유래되었다. 통째로 오븐에 굽거나 잘게 다진 후 볶아 향을 내는데 쓰며, 각종 소스나 생선요리, 육류요리에 곁들이는 채소구이, 다양한 샐러드 드레싱의 재료로 사용한다.

샬롯은 추위에 잘 견디며, 토양이 좋은 곳이면 어느 곳에서나 잘 자라고 이른 봄에 심어 가을에 비늘줄기를 거둬들인다. 작고 길쭉하며 각이 진 비늘줄기가 양파보다는 마늘과 비슷한 형태로 아래쪽에서 무리지어 나온다. 잎은 조그맣고 짧으며 원통 모양으로 속이 비어 있으며, 길이는 5cm 이하이고 지름은 약 2.5cm 정도로 맛이 순하여 녹색일 때 생으로 먹기도 한다. 샬롯의 종류에는 'Jersey' 또는 'false(가짜)' 샬롯과 깊은 맛이 나는 'true(진짜)' 샬롯 두 가지가 있다.

양파를 1/4 크기로 축소해 놓은 모양으로 여러 겹의 껍질과 겉껍질의 버석거리는 느낌, 엷은 갈색이 양파와 닮았다. 그러나 양파보다 달콤하고 부드러운 향미를 가지고 있으며, 마늘의 알싸한 맛을 합쳐 놓은 듯한 특이한 맛이 있다. 가격은 양파보다 비싸고 적어도 6개월 이상 저장할 수 있다.

2~3cm 정도의 작은 마늘 크기지만, 한두 조각만 다져 넣어도 음식에 최고의 풍미를 살릴 수 있다. 일반인들이 고급 레스토랑 음식 맛을 똑같이 흉내 낼 수 없는 이유 중 하나가 샬롯의 사용에 있다. 샬롯을 과거 페르시아에서는 잘게 으깨어 요구르트로 만들어 먹거나 순한 향을 내기 위해 며칠간 물에 담가두었다가 끓인 후 요리에 사용했다고 한다. 인도네시아에서는 식촛물에 담가 오이와 함께 피클을 만들어 먹었으며, 잘게 썰어 노릇한 갈색이 나도록 볶아 커리, 볶음밥 등 요리에 곁들이로 사용했다. 또한 특유의 향과 맛이 있어 프랑스요리의 기본 향신료로도 이용된다.

셀러리 Celery

셀러리

쌍떡잎식물 산형화목 미나리과의 한해살이 또는 두해살이풀이다. 남유럽, 북아프리카, 서아시아가 원산지이다. 본래 야생 셀러리는 쓴맛이 강하여 17세기 이후에 이탈리아 사람들에 의해 품종이 개량하여 현재에 이르고 있다. 셀러리는 밭에서 재배한다. 높이 60~90cm이다. 잎과 줄기가 녹색이고 털이 없으며 능선이 있다. 뿌리잎은 잎자루가 길고 달걀 모양 또는 긴 타원형이며 위에서 몇 개로 갈라진다. 줄기잎은 어긋나고 밑부분이 잎집으로 되며 윗부분은 깃 모양으로 갈라진다. 꽃은 6~9월에 피고 백색이며 산형꽃차례[揀形花序]에 달리고, 열매는 편평한 원형이다.

전체에 향기가 있으므로 연한 잎과 줄기를 식용하며 서양요리에서 없어서는 안 될 중요한 재료이다. 따라서 잎자루를 흙 또는 종이로 가려서 연하게 한 다음 식용으로 한다. 셀러리는 서늘한 기후를 좋아하며 23~24℃ 이상이 되면 성장이 나빠진다. 품종은 잎색이 짙은 녹색종, 잎색이 엷은 황색종, 중간종이 있는데, 키우기 쉬운 것은 녹색종이다. 셀러리악(var. ripaceum)은 뿌리가 무처럼 굵어지며 독일 · 프랑스에서 많이 재배하고 채소로써 생식 또는 삶아서 먹는다.

아스파라거스 Asparagus

외떡잎식물 아스파라거스목 아스파라거스과의 여러해살이풀이다. 멸대 · 열대라고도 한다. 높이 약 1.5m이다. 뿌리는 끈같이 긴 것과 양 끝이 뾰족한 짧은 원기둥 모양이 있다. 어린 줄기는 육질이며 자라서 가지를 낸다. 잎 같은 가지는 가늘며 솔잎 같은 작은 잎이 어긋난다. 작은 잎은 5~8개씩 달리며 길이 1~2cm이다. 꽃은 암수딴그루로서 초여름에 노란빛을 띤 녹색으로 피고, 마디에 1~2개씩 밑을 향하여 달린다. 화피는 종 모양이며 6갈래로 갈라진다.

아스파라거스

수술은 6개로서 화피갈래조각보다 짧고 암꽃의 수술은 퇴화하여 더 작다. 열매는 둥근 장과로서 8월에 붉게 익으며 종자는 검다. 번식은 종자나 포기나누기로 한다. 남유럽이 원산지로서 기원전부터 재배했다. 어린 줄기를 연하게 만들어 식용한다.

아스파라거스란 속(屬)의 명칭이지만 채소로서 이 종을 부를 때, 이 속에 딸린 몇몇 원예종들을 가리킬 때도 사용한다. 그 중에서 특히 팔카투스(A. falcatus)만을 가리키기도 한다. 덩굴성이고 길게 뻗는 플루모수스 아스파라거스(A. plumosus var. nanus)와 가지가 밑으로 처지는 스프렌게리 아스파라거스(A. sprengeri) 등은 관상용이지만 통틀어 아스파라거스라고 부르기도 한다.

아미노산으로 잘 알려진 아스파라진은 이 식물에서 처음 발견하였기 때문에 붙여진 이름이다.

양파Onion

양파

외떡잎식물 백합목 백합과의 두해살이풀이다. 서아시아 또는 지중해 연안이 원산지라고 추측하고 있으나 아직 야생종이 발견되지 않아 확실하지 않다. 재배 역사는 매우 오래되어 기원전 3,000년경의 고대 이집트 분묘의 벽화에는 피라미드를 쌓는 노동자에게 마늘과 양파를 먹였다는 기록이 있고, 그리스에서는 기원전 7~8세기부터 재배했다고 한다.

비늘줄기는 품종에 따라 다소 차이가 있으나 납작한 둥근 모양 또는 둥근 모양이며 겉에 얇은 막질(膜質 : 얇은 종이처럼 반투명한 것)의 자줏빛이 도는 갈색 껍질이 있고, 안쪽의 비늘은 두꺼우며 층층이 겹쳐지고 매운맛이 난다. 잎은 속이 빈 원기둥 모양이고 짙은 녹색이며 꽃이 필 때 마르고 밑 부분이 두꺼운 비늘 조각으로 되어 있다.

꽃은 9월에 흰색으로 피고 잎 사이에서 나온 꽃줄기 끝에 산형꽃차례를 이루며 많은 수가 달려 공처럼 둥근 모양이다. 꽃줄기는 원기둥 모양이고 높이가 50~100cm에 달하며 아랫부분이 부풀어 있고 그 밑에 2~3개의 잎이 달린다. 화피는 6개로 갈라지고, 갈라진 조각은 달걀을 거꾸로 세운 모양의 바소꼴이며 수평으로 퍼진다. 수술은 6개이고 그 중 3개의 수술대 밑 양쪽에 잔 돌기가 있으며, 암술은 1개이다.

품종은 비늘줄기가 둥근 모양과 납작하게 둥근 모양, 비늘줄기의 껍질이 붉은빛인 것과 노란 것, 그리고 흰 것 등으로 나뉜다. 또한 맛에 따라 단양파와 매운양파로 나뉜다. 일반적으로 식용하는 양파 품종은 노란양파, 붉은양파, 흰양파, 작은양파의 4가지 품종이 주류를 이룬다.

주로 6~7월에 잎이 쓰러지고 약간 녹색을 지닐 때 수확하는데, 비늘줄기가 크기 전에 뽑아서 잎을 식용하는 것도 있다. 양파는 주로 비늘줄기를 식용으로 하는데, 비늘줄기에서 나는 독특한 냄새는 이황화프로필 · 황화알릴 등의 화합물 때문이다. 이것은 생리적으로 소화액 분비를 촉진하고 흥분 · 발한 · 이뇨 등의 효과가 있다.

또한 비늘줄기에는 각종 비타민과 함께 칼슘 · 인산 등의 무기질이 들어있어 혈액

중의 유해물질을 제거하는 작용이 있다. 비늘줄기는 샐러드나 수프, 그리고 고기요리에 많이 사용되며 각종 요리에 향신료 등으로 이용된다. 잎은 100g 중에 비타민A 5,000IU, 비타민C 45mg, 칼슘 80mg, 마그네슘 24mg, 칼륨 220mg이 들어 있다

죽순 Bamboo sprout

● 죽순

죽순은 대나무류의 땅속줄기 마디에서 돋아나는 어리고 연한 순이다. 성장한 대나무에서 볼 수 있는 형질을 다 갖추고 있다. 아직 자라지 않은 마디 사이와 그것을 가로지르는 마디가 교대로 빽빽하게 늘어서 있다. 마디에는 1장씩의 대나무껍질이 좌우 2줄로 마주보면서 붙어 있고, 아래쪽 마디의 바로 위에는 고리 모양으로 배열한 짧은 뿌리가 있다. 대나무의 껍질은 잎집이 발달한 것인데, 상단에는 잎(잎몸)에 해당하는 소편(小片)이 붙어 있고, 눈(가지)은 잎집 밑동의 중앙마디 위에 붙어 있다.

꽃은 원추꽃차례로 달린다. 죽순은 5월에 나온다. 보통 왕대 · 솜대 · 죽순대 등의 죽순을 식용하는데 죽순대의 죽순을 상품으로 꼽는다. 단백질 · 당질 · 지질 · 섬유 · 회분(灰分) 외에 칼슘 · 인 · 철 · 염분 등이 함유되어 있다.

콜라비 Kohlrabi

● 콜라비

양배추에서 분화된 채소로 줄기는 샐러드, 잎은 쌈채소로 이용한다. 순무양배추 또는 구경(球莖)양배추라고도 한다. 콜라비는 영어 명칭으로 독일어 Kohl(양배추)과 rabic(순무)의 합성어이다. 양배추에서 분화된 두해살이풀로 원산지는 북유럽의 해

안지방이다. 품종은 아시아군과 서유럽군으로 분류된다. 아시아군은 잎의 색깔이 회색을 띤 녹색이고, 구경은 녹색이고 거칠다. 주요 품종인 서유럽군은 구경이 녹색 또는 자주색이고 표면이 매끄러우며 흰 납질로 덮여 있다. 한국에서는 19세기 초에 시험재배가 이루어진 것으로 추정된다.

다른 십자화과 작물과 마찬가지로 서늘한 환경에서 잘 자라는 냉량성 채소이며, 발아하는데 적정한 온도는 15~20℃이다. 저온에 매우 민감하게 반응하여 꽃눈이 분화되므로 적정온도를 유지하도록 주의해야 한다. 지상 2~5cm의 부분에서부터 줄기가 비대해서 순무처럼 된다. 알줄기의 지름은 보통 8~10cm인데, 5cm 크기의 알줄기를 주로 이용한다. 알줄기가 5cm 이상 자라면 어느 때라도 수확해도 되지만, 늦게 수확하면 알의 모양이 기형적으로 변하고 육질도 단단해지며 거칠어진다.

영양가는 수분 91%, 섬유 0.9%, 당분 6.1%, 단백질 1.6%를 함유하고 있다. 신선한 생체 100g에는 칼슘 40mg, 철 0.5mg, 비타민C 60mg이 함유되어 있다. 비타민C 함유량은 상추나 치커리 등의 엽채류에 비해 4~5배나 높다. 식용으로 하는 비대한 줄기 부분은 주로 샐러드로 이용하며, 맛은 배추뿌리와 비슷하지만 매운맛은 덜하다. 케일과 비슷하게 생긴 잎은 쌈채소나 녹즙으로 이용한다.

펜넬 Fennel

펜넬

고대 로마시대부터 유래되었으며, 이탈리아에서 피노치오라고 불리는 플로렌스 펜넬과, 주로 잎과 씨를 허브로 사용하는 펜넬 두 종류가 있다. 대부분 플로렌스 펜넬의 뿌리가 사용되며, 각종 수산물 요리에 최고의 궁합을 자랑한다. 주로 소스, 스튜 등과 생선이나 육류의 부향제로 사용되고 있다.

03 FOOD Materials Science

꽃(화채류)채소류

브로콜리 Broccoli

브로콜리

쌍떡잎식물 양귀비목 겨자과의 한해살이풀이다. 지중해지방 또는 소아시아가 원산지이다. 이름은 라틴어 'Brachium'에서 유래되었는데, 가지(Branch) 또는 팔(arm)의 의미를 가지고 있다. 양배추가 개량되어 현재의 모습으로 식용되었으며 이탈리아에서는 'Broccolo'라고 불렀고, 미국에서는 'Italian green'이라고 부르기도 한다. 줄기의 끝에 매달리는 작은 꽃뭉치를 식용하는데 높이 50~80cm로 자란 가지 끝에 달린다. 가지가 뻗고 곧추자라며 중앙축과 가지 끝에 녹색 꽃눈이 빽빽하게 난다. 줄기가 보다 길게 자라고 꽃봉오리는 지름 12~15cm이다.

날것으로 먹거나 요리해서 먹으며, 짙은 녹색으로 영양가가 높고 맛이 좋다. 온화한 기후에서 서늘한 기후까지 잘 자라며 종자로 번식한다. 중앙의 꽃봉오리뿐만 아니라 잎겨드랑이에서 작은 꽃봉오리가 생기는 것도 있다. 이와 비슷한 종으로 콜리플라워(cauliflower)가 있는데, 원줄기의 끝에 젖빛이 도는 흰색의 꽃봉오리가 달리며 이를 식용한다. 브로콜리에 함유된 설포라판(Sulforaphane)과 인돌(Indole)화합물이 항암작용을 하는 것으로 알려졌다. 인돌은 에스트로젠(Estorgen)에 민감하게 반응하는 유방암 세포의 성장 및 전이를 억제하는 효과가 있다. 비타민C가 풍부하고 칼슘의 흡수를 촉진하여 뼈의 건강을 돕는 역할을 한다.

아티초크 Artichoke

쌍떡잎식물 초롱꽃목 국화과의 여러해살이풀이다. 지중해 연안이 원산지이며, 바

아티초크

닷가 근처에서 자란다. 줄기는 높이가 1.5~2m이고, 엉겅퀴와 비슷하게 생겼다. 잎은 어긋나고 깃 모양으로 깊게 갈라진다. 잎 표면은 녹색이고 뒷면은 솜같은 흰색 털이 빽빽이 있다.

꽃은 여름에 자줏빛으로 피고 두상화(頭狀花 : 꽃대 끝에 꽃자루가 없는 작은 꽃이 많이 모여 피어 머리 모양을 이룬 꽃)를 이루며 달린다. 두상화는 지름이 15cm이고 관상화로 이루어졌다. 총포에 가시가 없고 총포 조각은 두껍다. 온화한 기후를 좋아하여 한국에서는 남부지방에서만 겨울을 날 수 있으며, 한국의 남부지방 해안이나 제주도에서 쉽게 재배할 수 있다. 꽃이 피기 전에 총포 밑부분을 잘라 채소로 먹거나 통조림으로 사용한다.

유채꽃 Rape flower

유채꽃

겨자과에 속하는 식물로 밭에서 재배하는 두해살이풀로 '평지'라고도 한다. 길쭉한 잎은 새 깃 모양으로 갈라지기도 하며, 봄에 피는 노란꽃은 배추꽃과 비슷하다. 주로 찬요리의 가니시로 사용되고 있다.

콜리플라워 Cauliflower

쌍떡잎식물 양귀비목 겨자과의 한두해살이풀이다. 지중해 연안이 원산지이다. 잎은 잿빛을 띤 녹색이며 꽃방석처럼 퍼져 있고 양배추보다 길다. 꽃봉오리 주위의 잎은 바깥 잎과는 달리 결구하듯이 안쪽으로 구부러진다.

꽃은 4월에 보라색이나 흰색에서 노란색으로 변하고, 비대한 꽃자루에 두툼한 꽃들이 빽빽이 무리지어 달려 하나의 덩어리를 이룬다. 이 노란색의 꽃봉오리를 식용하는데, 끝부분이 단단하고 즙이 많을 때 먹는다.

지중해 연안에서 야생하고 있는 크레티카양배추(B. cretica)로부터 변이된 것이고, 현재와 같은 품종은 16세기부터 영국 · 프랑스 · 이탈리아에서 재배하기 시작했다. 한국에는 1926년에서 1930년 사이에 도입됐으며, 1970년대 말부터 본격적으로 재배하기 시작했다.

● 콜리플라워

파종기를 조절하여 계절과 상관없이 연중 수확할 수 있다. 비슷한 종류로 꽃봉오리의 덩어리가 작고 여러 개인 것을 브로콜리(broccoli)라고 하는데, 양배추보다 연하고 소화가 잘되므로 온대지방에서 중요한 채소로 쓰인다.

FOOD Materials Science

004 열매(과채류)채소류

가지 Eggplant

쌍떡잎식물 통화식물목 가지과의 한해살이풀이다. 온대에서는 한해살이풀이나 열대에서는 여러해살이풀이다. 인도가 원산지이며, 열대에서 온대에 걸쳐 재배한다.

● 가지

높이는 60~100cm로, 식물 전체에 별 모양의 회색털이 나고 가시가 나기도 한다. 줄기는 검은 빛이 도는 짙은 보라색이다. 잎은 어긋나고 달걀 모양이며 길이 15~35cm로 잎자루가 있고 끝이 뾰족하다. 꽃은 6~9월에 피는데, 줄기와 가지의 마디 사이에서 꽃대가 나와 여러 송이의 연보라색 꽃이 달리며 꽃받침은 자줏빛이다. 열매의 모양은 달걀 모양, 공 모양, 긴 모양 등 품종에 따라 다양하며, 한국에서는 주로 긴 모양의 긴가지를 재배한다.

많은 원예품종이 있는데, 각 품종은 세포 유전학적으로 매우 가까워서 잡종을 만들기 쉽다. 1대 잡종은 세력이 왕성하고 질병에 강할 뿐만 아니라 수확량이 많고 교배도 간단하므로 많이 이용한다. 열매를 쪄서 나물로 먹거나 전으로 부치고, 가지찜을 해서 먹는다.

동아시아에는 5~6세기에 전파되었다. 중국 송나라의 ≪본초연의(本草衍義)≫에 "신라에 일종의 가지가 나는데, 모양이 달걀과 비슷하고 엷은 자색에 광택이 나며, 꼭지가 길고 맛이 단데 지금 중국에 널리 퍼졌다"라고 기록되어 있는 것으로 보아 한국에서는 신라시대부터 재배되었음을 알 수 있다. 유럽에는 13세기에 전해졌으나 동아시아처럼 식용으로 활발하게 재배되지는 않았다.

늙은호박 Pumpkin

늙은호박

늙어서 겉이 단단하고 속의 씨가 잘 여문 호박을 말한다. 늙은호박, 맷돌호박, 숙과용호박이라고도 한다. 호박꿀단지, 호박범벅, 호박죽 등으로 이용된다.

맷돌호박은 모양이 맷돌처럼 둥글납작하게 생겼다 하여 붙여진 명칭이고, 늙은호박이나 숙과용호박은 애호박이나 풋호박에 비해 성숙했다는 뜻에서 붙여진 명칭이다. 동양계 호박의 경우에는 개화한 뒤 50일 정도 지나 완전히 황색이 된 것을 수확하고, 서양계 호박의 경우에는 개화한 뒤 35~40일 정도 지나 황갈색이 된 것을 수확한다. 겉이 단단하여 저장성이 좋기 때문에 식량이 부족하던 시기에 가을부터 이듬해까지 구황(救荒)식품으로 이용되었다.

호박은 잘 익을수록 당분이 늘어나 단맛이 증가한다. 늙은호박의 당분은 소화·흡수가 잘되어 위장이 약한 사람이나 회복기의 환자에게 유익하다. 또 비타민과 미네랄 성분이 풍부하여 고혈압과 당뇨병 치료에 도움을 주고, 중풍을 예방하는 효과도 있는 것으로 알려져 있다. 이뇨작용을 하여 출산한 여성의 부기를 빼는 데도 효과가 있고, 비만한 사람에게도 좋다.

늙은호박으로 만드는 호박꿀단지는 출산한 뒤의 부기를 빼기 위한 음식으로 이용된다. 만드는 방법은 먼저 꼭지 부분을 동그랗게 도려내고 속의 씨를 긁어낸다. 비어 있는 안에 꿀을 한 홉쯤 넣고 도려낸 부분을 다시 막아 큰 솥에 넣고 3~4시간 동안 찌면 안에 물이 고이는데, 이것을 마시는 것이다. 늙은호박의 씨에는 두뇌발달 효과가 있는 레시틴과 필수아미노산이 많이 함유되어 있으므로, 긁어낸 씨는 버리지 말고 따로 모아 말렸다가 강정이나 식혜를 만들어 먹으면 좋다. 이밖에 삶아서 보약처럼 먹기도 하고, 호박죽이나 떡을 만드는 데 이용되기도 한다. 고구마 · 팥 · 덩굴콩 · 찹쌀 새알심 등과 함께 만드는 호박범벅도 있다.

스트링빈스 String beans

껍질이 있는 스트링빈스는 다 자라지 않은 어린 꼬투리를 수확하므로 부드럽고 향이 좋다. 하지만 꼬투리를 따라 하나의 굵은 섬유질이 있으므로 조리를 하기 전에 제거하는 것이 좋다.

스트링빈스

스트링빈스는 통째로 조리할 수도 있지만 길이로 자르거나 엇비슷하게 잘라서 요리하기도 한다. 주로 샐러드나 데쳐서 버터에 소테(sauté)하여 곁들임 야채로 사용된다.

애호박 Zucchini/Squash

덜 자란 어린호박으로, 예로부터 우리 식단에 많이 올라 친숙한 채소이다. 소화 · 흡수가 잘되고, 치매예방과 두뇌개발의 효능이 있다. 찌개류와 전, 볶음, 무침, 죽 등 쓰

애호박

임새가 다양하다.

우리나라에서 재배되고 있는 호박은 여러 가지 종류와 품종이 있는데, 그 성숙의 정도에 따라 애호박과 늙은호박으로 구분하여 부른다. 반찬용으로는 애호박이 대부분을 차지하며, 늙은호박은 전체 호박 생산량의 20% 정도에 그친다. 최근에는 어린 애호박의 꽃을 따는 순간 인큐베이터를 씌워 재배하는 인큐베이터 애호박도 있다. 이 인큐베이터에는 플라스틱 자동 묶음형 매듭이 내장되어 있어 소비자의 손에 이를 때까지 매듭이 그대로 유지된다. 품종이나 기후 등에 따라 차이가 있지만, 보통 청과용으로 이용되는 애호박은 개화한 뒤 7~10일이면 수확할 수 있다.

호박은 품종과 성숙도에 따라 영양성분이 다르다. 애호박은 가식부(可食部) 100g당 단백질 1.3g, 탄수화물(당질) 74g, 칼슘 23g, 인 42mg, 비타민A 958IU, 비타민C 12mg 등이 함유되어 있다.

고를 때에는 연두색이면서 작고 윤기가 흐르며 꼭지가 마르지 않은 것을 택한다. 꼭지 주변이 들어가 있고 크기에 비해 무거운 것일수록 맛이 좋다고 한다. 특히 여름 애호박은 자른 단면에 단물이 배어나올 정도로 맛도 좋고 영양가도 높다. 과육이 유연하고 단맛도 있어 예로부터 지금까지 우리 식단에 친숙한 채소로 이용되어오고 있다. 된장찌개를 비롯한 찌개류와 볶음, 전, 무침, 죽, 국수의 고명 등 쓰임새가 다양하다.

오이 Cucumber

오이

쌍떡잎식물 합판화군 박목 박과의 한해살이 덩굴식물이다. 줄기는 능선과 더불어 굵은 털이 있고 덩굴손으로 감으면서 다른 물체에 붙어서 길게 자란다. 잎은 어긋나고 잎자루가 길며 손바닥 모양으로 얕게 갈라지고 가장자리에 톱니가 있으며 거칠다. 꽃은 단성화이며 5~6월에 노란색으로 피고 지름 3cm 내 · 외이며 주름이 진다.

화관은 5개로 갈라지고 수꽃에는 3개의 수술이 있으며 암꽃에는 가시같은 돌기가 있는 긴 씨방이 아래쪽에 있다. 열매는 장과(漿果)로 원주형이며 어릴 때는 가시같은 돌기가 있고 녹색에서 짙은 황갈색으로 익으며 종자는 황백색이다. 오이는 중요한 식용작물의 하나이며 즙액은 뜨거운 물에 데었을 때 바르는 등 열을 식혀주는 기능도 한다. 많은 품종이 개발되어 있다.

품종

1. 온실형 : 19세기에 영국에서 성립된 것으로 가지가 많으며 대형이고 만생이다. 일조부족에도 견디며 단위결과성이 우수하다. 과실의 가시가 곧 없어져서 과면에 광택이 있으며 맛은 좋지 않으나 향기는 좋은 편이다. 노지재배에는 부적당하다.
2. 슬라이스형 : 유럽의 노지재배에 적응된 품종으로 가지를 많이 치고, 성표현은 혼성형이며 땅으로 뻗으며 자란다. 열매는 짧은 것에서부터 중장형이며 원통 모양이다.
3. 피클형 : 가공에 적합한 작은 품종이다. 미국 · 러시아에서 많이 재배하며 성발현은 혼성형이나 최근에는 자성형(雌性形)의 것이 육종되고 있다. 열매는 달걀 모양과 소형의 원통 모양으로 육질이 치밀하다. 한국에서는 고온다습으로 재배가 어렵다.
4. 남지형 : 중국 남부를 중심으로 동남아시아 · 일본에 많이 분포되어 있다. 가지도 많이 치며 근군(根群)이 강건하여 이식성이 강하다. 건조에도 견디나 만생이다. 암꽃의 착생력은 일반적으로 강하나 약한 것도 있어 그 변이가 크다. 그러나 어느 것이나 온도와 일장(日長)에는 예민하여 저온단일기에는 암꽃이 많아 마디마다 암꽃이 달리나, 고온장일기에는 수꽃이 많고 암꽃이 적게 발현되어 드문드문 착과한다. 주지신장형(主枝伸長形)의 품종이 많고 일반적으로 열매에는 검은 가시가 많다.
5. 북지형 : 중국 북부에서 성립된 것으로 중앙아시아 · 한국 · 일본 등에 많다. 덩굴이 가늘고 마디 사이가 길며 더위에 견디는 힘이 강하다. 내병성도 강하나 근군이 섬세하고 약하여 이식성이 약하다. 일장에 대한 반응은 둔감하며 혼성형이나 자성형도 있다. 열매는 가늘고 길며 흰가시가 있고 육질은 매우 좋다.

오크라 Okra

오크라

쌍떡잎식물 이판화군 아욱목 아욱과의 다년생초이다. 아프리카 북동부가 원산지이며, 이집트에서는 200여 년 전부터 채소로 재배한다. 줄기는 곧게 50~200cm 정도 자란다. 잎은 어긋나고 자루가 길며 심장형이고 3~9개로 갈라지며 갈래조각에 톱니가 있다. 꽃은 여름부터 가을에 걸쳐 피고 노란색이며 밤에 일찍 피어 다음날 오전 중에 스러지며 목화꽃과 비슷하다. 씨를 싸고 있는 부분의 성장이 빠르므로 다음날 저녁에는 수확할 수 있다. 열대지방에서는 다년생초이나 추운지역에서는 겨울을 넘기지 못한다.

꽃이 핀 다음 7~10일 된 열매를 식용하고 종자는 커피대용으로 한다. 어린 깍지는 수프요리에 사용하며 딱딱한 깍지는 오크라술을 담근다. 오크라는 많은 자양분이 있어 자양 · 강장에 효과적이고 독특한 맛을 즐기는데, 연중 꽃이 피고 열매를 맺는다.

토마토 Tomato

토마토

쌍떡잎식물 통화식물목 가지과의 한해살이풀이다. 일년감이라고도 한다. 남아메리카 서부 고원지대가 원산지이다. 높이는 약 1m이며, 가지를 많이 내고 부드러운 흰털이 빽빽이 난다. 잎은 깃꼴겹잎이고 길이는 15~45cm이며 특이한 냄새가 있다. 작은 잎은 9~19개이고, 달걀 모양이거나 긴 타원 모양이며 끝이 뾰족하고 깊이 패어 들어간 톱니가 있다.

꽃이삭은 8마디 정도에 달리며 그 다음 3마디 간격으로 달린다. 꽃은 5~8월에 노란색으로 피는데, 한 꽃이삭에 몇 송이씩 달린다. 꽃받침은 여러 갈래로 갈라지며 갈래조각은 줄 모양 바소꼴이다. 화관은 접시 모양이고 지름은 약 2cm이며 끝이 뾰족하고 젖혀진다. 열매는 장과로써 6월부터 붉은빛으로 익는다.

열매를 식용하거나 민간에서 고혈압 · 야맹증 · 당뇨 등에 약으로 쓰인다. 열매는 수 g인 것에서부터 200g을 넘는 것까지 있으며 품종에 따라서 다양하다. 과육의 색깔은 보통 붉은색이지만 노란색인 품종도 있다. 얇은 과피는 무색인 것과 노란색인 것이 있는데, 밖에서는 각각 복숭아색과 빨간색으로 구별한다. 열매를 가장 많이 수확하는 때는 여름인데, 온실에서는 여름 이외의 시기에도 출하한다. 신선한 것은 날로 먹고 샐러드 · 샌드위치 등으로 쓰며, 주스 · 퓌레 · 케첩과 각종 통조림 등 가공용에도 많이 쓰인다. 열매는 90% 정도가 수분이며 카로틴과 비타민C가 많이 들어 있다.

저온에 약하므로 서리를 맞으면 말라죽으며, 여름의 고온에서는 결실이 나빠지고 병해 등이 많이 발생한다. 재배조건이 좋으면 종자를 심은지 약 60일이면 꽃이 피기 시작하며, 그 뒤 약 40일이면 첫 번째 열매를 수확할 수 있다.

충해는 비교적 적으나 병해가 많으며, 역병 그 밖의 식물체의 병해에는 주 1회 이상 약제를 살포해야 한다. 시들음병은 새로운 땅에 심거나 내병성 품종을 사용하고, 바이러스병은 진딧물이 생기지 않도록 한다. 병에 걸린 포기는 다른 포기까지 감염시키므로 주의해야 한다. 연작(連作)은 피해야 하며 다른 가지과 작물과의 연작도 좋지 않다. 습한 땅이나 그늘진 곳에서는 잘 자라지 않는다.

16세기 무렵 이탈리아에 전파되었으며 흔히 이용하기 시작한 것은 17세기 이후이다. 한국에 들어온 것은 ≪지봉유설(芝峰類說)≫에 '남만시(南蠻枾)' 로 기록하고 있는 것으로 보아 1614년보다 앞선 것으로 추측한다. 전국 각지에서 많이 재배하는 귀화식물이다. 전 세계에 널리 분포한다.

파프리카Paprika

● 파프리카

쌍떡잎식물 통화식물목 가지과의 한해살이풀이다. 중앙아메리카가 원산지이다. 영어명으로는 'sweet pepper' 또는 'bell pepper'라고 하며, 일본에서는 상업적으로 피망과 차별화하기 위해서 파프리카와 피망을 다르게 부른다. 우리나라에는 피망을 개량한 작물이 '파프리카'라는 이름으로 새롭게 들어왔기 때문에 피망과 파프리카가 다른 것으로 인식하는 경향이 있다. 일반적으로 매운맛이 나고 육질이 질긴 것을 피망, 단맛이 많고 아삭아삭하게 씹히는 것을 파프리카라고 부른다. 피망과 파프리카의 구분이 정확하지 않아 한국원예학회(1994)에서 발간한 ≪원예학 용어집≫에는 모두 '단고추'로 분류하고 있다.

식물체는 2m 이상 자랄 수 있고 가지가 적게 갈라지며 잎은 7~12cm이다. 꽃자루는 길이 2.5cm이고, 화관은 지름 2~5cm, 길이 2cm 정도이다. 열매는 짧은 타원형으로 꼭대기가 납작하고 크며, 바닥은 오목하고 세로로 골이 져있다.

최근에는 한국에서도 샐러드용 등으로 많이 사용되어 일 년 내내 생산되고 있다. 그러나 재배에는 고온이 필요하므로 겨울철 재배는 남부지방이나 가온장치가 되어 있는 재배실에서 한다.

FOOD Materials Science

05 뿌리(근채류)채소류

당근 Carrot

당근

쌍떡잎식물 산형화목 미나리과의 두해살이풀이다. 아프가니스탄이 원산지이다. 높이는 1m에 달하고 곧게 자란다. 뿌리는 굵고 곧으며 황색·감색·붉은 색을 띠고, 가지가 갈라지며 세로로 모가 난 줄이 있고 퍼진 털이 있다. 잎은 잘게 찢어진 3회 깃꼴겹잎이며 털이 있다. 뿌리에서 나온 잎은 잎자루가 길다. 꽃은 7~8월에 흰색으로 피고, 줄기 끝과 잎겨드랑이에서 나온 꽃줄기 끝에 산형꽃차례를 이루며 달린다. 3,000~4,000개의 작은 꽃이 1주일간 핀다. 총포는 잎 모양이고 뒤로 젖혀지며 갈라진다. 꽃받침과 꽃잎은 각각 5개이고 수술도 5개이며 1개의 암술이 있다.

씨방은 하위(下位)이다. 열매는 분과(分果 : 분열과에서 갈라진 각 열매)로 긴 타원 모양이고 가시같은 털이 있다. 열매가 익으면 뿌리와 잎이 말라버린다. 뿌리는 채소로 식용하는데, 비타민A와 비타민C가 많고, 맛이 달아 나물 · 김치 · 샐러드 및 서양요리에 많이 이용한다.

한방에서는 뿌리를 학슬풍(鶴膝風)이라는 약재로 쓰는데, 이질 · 백일해 · 해수 · 복부팽만에 효과가 있고 구충제로도 사용한다. 유럽 · 북아프리카 · 아시아에 걸쳐 분포한다. 유럽에는 10~13세기에 아랍지역으로부터 들어왔으며, 중국에는 13세기 말 원나라 초기에 중앙아시아로부터 들어왔다. 한국에서는 16세기부터 재배하기 시작했다.

도라지Platy codon

도라지

초롱꽃과의 여러해살이풀이다. 여름에 흰색과 보라색으로 꽃이 피며 뿌리는 식용을 한다. 길경 · 도랏 · 길경채 · 백약 · 질경 · 산도라지라고도 한다. 산과 들에서 자라며 뿌리는 굵고 줄기는 곧게 자라고 자르면 흰색 즙액이 나온다. 높이는 40~100cm 정도이다.

잎은 어긋나고 긴 달걀 모양 또는 넓은 바소꼴로 가장자리에 톱니가 있으며 잎자루는 없다. 잎의 끝은 날카롭고 밑부분이 넓다. 잎 앞면은 녹색이고, 뒷면은 회색빛을 띤 파란색이며 털이 없고 길이 4~7cm, 너비 1.5~4cm 정도이다.

열매는 삭과로서 달걀 모양이고 꽃받침조각이 달린 채로 익는다. 번식은 종자로 잘된다. 봄 · 가을에 뿌리를 채취하여 날것으로 먹거나 나물로 먹는다. 도라지의 주요 성분은 사포닌이다. 생약의 길경(桔梗)은 뿌리의 껍질을 벗기거나 그대로 말린 것이며, 한방에서는 치열(治熱) · 폐열 · 편도염 · 설사에 사용한다.

흰색 꽃이 피는 것을 백도라지(for. albiflorum), 꽃이 겹으로 되어 있는 것을 겹도라지(for. duplex), 흰색 꽃이 피는 겹도라지를 흰겹도라지(for. leucanthum)라고 한다. 꽃말은 영원한 사랑이다. 한국 · 일본 · 중국 등지에 분포한다.

무 Radish

무

양귀비목 십자화과의 식물이며 개량화되어 식생활에 중요한 채소로 재배된다. 무는 배추 · 고추와 함께 3대 채소이다. 큰 원주형 뿌리의 윗부분은 줄기지만 그 경계가 뚜렷하지 않다. 뿌리잎은 1회 깃꼴겹잎(一回羽狀複葉)이며 어긋난다. 털이 있고 최종 갈래조각이 가장 크다. 꽃줄기는 길이가 1m 정도로 자란 다음 가지를 치며, 그 밑에서 총상꽃차례[總狀花序]가 발달한다.

꽃은 4~5월에 피며 연한 자주색 또는 대부분이 백색이다. 십자형(十字形)으로 배열되며 작은 꽃자루가 있다. 꽃받침은 길이가 7mm로서 줄 모양의 긴 타원형이다. 꽃잎은 넓은 달걀을 거꾸로 세운 모양의 쐐기형이며 꽃받침보다 2배 정도 길다. 1개의 암술과 6개의 수술 중 4개가 길다. 열매는 각과(角果)이며, 길이 4~6cm로서 터지지 않는다. 한 꼬투리에 2~10개의 씨가 들어 있다. 종자는 달걀 모양으로 적갈색인 것도 황색 및 회갈색인 것도 있다.

원산지에 대해서는 지중해 연안이라는 설, 중앙아시아와 중국이라는 설, 중앙아시아와 인도 및 서남아시아라는 설 등이 있다. 이집트의 피라미드 비문(碑文)에 이름이 있는 것으로 보아, 그 재배 시기는 상당히 오래된 듯하다. 중국에서는 BC 400년부터 재배되었고, 한국에서도 삼국시대부터 재배되었던 듯하나 문헌상으로는 고려시대에 중요한 채소로 취급된 기록이 있다.

한국의 무는 중국을 통해 들어온 재래종과, 중국에서 일본을 거쳐 들어온 일본무 계통이 주종을 이룬다. 재래종에는 진주대평무 · 중국청피무 · 용현무 · 의성반청무 등이 있으며 깍두기나 김치용으로 많이 쓰인다. 뿌리줄기는 7~8cm, 뿌리길이는 20cm, 무게는 800g 정도이며 재배기간은 약 3개월이다. 이 밖에도 뿌리줄기는 2~3cm, 뿌리길이는 8~9cm, 무게는 300g 정도의 서울봄무가 있다. 이를 개량한 대당봄무가 육종되어 많이 재배되고 있다.

일본무는 주로 단무지용으로 재배되며, 대표적인 품종으로 미농조생무 · 청수궁중무가 있다. 서양무에는 파종 후 약 20일이면 수확이 가능한 20일무, 40일이면 수확하는 40일무 등이 있다. 전자는 붉고 둥글며, 후자는 붉으면서도 보통무처럼 길다. 전체적으로 회갈색인 검정무도 있으며, 약용으로 서양에서 주로 쓰인다. 뿌리가 보다 가늘고 딱딱하며, 잎도 보다 작은 것을 갯무(var. hortensis for. raphanistroides)라고 하는데, 제주도와 동해 남부에 자생한다.

비트 사탕무, Beet

● 비트

쌍떡잎식물 중심자목 명아주과의 두해살이풀이다. 근공채(根恭菜) · 홍채두(紅菜頭) · 화염채(火焰菜)라고도 한다. 유럽 남부가 원산지이다. 원줄기는 1m 내 · 외로 자라고 가지가 많이 갈라진다. 뿌리에서 나온 잎은 달걀 모양 또는 타원형으로 두껍고 연하다. 줄기에서 나온 잎은 긴 타원형 또는 바소꼴이며 끝이 뾰족하다. 잎은 연한녹색에서 다소 붉은빛을 띤 녹색이고 표면은 매우 윤이 난다.

꽃은 6월에 피고 노란빛을 띤 녹색이며 포겨드랑이에 달리고 전체가 원추꽃차례를 이룬다. 화피는 5개로 갈라지고 꽃이 진 다음 열매를 감싼다. 수술은 5개, 암술대는 2~3개이다. 열매는 시금치 종자처럼 생긴 울퉁불퉁한 위과(僞果)로서 길게 자란 꽃턱과 화피 속에 들어 있다. 그 속에 보통 1~5개의 종자가 들어 있는데, 딱딱한 과피에 싸여 있다.

비교적 재배가 쉽고 풀 전체를 식용할 수 있어 외국에서는 집에서 손쉽게 재배하는 인기작물이다. 비트의 지상부는 어릴 땐 샐러드로 이용하고, 자라면 조리해서 먹는다. 녹색 부위가 뿌리보다 더 영양분이 많다. 이 속(屬)에는 잎을 식용으로 하는 근대(var. cicla)와 잎과 뿌리를 식용으로 하는 사탕무(var. saccharifera) 등이 있다.

셀러리악Celeriac

셀러리악

쌍떡잎식물 산형화목 미나리과의 두해살이풀이다. 밭에서 재배하며, 뿌리셀러리 또는 셀러리아크라고도 한다. 높이는 60~90cm 정도이다. 잎과 줄기가 녹색이고 털이 없으며 능선이 있다. 잎은 작고 잎자루가 가늘며 깃꼴겹잎이다. 뿌리잎은 달걀모양 또는 긴 타원형이며 윗부분이 몇 개로 갈라진다. 줄기잎은 진한 녹색이며 어긋난다. 밑부분이 잎집으로 되며 윗부분은 깃 모양으로 갈라진다. 꽃은 6~9월에 피고 녹백색의 작은 꽃이 산형꽃차례로 달린다. 뿌리는 엷은 갈색이며 무처럼 굵어지고 가로로 주름이 있다. 식용하는 부분은 뿌리인데 떫은 맛이 강해 생식보다는 살짝 데쳐 먹는다.

줄기와 잎에는 비타민A와 칼륨이 많이 함유되어 있으나 단단하고 쓴맛이 나서 식용으로는 적합하지 않다. 유럽이 원산지로, 17세기 초에 네덜란드에서 약용식물로 가꾼 적이 있으며, 맛과 향이 우수하고 피의 순환을 좋게 하는 효험이 있다하여 18세기 이후 식용으로 재배 보급되기 시작했다. 프랑스나 독일에서는 많이 재배된다.

연근Lotus

연근

연의 줄기이다. 얕은 연못이나 깊은 논을 이용하여 재배하며 식용으로 사용한다. 뿌리를 이용하기 위한 품종은 3~4종류가 있는데, 꽃을 관상하기 위한 것과는 다르다. 연근을 목적으로 하는 재배는 표토(表土)가 깊고 유기질이 많은 양토(壤土)나 점질양토(粘質壤土)가 적당하며, 유기질 비료를 주로 사용한다. 재배는 간단하지만 진흙 속의 땅속 줄기를 상하지 않게 수확하려면 숙련과 많은 노력이 필요하다. 번식은 봄마다 뿌리의 선단부(先端部) 2마디 정도를 심거나 수확시에 이것을 적당하게 남겨둔다. 연근의 주성분은 녹말이다. 주로 정과(正果)나 조림 등에 사용되며 아삭아삭한 입의 촉감이 특징이다. 연근을 선택하려면 한 마디가 400g 이상 나가는 굵기로서 백색이고, 구멍의 크기가 고른 것이 좋다. 조리할 때에는 껍질을 벗긴 다음 곧 소금이나 식초를 넣은 물에 잠깐 담가 떫은맛을 제거한 후에 삶거나 튀긴다.

우엉 Burdock

● 우엉

쌍떡잎식물 초롱꽃목 국화과의 두해살이풀이다. 높이는 50~150cm 정도이다. 곧은 뿌리가 30~60cm 정도 자라며 끝에서 줄기가 나온다. 뿌리에 달린 잎은 무더기로 나오며 잎자루가 길다. 줄기에서는 어긋나며 심장 모양이다. 겉면은 짙은 녹색이지만 뒷면에 흰솜털이 빽빽이 나며, 가장자리에 이 모양의 톱니가 있다. 꽃은 7~8월에 피는데 검은 자줏빛이 돌며, 두화는 가지 끝에 산방꽃차례로 달린다. 총포는 둥글고 포는 바늘 모양이며 끝이 갈고리처럼 생긴다. 꽃은 관상화이고, 종자는 검은색이며 관모는 갈색이다. 열매는 수과로서 9월에 익는다. 병이 거의 없고 추위에도 매우 강하며 토질을 별로 가리지 않는다. 번식은 종자나 포기나누기로 한다.

유럽 원산지의 귀화식물이다. 품종으로는 뿌리가 길고 굵은 농야천, 육질이 좋고 뿌리가 짧은 사천 등이 있다. 조리법은 장아찌를 만들거나 조림을 하여 반찬으로 먹는다. 뿌리에는 이눌린과 약간의 팔미트산이 들어 있다. 유럽에서는 이뇨제와 발한제로 쓰고, 종자는 부기가 있을 때 이뇨제로 사용하며 인후통과 독충(毒蟲)의 해독제로 쓰인다. 일본에서 많이 재배하며 유럽, 시베리아, 중국 동북부에 야생한다.

파스닙 Parsnip

파스닙

쌍떡잎식물 산형화목 미나리과의 한해살이 또는 두해살이풀이다. 설탕당근이라고도 하며, 유럽과 시베리아가 원산지로 길가나 밭에서 자란다. 높이는 약 90cm 정도이다. 인삼처럼 생긴 곧은 뿌리가 있으며 향기가 있다. 줄기는 세로줄이 있고, 뿌리는 당근처럼 굵어져서 길이가 50cm 이상으로 자란다. 2년만에 줄기가 자라서 여름에 녹색을 띤 노란색 꽃이 핀다. 꽃잎과 수술은 5개씩이고 산형꽃차례에 달린다. 열매는 넓은 타원형이며 뿌리를 먹는다.

로마시대부터 식용으로 하거나 약으로 사용한 것으로 보이며, 채소로는 16세기에 보급되었다고 한다. 뿌리에 독특한 향기와 수크로오스가 들어 있으며 얇게 썰어 수프를 만든다. 추위에 강하여 서늘한 곳에서 잘 자란다. 4월에 파종하여 늦가을에 캐며 겨울 내내 저장하면 단맛이 더해진다. 유럽 전 지역과 온대아시아, 북아메리카에 분포한다.

FOOD
Materials Science

Food Materials Science

CHAPTER 08 과일류

01 FOOD Materials Science

인과류

모과Quince

모과

모과나무의 열매로 소화효소의 분비를 촉진하여 소화기능을 좋게 하고 차를 만들거나 술을 담가 먹기도 한다.

타원 모양 또는 공 모양으로, 처음엔 녹색이다가 다 익으면 노란빛이 되고 울퉁불퉁해진다. 향기가 뛰어나지만 맛은 시고 떫으며 껍질이 단단해 날로 먹기는 어렵다. 표면에 정유성분이 있어 끈끈한데, 이것이 향과 효능을 더해준다. 중국이 원산지로서 한국에는 조선시대 이전에 전해진 것으로 추정된다. 전라남도 · 충청남도 · 경기도에서 많이 나고 중국 · 일본 등지에 분포한다.

알칼리성 식품으로서 당분(과당) · 칼슘 · 칼륨 · 철분 · 비타민C가 들어 있고, 타닌 성분이 있어 떫은맛이 나며 사과산 · 시트르산 등의 유기산이 들어 있어 신맛이 난다.

소화효소의 분비를 촉진하여 소화기능을 좋게 하므로 속이 울렁거릴 때나 설사할 때 먹으면 편안해진다. 신진대사를 좋게 하여 숙취를 풀어주고 가래를 없애주어, 한방에서는 감기나 기관지염 · 폐렴 등에 약으로 쓰인다. 목 질환에도 효과적이나 소변의 양이 줄어들므로 주의해야 한다.

차를 만들거나 술을 담가 먹는데, 차를 만들 때에는 2mm 두께로 얇게 썰어 말려두었다가 생강 1쪽과 함께 끓이거나, 살짝 삶아 꿀이나 설탕에 재었다가 뜨거운 물에 넣어 마신다. 술은 모과를 얇게 썰어 소주를 붓고 설탕을 넣어서 만든다. 그 밖에 푹 삶아 꿀에 담가서 삭인 모과수, 삶아 으깬 다음 꿀과 물을 넣어 조린 모과정과 등을 만들어 먹는다.

배 Pear

● 배

쌍떡잎식물 장미목 장미과 배나무속 배나무의 열매이다. 서양배와 중국배, 남방형 동양배로 나뉘며 생김새와 맛이 각각 다르다. 서양배는 미국 · 유럽 · 칠레 · 호주 등지에서 재배하고, 중국배는 중국, 남방형 동양배는 한국과 일본에서 주로 재배한다.

한국에서는 삼한시대부터 배나무를 재배한 기록이 있으며, 한말에는 황실배 · 청실배 등의 품종을 널리 재배했다. 일제강점기에는 장십랑과 만삼길을 재배하였고 새로운 품종인 신고 등이 보급되었다.

열매 중 먹을 수 있는 부분이 약 80%인데, 수분이 85~88%, 열량은 약 50kal이다. 알칼리성 식품으로서 주성분은 탄수화물이고 당분(과당 및 자당)이 10~13%, 사과산 · 주석산 · 시트르산 등의 유기산, 비타민B와 C, 섬유소 · 지방 등이 들어 있다.

기관지 질환에 효과가 있어 감기 · 해소 · 천식 등에 좋으며, 배변과 이뇨작용을 돕는다. 가래와 기침을 없애고 목이 쉬었을 때나 배가 차고 아플 때 증상을 완화해 주며 종기를 치료하는 데도 도움을 준다. 그 밖에 해독작용이 있어 숙취도 없애준다.

날로 먹거나 주스 · 통조림 · 잼 · 배숙 등을 만들어 먹는다. 특히 배의 잼은 여러 음식과 잘 어울려 다양한 요리의 재료로 쓰인다. 연육효소가 들어 있어 고기를 연하게 할 때 갈아서 넣기도 한다.

비파 Japonica

● 비파

나무의 높이는 10m에 이른다. 가지가 굵고 잎 뒷면과 더불어 연한 노란빛을 띤 갈색털이 빽빽이 난다. 잎은 어긋나고 거꾸로 세운 듯한 넓은 바소꼴이며 가장자리에 이 모양 톱니가 있고 잎자루는 1cm 정도이다. 잎 표면은 털이 없고 윤기가 난다.

꽃은 10~11월에 흰색으로 피고, 원추꽃차례는 가지 끝에 달리며 연한 갈색 털이 빽빽이 난다. 꽃받침조각과 꽃잎은 각각 5개씩이다. 열매는 구형 또는 타원형으로, 지름 3~4cm이고 다음 해 6월에 노란색으로 익는다.

열매는 식용 또는 통조림으로 한다. 잎을 진해(鎭咳) · 건위(健胃) · 이뇨(利尿)에 사용한다. 종자는 행인(杏仁) 대용으로 쓰인다. 과수 및 관상수로 재배한다. 한국 · 일본 · 중국 등지에 분포한다.

사과Apple

사과

쌍떡잎식물 장미목 장미과 낙엽교목 식물인 사과나무의 열매이다. 빈파(頻婆) · 평과(苹果)라고도 한다. 이과(梨果)에 속하며, 지름 5~10cm 정도의 둥근 모양으로 빛깔은 보통 붉거나 노랗다. 원산지는 발칸반도로 알려져 있다.

한국에서는 예로부터 재래종인 능금을 재배하였으며, 고려 의종(1083~1105)때 쓰여진 ≪계림유사(鷄林類事)≫에 '임금'으로 기술되어 있는 것이 최초의 기록이다. '임금'은 '능금'의 어원이며, 조선조시대에 쓰여진 홍만선(洪萬選)의 ≪산림경제(山林經濟)≫에 그 재배법이 실려 있는 것으로 보아, 18세기 초에 재배가 성행한 것을 알 수 있다.

1884년 무렵에는 선교사들이 외국 품종을 들여와 관상수로 심었고, 1901년 윤병수(尹秉秀)가 원산 부근에 과수밭을 만들어 국광 · 홍옥 등을 재배하였으며, 1906년 농공상부가 뚝섬에 원예모범장을 설치하여 여러 나라의 과수 품종을 도입, 품종 비교 및 재배시험을 수행하며 과수재배의 기초를 확립했다. 1958년에는 원예시험장을 설립하여 연구를 본격화하기 시작하였고, 1991년 말, 원예시험장에서 과수연구소를 분리하고 대구사과연구소를 신설하여 사과연구를 전담하도록 했다.

사과는 수확시기에 따라 조생종, 중생종, 만생종으로 나뉜다. 8월 하순 이전이 최성수확기인 조생종에는 미광, 조홍, 서홍, 쓰가루(아오리) 등이, 9월 상순에서 10월 중순까지인 중생종에는 홍로, 홍월, 양광, 추광, 골든딜리셔스, 세계일, 조나골드, 시나노스위트 등이 있다. 10월 하순 이후인 만생종에는 후지(부사), 홍옥, 감홍, 화홍 등이 있다.

알칼리성 식품으로 칼로리가 적고 몸에 좋은 성분이 많이 들어 있다. 식이섬유는 혈관에 쌓이는 유해 콜레스테롤을 몸 밖으로 내보내고 유익한 콜레스테롤을 증가시켜 동맥경화를 예방해 준다. 또한 칼륨은 몸 속의 염분을 배출시켜 고혈압 예방과 치료에 도움을 준다. 수용성 식이섬유인 펙틴 또한 위액의 점도를 높이고 악성 콜레스테롤을 내보내어 급격한 혈압상승을 억제해 주며, 페놀산은 체내의 불안정한 유해산소를 무력화시켜 뇌졸중을 예방한다.

사과에 함유된 케세틴은 폐기능을 강하게 하여 담배연기나 오염물질로부터 폐를 보호해 준다. 또한 피로물질을 제거해 주는 유기산과 피부미용에 좋은 비타민C도 다량 함유되어 있다. 사과의 과육은 잇몸건강에 좋으며 사과산은 어깨결림을 감소해 주는 효과가 있다. 사과로 만든 식초는 화상 · 두드러기 등을 치료하는데 쓰인다.

날로 먹거나 잼 · 주스 · 사이다 · 술 · 식초 · 파이 · 타트 · 젤리 · 무스 · 셔벗 등을 만들어 먹는다. 유럽에서는 소시지나 고기요리에 튀긴 사과나 사과 소스를 쓰고, 카레 · 스튜를 만들거나 감귤류로 젤리나 무스를 만들 때 사과나 사과즙을 넣어 맛과 향을 돋운다. 깎아서 공기 중에 두면 과육이 갈색으로 변하는데, 이를 예방하려면 1ℓ의 물에 1g의 소금을 넣어 만든 소금물에 담가둔다.

FOOD Materials Science

02 준인과류

귤 Mandarin orange

감귤 속 상록 소교목의 열매로 흔히 귤, 밀감 또는 만다린이라고도 한다. 중국에서 수백 년 전부터 재배해왔으며, 만다린이란 이름도 중국의 전통적인 관직에서 비롯한

귤

것이라고 한다. 다른 감귤류보다 껍질을 벗기기 쉬워 먹기 편하고 당도도 매우 높다. 탄제린과 비슷하지만 탄제린보다 좀더 작고 빛깔이 연하다. 1805년 유럽에 소개되었고, 1850년 무렵 미국으로 전해졌다. 현재는 한국(제주도)을 비롯한 동아시아 지역과 지중해 연안, 유럽, 아프리카 등지에서 재배한다.

한국산 만다린은 1911년 일본에서 미장온주 15그루를 들여오면서부터 재배가 시작되었고, 상품으로서의 재배는 1960년 무렵에 이루어졌다. 10월에서 11월에 수확하며 다른 과일에 비해 저장기간이 짧아 대부분 동남아시아와 캐나다에 수출한다.

대표적인 알칼리성 식품으로서 신진대사를 순조롭게 하고 피부와 점막을 튼튼히 하여 감기를 예방하는데 도움이 되며, 비타민P(헤스페레딘)가 들어 있어 모세혈관을 보호하고 고혈압을 예방하는 데도 효과가 있다. 그 밖에 백내장과 심장질환을 예방하는 아스코르빈산과 암을 예방하고 면역력을 좋게 하는 카로티노이드, 암을 억제하는 리모노이드와 플라보노이드, 항균작용과 혈압조절 효과가 있는 구마린 등이 들어 있다. 너무 크지 않고 윤기와 탄력이 있는 것이 맛이 좋다.

금귤 Kumquat

금귤

쌍떡잎식물 쥐손이풀목 운향과의 상록활엽 관목이다. 금감(金柑)이라고도 하는데, 중국이 원산지이며 남부지방에서 과수로 심는다. 높이가 4m 정도이며 가지와 잎이 무성하고 가시는 없다. 잎은 어긋나고 바소꼴이며 길이는 4~9cm이다. 잎 표면은 녹색이고 뒷면은 백록색이며 톱니는 없거나 끝에 가서 뚜렷하지 않은 것이 조금 있다. 잎자루에 좁은 날개가 있다.

잎겨드랑이에 백색꽃이 1~2개 정도 달린다. 꽃잎과 꽃받침잎은 모두 5개씩이다. 많은 수술과 1개의 암술이 있고 씨방은 4~5실(室)이다. 열매는 길이 2.5~3cm이고 오렌지색으로 익는다. 관상용으로 보급되었으나 현재는 식용을 한다. 열매가 둥글고 나무가 금감보다 작은 것을 둥근 금감(F. japonica Swingle)이라고 한다.

라임 Lime

라임

쌍떡잎식물 쥐손이풀목 운향과의 상록관목이다. 인도 북동부에서 미얀마 북부와 말레이시아가 원산지로 추위에 약하므로 아열대 · 열대지방에서 널리 재배한다.

높이는 5m이고 줄기는 뭉쳐서 난다. 가지는 가늘고 많이 갈라지며 잔가지에 날카로운 가시가 있다. 잎은 어긋나고 길이가 5~8cm이며 잎자루에 작은 날개가 있다.

꽃은 사계절 내내 흰색으로 피고 잎겨드랑이에 총상꽃차례를 이루며 달린다. 꽃잎은 5개이고, 수술은 20~25개이며 암술보다 길다. 암술머리는 둥글며 연한 노란색이다. 열매는 넓은 타원 모양이고 액과이며, 지름이 4cm이고 작은 젖꼭지 모양의 돌기가 있다. 열매가 익으면 껍질이 얇아지고 초록빛을 띤 노란색이 된다.

열매의 과육은 황록색이고 연하며 즙이 많고 신맛이 나며 레몬보다 더 새콤하고 달다. 열매는 피클이나 처트니로 만들고, 즙액은 음료수 · 음식 · 화장품 등의 향기를 내는 재료로 쓰며, 홍차 · 샐러드 · 프라이 · 불고기와 생선구이 등에 양념으로도 쓰인다.

라임은 구연산을 함유하고 있는 신라임(Acid lime)과 구연산이 없는 단라임(Sweet lime)으로 크게 나눈다. 신라임은 열대지방에서 좋은 품질의 열매를 얻을 수 있다. 단라임은 열매 껍질이 매끈하고 신맛이 거의 없지만 약간 쓴맛이 있다.

레몬 Lemon

쌍떡잎식물 쥐손이풀목 운향과의 상록소교목이다. 히말라야가 원산지로 비교적 시

레몬

원하고 기후의 변화가 없는 곳에서 잘 자란다. 이탈리아 · 에스파냐 · 미국의 캘리포니아 및 오스트레일리아 등에서 많이 재배하는데, 지중해 연안에서 재배하는 것이 가장 품질이 좋다.

높이는 3~6m 정도이며, 잎은 어긋나고 어릴 때는 붉은색을 띠지만 점점 녹색으로 변한다. 꽃은 5~10월에 피고 잎겨드랑이에 하나씩 또는 몇 개씩 무리지어 달린다. 꽃봉오리는 붉은색이고, 꽃의 안쪽은 흰색, 바깥쪽은 붉은빛이 강한 자주색을 띤다.

열매는 1년에 6~10번 정도 수확하며, 주로 10월 이후부터 다음해 봄까지 수확을 하는데 11~12월에 가장 많이 수확한다. 캘리포니아에서는 연중 수확을 하며 1~5월에 가장 많이 수확한다. 열매는 타원 모양이고 겉껍질이 녹색이지만 익으면 노란색으로 변하며 향기가 강하다. 완전히 익기 전인 껍질이 녹색일 때 수확하여 익힌다. 종자는 달걀 모양이고 양끝이 뾰족하다.

비타민C와 구연산이 많기 때문에 신맛이 강하다. 과피에서 레몬유(油)를 짜서 음료 · 향수 및 레모네이드의 원료로 사용하고, 과즙은 음료 · 식초 · 화장품의 원료로 사용하며 과자를 만들 때 향료로도 사용한다. 과피를 설탕에 절여 캔디를 만들고, 또 이것을 잘게 잘라서 케이크를 장식할 때 사용한다.

과즙에 설탕을 넣고 조려서 젤리를 만들며 여기에 과육을 섞어서 마멀레이드를 만든다. 열매를 얇게 썰어 새우튀김요리 · 홍차 · 칵테일 등에도 쓰인다.

오렌지 Orange

오렌지

감귤류에 속하는 열매의 하나로, 모양이 둥글고 주황빛이며 껍질이 두껍고 즙이 많다. 모양이 둥글고 주황빛이며 껍질이 두껍고 즙이 많다. 인도가 원산지로서 히말라야를 거쳐 중국으로 전해져 중국품종이 되었고, 15세기에 포르투갈로 들어가 발렌시아 오렌지로 퍼져나갔다. 브라질에 전해진 것은 아메리카 대륙으로 퍼져나가 네이블오렌지가 되었다.

종류는 발렌시아오렌지 · 네이블오렌지 · 블러드오렌지로 나뉜다. 발렌시아오렌지는 세계에서 가장 많이 재배하는 품종으로 즙이 풍부하여 주스로 가공하고, 네이블오렌지는 캘리포니아에서 재배하는데 껍질이 얇고 씨가 없으며 밑부분에 배꼽처럼 생긴 꼭지가 있다. 블러드오렌지는 주로 이탈리아와 에스파냐에서 재배하며 과육이 붉고 독특한 맛과 향이 난다. 감귤류 생산량의 약 70%를 차지하며 세계 최대 생산국은 브라질이다. 그 밖에 미국 · 중국 · 에스파냐 · 멕시코 등지에서도 많이 생산한다.

성분으로는 당분이 7~11%, 산이 0.7~1.2% 정도가 들어 있어 상쾌한 맛이 난다. 과육 100g중 비타민C가 40~60mg이 들어 있고, 섬유질과 비타민A도 풍부해서 감기 예방과 피로회복, 피부미용 등에 좋다. 지방과 콜레스테롤이 전혀 없어서 성인병 예방에도 도움이 된다.

날로 먹거나 주스 · 마멀레이드를 만들어 먹는다. 각종 요리와 과자 재료로 쓰이며 고기요리에 상큼한 맛과 향을 내는 오렌지소스로도 쓰인다. 껍질에서 짜낸 정유는 요리와 술의 향료나 방향제로 쓰인다.

유자Citron

● 유자

유자나무의 열매로, 노란색의 공 모양이다. 껍질이 울퉁불퉁하고 신맛이 특징이다.

한쪽으로 치우친 공 모양이며 지름이 4~7cm 정도이다. 빛깔은 밝은 노란색이고 껍질이 울퉁불퉁하다. 향기가 좋으며 과육이 부드러우나 신맛이 강하다. 원산지는 중국 양쯔강 상류이다. 한국에는 840년(문성왕 2) 신라의 장보고가 중국 당나라 상인에게 얻어와 널리 퍼졌다고 한다. ≪세종실록≫ 31권에 1426년(세종 8) 2월 전라도와 경상도 연변에 유자와 감자를 심게 한 기록이 있다. 이로 미루어 재배 시기는 ≪세종실록≫에 기록된 것보다 훨씬 오래 전으로 추정된다.

종류에는 청유자 · 황유자 · 실유자가 있다. 한국 · 중국 · 일본에서 생산하는데, 한국산이 가장 향이 진하고 껍질이 두텁다. 국내 주요 산지로는 전라남도 고흥 · 완도 · 장흥 · 진도와 경상남도 거제 · 남해 · 통영 등이다.

주요 성분으로 비타민C가 레몬보다 3배나 많이 들어 있어 감기와 피부미용에 좋고, 노화와 피로를 방지하는 유기산이 많이 들어 있다. 그 밖에 비타민B와 당질 · 단백질 등이 다른 감귤류 과일보다 많고 모세혈관을 보호하는 헤스페리딘이 들어 있어 뇌혈관 장애와 풍을 막아 준다. 또 배농(排膿) 및 배설작용을 해서 몸 안에 쌓여 있는 노폐물을 밖으로 내보낸다.

얇게 저며 차를 만들거나 소금이나 설탕에 절임을 하여 먹는다. 과육은 잼 · 젤리 · 양갱 등을 만들고, 즙으로는 식초나 드링크를 만든다. 껍질은 얼려 진공건조한 뒤 즉석식품으로 이용하거나 가루를 내어 향신료로 쓰고, 종자는 기름을 짜서 식용유나 화장품용 향료로 쓰거나 신경통 · 관절염 약으로 쓰인다. 술을 담그기도 하는데, 기관지 천식과 기침 · 가래를 없애는데 효과가 있다.

자몽 Grapefruit

자몽

그레이프프루트 나무의 열매이다. 감귤속(Citrus)에 속하는 그레이프프루트 나무의 열매이다. 이 품종의 원산지는 서인도제도의 자메이카로 여겨진다. 포도와 비슷한 향이 있고 포도송이처럼 달린다. 귤 모양으로 둥글며 지름이 10~15cm이다. 겉껍질은 가죽질이며 표면이 매끄럽고 노란색이며 속껍질은 얇고 부드럽다. 과육은 옅은 노란색으로 즙액이 풍부하고 맛은 시면서도 단맛이 강하며 쓴맛이 조금 있다. 분홍색 과육을 지닌 품종도 개발되었다. 대개는 냉동주스로 가공한다.

FOOD Materials Science

03 장과류

감 Persimmon

감

감나무의 열매이다. 감은 동아시아 특유의 과수로서 한국·중국·일본이 원산지이다. 중국 최고(最古)의 농업기술서 ≪제민요술(齊民要術)≫에 감나무의 재배에 대한 기록이 있고, 당나라의 ≪신수본초(新修本草)≫에도 감나무를 분류 수록하고 있다. 한국에서도 일찍부터 재배한 과일로서 ≪향약구급방(鄕藥救急方)≫에 경상도 고령(高靈)에서 감을 재배했다는 기록이 있다.

일본에는 8세기경에 중국에서 전래했다는 설이 유력하며, ≪화명유취초(和名類聚抄)≫(931~938?)에 야생종과 재배종을 구별하고 있다. 감은 단것이 귀했던 시대에 귀중한 과일이었으므로 가공·저장·이용에 힘써왔다. 수세(樹勢)가 강건하고 병충해도 적어서 비교적 조방적 재배가 가능하다.

또한, 내한성(耐寒性)이 약한 온대과수로서 한국의 중부 이북지방에서는 재배하기가 곤란하다. 감에는 단감과 떫은감이 있는데, 중부 이북지방에서는 단감 재배가 되지 않는다. 감은 주로 생식용으로 이용되며, 그 밖에 건시(乾柿) 등의 가공용 및 시삽(柿澁)을 만들어 공업원료로 사용하기도 하는데, 가공을 위해서라면 떫은감을 재배해야 한다.

감의 주성분은 당질로서 15~16% 정도인데, 포도당과 과당의 함유량이 많으며 단감과 떫은감에 따라 약간의 차이가 있다. 떫은맛의 성분은 디오스프린이라는 타닌성분인데, 디오스프린은 수용성이기 때문에 쉽게 떫은맛을 나타낸다. 아세트알데히드가 타닌성분과 결합하여 불용성이 되면 떫은맛이 사라진다. 단감의 속이나 과피의 검은 점은 타닌이 불용화한 타닌세포의 변형이다. 비타민A, B가 풍부하고 비타민C는 100g 중에 30~50mg 정도가 함유되어 있다.

그 밖에 펙틴, 카로티노이드가 함유되어 있다. 과일의 색은 과피의 카로티노이드 색소에 의한 것인데, 짙은 주황색인 리코핀(lycopin)의 함유량은 가을의 일조 조건과 관계가 있다. 서양에서는 감먹기를 조심하고 있는데, 감의 타닌성분이 지방질과 작용하여 변을 굳게 하기 때문이라 한다.

현재 재배되고 있는 단감은 모두 일본에서 도입된 품종들이며, 재래종은 거의 모두가 떫은감이다. 한국에서 재배되고 있는 품종에는 떫은감에 사곡시(舍谷誇) · 단성시(丹城誇) · 고종시(高種誇) · 분시(盆誇) · 원시(圓誇) · 횡야(橫野) · 평핵무(平核無) 등이 있고, 단감에는 부유(富有) · 차랑(次郞) · 어소(御所) · 선사환(禪寺丸) 등이 있다.

구스베리 Gooseberry

구스베리

쌍떡잎식물 장미목 범의귀과의 낙엽활엽 관목이다. 서양까치밥나무라고도 한다. 높이는 1m 정도이고, 줄기는 가늘며 뭉쳐서 나고 잔가지의 잎 밑부분에 가시가 있다.

잎은 어긋나고 긴 잎자루가 있으며 손바닥 모양으로 다섯 갈래로 갈라지고 톱니가 있다. 잎은 둥글고 양면에 털이 많으며 가장자리에도 털이 난다.

4~5월에 잎 사이에서 작은 흰색꽃이 1~2개씩 총상꽃차례로 피며 아래로 늘어진다. 작은꽃자루는 짧고 위쪽에 2개의 작은 포가 있다. 꽃잎은 5개로 달걀을 거꾸로 세운 모양이다. 꽃받침은 타원형으로 5개로 갈라져 뒤로 젖혀진다. 5개의 수술은 꽃잎보다 길다.

열매는 장과로서 붉은색 · 노란색 · 녹색으로 익으며 달고 신맛이 있어 날로 먹거나 잼을 만든다. 관상용으로도 심는다. 유럽 · 북아프리카 · 서남아시아가 원산지로 세계 각처에서 재배한다.

라즈베리 Raspberry

라즈베리

쌍떡잎식물 장미목 장미과 나무딸기류 과수의 한 속이다. 낙엽관목으로 잔가시가 있으며 줄기는 대개 곧게 선다. 잎은 어긋나고, 꽃은 봄에 흰색으로 피며, 꽃잎과 꽃받침은 5개이다. 열매는 집합과로 여름에 익으며, 익은 열매는 꽃턱에서 잘 떨어진다. 유럽산과 북아메리카산 등 여러 종이 있으며 열매를 먹기 위해 재배한다.

열매의 빛깔에 따라 레드라즈베리 · 블랙라즈베리 · 퍼플라즈베리의 3종류로 나누는데, 곧게 자라는 종에는 붉은색 열매가 달리고, 흑색과 자주색 열매가 달리는 종은 가지가 옆으로 처진다. 황백색으로 익는 열매도 있다. 대부분 붉은색 열매가 달리는 레드라즈베리를 재배한다.

한국의 남쪽에서 자라는 멍덕딸기는 유럽산 라즈베리와 같은 종에 속하고, 붉은색 열매가 달린다. 열매는 생으로 먹거나 잼이나 술을 만든다.

무화과 Fig

무화과

무화과나무의 열매로, 대개 둥글거나 원뿔 모양으로 녹색, 갈색, 검은색 등 다양하다. 단맛이 강하여 날로 먹거나 말려서 먹고, 가공하여 요리재료로 쓰인다. 알칼리성 식품으로서 민간에서는 약으로도 사용된다. 한국에서는 전남 영암군에서 국내 총 생산량의 90% 이상을 생산한다.

열매의 생김새는 둥근 모양, 납작하면서 둥근 모양, 원뿔 모양 등이 있다. 과일의 껍질 색깔도 녹색, 노란빛을 띤 녹색, 노란색, 붉은빛을 띤 녹색, 자줏빛을 띤 갈색, 자줏빛을 띤 검은색 등 다양하다. 유럽과 미국에서는 건과(乾果)로 많이 쓰고, 한국과 일본에서는 주로 날로 먹는다.

카프리형(Carpri), 스미루나형(Smyruna), 산페드로형(Sanpedro), 보통형(Common) 4계통의 품종으로 나뉘며 주로 유럽·아메리카 등지에서 재배한다. 한국에서는 보통형과 산페드로형을 많이 재배하고 특히 전라남도 영암군에서 국내 총생산량의 90% 이상을 생산한다.

주요 성분으로는 당분(포도당과 과당)이 약 10% 정도가 들어 있어 단맛이 강하다. 유기산으로는 사과산과 시트르산을 비롯하여 암 치료에 효과가 있는 벤즈알데히드와 단백질 분해효소인 피신이 들어 있다. 그 밖에 리파아제, 아밀라아제, 옥시다아제 등의 효소와 섬유질 및 단백질이 풍부하다.

알칼리성 식품으로서 고대 이집트와 로마·이스라엘에서는 강장제나 암·간장병 등을 치료하는 약으로 썼다. 민간에서는 소화불량·변비·설사·각혈·신경통·피부 질환·빈혈·부인병 등에 약으로 쓰고, 주산지에서는 생즙을 치질과 사마귀를 치료하는데 쓰인다. 날로 먹거나 말려서 먹고, 잼·젤리·술·양갱·주스·식초 등으로 가공해 먹거나 각종 요리재료로 쓰인다.

블랙베리 Blackberry

블랙베리

쌍떡잎식물 장미목 장미과 딸기 속에 속하는 식물군이다. 아시아·유럽·아프리카·아메리카에 널리 분포하며 많은 종류가 있다. 줄기는 곧게 서는 것과 옆으로 뻗어가는 것 등이 있다. 꽃은 총상꽃차례 또는 산방꽃차례에 달리며 봄부터 여름에 걸쳐 꽃이 피어 올라간다.

열매는 취과(聚果)이며 꽃턱이 열매에 붙었다가 익으면 화반(花盤)에서 떨어지고, 여름부터 가을에 걸쳐서 성숙하면 검은빛이 돌아 검은딸기라는 이름이 생겼다. 한국에도 곰딸기라는 이름이 붙은 딸기가 있으나, 재배품종의 대부분은 미국산 종류들이며 아직 분류학적인 규명이 되지 못했다.

대개 하이부시베리(Rubus allegheniensis) · 무점하이부시베리(R. argutus) 및 꽃이삭에 잎이 달려 있는 블랙베리(R. frondosa) 등에 속하는 품종으로 보고 있다. 추위에 비교적 약하기 때문에 중부 이남에서 재배가 가능하다. 번식은 뿌리에서 나오는 맹아(萌芽)로 하지만 빨리 증식시키기 위해 뿌리를 잘라서 번식시킬 수도 있다.

블루베리 Blueberry

● 블루베리

쌍떡잎식물 진달래목 진달래과의 관목이다. 북아메리카가 원산지로 20여 종이 알려져 있고, 한국에도 정금나무 · 산앵두나무 등이 있으며 모두 열매를 먹을 수 있다. 높이가 30cm 내 · 외로 자라는 로부시베리(low bush berry는 특히 미국 북동부에서 많이 재배하고 매 3년마다 불로 태우면서 가꾼다. 산성토양에서 잘 자라며, 염기성과 중성토양에서는 잘 자라지 않는다.

번식은 뿌리나누기 · 휘묻이 · 종자로 하며 중요한 과수의 하나이다. 열매는 거의 둥글고 1개가 1~1.5g 정도이며 짙은 하늘색, 붉은빛을 띤 갈색, 검은색이고 겉에 흰 가루가 묻어 있다. 달고 신맛이 약간 있기 때문에 날것으로 먹기도 하고 잼 · 주스 · 통조림 등을 만든다. 한국에서 자라는 정금나무의 열매도 개체에 따라서는 열매가 큰 것이 있다.

석류 Pomegranate

● 석류

석류나무의 열매이다. 지름 6~8cm 정도에 둥근 모양이다. 단단하고 노르스름한 껍질이 감싸고 있으며, 과육 속에는 많은 종자가 있다. 먹을 수 있는 부분이 약 20%인데, 과육은 새콤달콤한 맛이 나고 껍질은 약으로 쓰인다. 종류는 단맛이 강한 감과와 신맛이 강한 산과로 나뉜다. 원산지는 서아시아와 인도 서북부지역이며 한국에는 고려 초기에 중국에서 들어온 것으로 추정된다.

주요 성분은 당질(포도당 · 과당)이 약 40%를 차지하며 유기산으로는 새콤한 맛을 내는 시트르산이 약 1.5% 정도가 들어 있다. 수용성 비타민(B_1 · B_2 · 나이아신)도 들어 있으나 양은 적다. 껍질에는 타닌, 종자에는 갱년기 장애에 좋은 천연식물성 에스트로겐이 들어 있다.

열매와 껍질 모두 고혈압 · 동맥경화 예방에 좋으며, 부인병 · 부스럼에 효과가 있다. 특히 이질이 걸렸을 때 약효가 뛰어나고, 휘발성 알칼로이드가 들어 있어 기생충, 특히 촌충 구제약으로 쓰인다. 과즙은 빛깔이 고와 과일주를 담그거나 농축과즙을 만들어 음료나 과자를 만드는데 쓰인다. 올리브유와 섞어 변비에 좋은 오일을 만들기도 한다.

커런트 Currant

커런트

쌍떡잎식물 장미목 범의귀과의 낙엽관목이다. 유럽 북서부가 원산지이며, 그늘에서 잘 자라고 추위에도 강하다. 높이는 약 1m 정도에 달한다. 꽃은 양성화이며 4~5월에 피고 총상꽃차례를 이루며 달린다. 열매는 장과이고 7~8월에 익는데, 열매의 색깔이 붉은색이므로 붉은 커런트(red currant)라고도 한다. 검은 커런트(black currant)는 유럽 및 중앙아시아가 원산지인 니그룸(R. nigrum)이다.

붉은 커런트와 검은 커런트 모두 즙이 많고 신맛이 강해 유럽에서는 잼이나 주스 또는 젤리를 만들어 먹는다. 또한 검은 커런트는 발효시키기도 하며 약용정제로 만들기도 한다. 커런트에는 비타민C가 특히 많이 들어 있고 칼슘 · 인 · 철 등도 많이 들어 있다. 커런트라는 말은 '씨 없는 작은 건포도'를 가리킬 때도 있다.

크랜베리 Cranberry

크랜베리에는 박테리아가 체내에 부착하는 것을 막아주며 치주병, 위궤양 등에서 효과를 발휘한다. 안토시아닌 색소는 야맹증, 시력개선 등의 효과가 있으며, 간기능의 개선에 좋다. 주로 주스, 푸딩, 머핀 등 여러 가지 요리에 사용된다.

● 크랜베리

포도 Grape

포도나무의 열매이다. 한국에는 고려시대에 중국에서 들여온 것으로 추측되며 《조선왕조실록》 등에도 포도에 관한 기록이 실려 있다. 그러나 본격적인 재배는 1906년 서울 뚝섬에 원예모범장을 설립하면서 시작되었다.

● 포도

크게 유럽종 · 미국종 · 교배종으로 나뉜다. 유럽종은 품질이 우수하고 건조에 잘 견디지만 추위와 병충해에 약하다. 씨 없는 톰슨시들레스와 네오머스캣 · 블랙함부르크 등이 대표적인 품종이다. 미국종은 식용이나 대목으로 쓰며 라브루스카 · 델라웨어 · 로툰디폴리아가 주요 품종이다. 유럽종보다 품질은 떨어지지만 추위와 병충해에 강하다.

한국에서는 주로 추위와 병충해에 강한 미국종과 교배종을 심는데, 대부분 교배종을 재배한다. 대표적인 품종이 거봉인데, 송이가 크고 씨가 적으며 단맛도 풍부하다. 피오네는 짙은 자줏빛을 띤 검정색이고 거봉보다 알이 굵다. 한국에서 가장 많이 재배하는 품종은 캠벌리로서 자줏빛을 띤 검정색으로 알이 중간 크기이며 8월 중순부터 하순에 걸쳐 익는다. 그 밖에 머스캣베일리 · 세리단 · 청포도(나이아가라) 등이 있다.

성분으로는 당분(포도당 · 과당)이 많이 들어 있어 피로회복에 좋고 비타민 A · B · B_2 · C · D 등이 풍부해서 신진대사를 원활하게 한다. 그 밖에 칼슘 · 인 · 철 · 나트륨 ·

마그네슘 등의 무기질도 들어 있다. 알칼리성 식품으로서 근육과 뼈를 튼튼하게 하고 이뇨작용을 하여 부종을 치료하는데 도움이 된다. 또 생혈 및 조혈작용을 하여 빈혈에 좋고, 바이러스 활동을 억제하여 충치를 예방하며, 레스베라트롤이라는 항암 성분이 있어 암의 억제에도 효과가 있다. 신경세포를 만드는 신경효소의 활동과 효능을 증진하여 알츠하이머병이나 파킨슨병 등의 퇴행성 질병을 예방하는데도 도움을 준다.

날로 먹거나 건포도로 만들어 먹고 병조림 · 주스 · 잼 · 젤리 · 식초 · 술 등을 만들어 먹기도 한다. 약을 포도주스와 함께 복용하면 약의 흡수가 잘되고 효능이 높아진다.

FOOD Materials Science

04 견과류

땅콩 Peanut

땅콩

쌍떡잎식물 이판화군 장미목 콩과의 한해살이풀이다. 땅콩을 낙화생(落花生)이라고도 하는데, 브라질이 원산지로 널리 재배되고 있다. 원줄기는 밑부분에서 갈라져 옆으로 비스듬히 자라므로 사방으로 퍼지며 전체에 털이 있다. 높이는 60cm에 달한다. 잎은 어긋나고 짝수 1회 깃꼴겹잎으로 잎자루가 길다. 작은 잎은 4개이고, 거꾸로 선 달걀 모양 또는 달걀 모양으로 끝이 둥글고 턱잎은 크며 끝이 길게 뾰족해진다.

7~9월에 노란색 꽃이 잎겨드랑이에 1개씩 달리는데, 꽃자루가 없으며 나비 모양 꽃의 대처럼 보이는 꽃받침통 끝에 꽃받침조각 · 꽃잎 및 수술이 달린다. 꽃받침통 안에 1개의 씨방이 있고 실같은 암술대가 밖으로 나오며, 수정이 되면 씨방 밑부분이 길게 자라서 씨방이 땅속으로 들어간다. 꼬투리는 긴 타원형으로 두껍고 딱딱하며

황백색으로 겉에 그물 모양의 맥이 있고 속에 2~3개의 종자가 들어 있다. 종자는 타원형 또는 긴 타원형이고, 종피(種皮)는 적갈색이며 배(胚)는 황백색이다. 종자는 살이 쪄서 몸집이 크며 두툼하고 기름기가 있으며 식용한다.

한국에 땅콩이 도입된 것은 1800~1845년 사이에 중국으로부터 들어온 것으로 추정된다. 땅콩은 원줄기로부터 약 10개 내·외의 가지가 어긋나기로 발생되는데, 이 가지가 뻗는 모양에 따라 땅콩의 모양을 세 가지로 분류한다. 즉 가지가 땅 표면에서 곧게 서는 종류를 직립형(直立型), 가지가 땅 표면과 같은 방향으로 뻗는 종류를 포복형(匍匐型), 이 두 가지 형의 중간형인 것을 반립형(半立型)이라 한다.

땅콩은 종자의 크기에 따라 생육기간이나 그 내용 성분과 용도에 차이가 있는데, 종자가 큰 대립종(大粒種)은 단백질 함량이 높아서 보통 간식용으로 하며, 종자가 작은 소립종은 지방 함유율이 높아서 기름을 짜거나 과자나 빵 등 식품의 가공에 이용된다. 한국에서는 평균기온 12℃의 등온선이 통과하는 남쪽인 영남·호남지역과 제주도가 대립종 땅콩재배 적응지역이며, 그 이북이 소립종 적응지역으로 구분되어 있다.

국내에서 육성한 땅콩 품종으로는 대립종에 서둔땅콩·영호땅콩이 있으며, 소립종으로는 올땅콩을 장려하고 있다. 땅콩 종자에는 45~50%의 지방과 20~30%의 단백질이 포함되어 있어 영양가가 매우 풍부한 식품에 속한다. 볶아서 간식용으로 먹고 땅콩버터·과자용 등으로 널리 쓰이며, 낙화생유는 식용기름·마가린·기계유·윤활유 등에 쓰인다. 줄기와 잎은 질소 함량이 많아서 가축의 사료로 알맞으며 또한 녹비로 쓰인다. 땅콩껍질도 사료와 제지원료로 사용한다.

밤 Chestnut

밤나무의 열매로, 지름 2.5~4cm 정도의 짙은 갈색으로 익는다. 율자(栗子)라고도 한다. 지름 2.5~4cm 정도로 짙은 갈색으로 익는다. 아시아·유럽·북아메리카·북부아프리카 등이 원산지로서 한국밤·일본밤·중국밤·미국밤·유럽밤 등이 있다.

● 밤

한국에서 재배하는 품종은 재래종 가운데 우량종과 일본밤을 개량한 품종이다. 한국밤은 서양밤에 비해 육질이 좋고 단맛이 강해서 우수한 종으로 꼽힌다. 주로 중·남부지방에서 생산하며 8월 하순~10월 중순에 수확한다.

탄수화물·단백질·기타지방·칼슘·비타민(A·B·C) 등이 풍부하여 발육과 성장에 좋다. 특히 비타민C가 많이 들어 있어 피부미용과 피로회복·감기예방 등에 효능이 있으며, 생밤은 비타민C 성분이 알코올의 산화를 도와주어 술안주로 좋다. 당분에는 위장기능을 강화하는 효소가 들어 있으며 성인병 예방과 신장 보호에도 효과가 있다.

날로 먹거나 삶아서 먹는데, 수분이 13% 정도 되도록 말리면 당도가 더 높아진다. 꿀·설탕에 조리거나 가루를 내어 죽·이유식을 만들어 먹고 통조림·술·차 등으로 가공하여 먹는다. 각종 과자와 빵·떡 등의 재료로도 쓰이며, 유럽 밤과자인 마롱글라세(marrons glaces)가 유명하다.

아몬드Almond

아몬드

터키가 원산지인 식물이며 씨앗을 말려 식용한다. 한자로는 편도(扁桃)라고 한다. 터키가 원산지이고 4,000년 전부터 재배하였으며 복숭아와 비슷하게 생겼다. 건조한 곳에서 자란다. 과육이 얇고 익으면 갈라져서 복숭아처럼 먹을 수는 없으나 안에 들어 있는 씨앗(핵인, 核仁)을 식용한다. 인은 엷은 붉은빛을 띤 갈색 내피가 있으며 안에 노란빛을 띤 흰색의 배(胚)가 있다.

지중해 연안에서 흔히 재배되며, 미국의 캘리포니아주에서 대규모로 재배하기 시작한 다음 아몬드라는 이름이 널리 알려졌다. 파단행(巴旦杏)이라는 이름은 페르시아어인 바담(badam)에서 유래했다.

편도에는 단맛이 나는 감편도(甘扁桃)와 쓴맛이 나는 고편도(苦扁桃)의 두 가지 계통이 있다. 단것은 그대로 식용하고 껍질이 얇으며 손쉽게 깔 수 있는 품종이 개발되었다. 인을 잘게 빻아서 초콜릿·아이스크림·샐러드·과자 및 기타 요리에 이용한다. 쓴것은 아미그달린을 포함하고 있어 식용할 수 없으나 분말로 하여 물로 증류시켜 고편도수(苦扁桃水)를 만들어 약용한다.

은행Gingko nut

● 은행

은행나무의 열매이다. 지름은 약 2cm 정도이며, 은행나무는 암수딴그루로서 10월에 암그루에 달린 열매가 황색으로 익는다. 열매 바깥쪽의 외과피(外果皮)는 다육성으로 악취가 난다. 외과피의 안쪽에 2개의 모서리가 있는 흰색의 단단한 중과피를 가진 달걀 모양 원형의 종자가 있다. 이것을 은행 또는 백자(白子)라 한다. 중과피 안쪽에 갈색 피막의 내종피가 있고 이 속에 청록색의 배젖이 있는데, 인(仁)이라고 한다.

이 배젖의 성분은 탄수화물 34.5%, 단백질 4.7%, 지방 1.7% 외에 카로틴, 비타민C 등을 함유하고 있다. 그 밖에 청산배당체(靑酸配糖體)를 함유하고 있으므로 은행을 많이 먹으면 중독을 일으키는 수가 있다. 은행을 볶아서 그냥 먹거나 술안주로 하고 신선로 등 여러 음식에 고명으로 이용한다. 한방에서는 백과(白果)라 하여 진해 · 거담 등의 효능이 있어 해수 · 천식 · 유정(遺精) · 소변의 백탁(白濁) · 잦은 소변 등에 처방하며 자양제(滋養劑)로도 복용한다.

잣Pine nut

● 잣

잣나무의 열매이다. 해송자(海松子) · 백자(柏子) · 송자(松子) · 실백(實柏)이라고도 하며, 솔방울처럼 생긴 구과(毬果)에 들어 있다. 속에 있는 흰 배젖[胚乳]은 향기와 맛이 좋으므로 식용하거나 약용한다.

성분은 지방유(脂肪油) 74%, 단백질 15%를 함유하며 자양강장의 효과가 있다. 각종 요리에 고명으로 쓰이며 죽을 끓여 먹기도 한다.

피스타치오Pistachio

피스타치오

쌍떡잎식물 무환자나무목 옻나무과의 낙엽교목이다. 중·서아시아가 원산지이며 4,000년 전부터 지중해 연안지역에서 재배해 왔다. 높이 10m 내·외이다. 잎은 어긋나고 홀수깃꼴겹잎이며 3~11개의 작은 잎이 있다. 꽃은 2가화로 풍매화이며 꽃잎이 없고 녹색빛을 띤 갈색 꽃받침조각이 5개 있다. 수꽃에는 5개의 수술이 있다. 암꽃에는 3개로 갈라진 암술대와 1실로 된 씨방이 있는 1개의 암술이 있다.

열매는 핵과로서 달걀 모양 타원형이고 길이 1.5cm 정도이며 붉은빛을 띤 노란색이다. 과육을 제거한 흰 내과피가 피스타치오 너트(pistachio nut)이다. 이 안에 육질의 떡잎이 들어 있는데, 날것으로 먹거나 과자·아이스크림의 재료로 사용한다. 터키·이란·아프가니스탄·이탈리아·시리아에서 많이 자란다.

피스타치오 속에는 이 밖에 8~9종이 있다. 테레빈투스(P. terebinthus)는 터펜틴나무(turpentine tree)라고도 한다. 향기가 있는 녹색빛을 띤 노란색 테레빈유를 생산한다. 키프로스 테레빈유와 기오스 테레빈유 등이 잘 알려져 있으며 약용한다.

렌티스쿠스(P. lentiscus)는 남유럽에 분포하며, 마스틱(mastic) 수지를 생산하고 약용으로 한다. 키넨시스(P. chinensis)는 높이 20m에 달하는 교목으로 가을에 단풍이 아름답기 때문에 가로수와 공원수로 심으며, 피스타치오나무의 대목으로 쓰인다.

헤즐럿Hazelnuts

개암나무의 열매로 공 모양을 하고 있으며 갈색으로 익으면 고소한 맛이 있어 생

헤즐럿

으로 먹거나 강장제로 사용한다. 자작나무과에 속하는 낙엽 활엽관목으로 2~3m 정도까지 자라며, 원산지는 남유럽에서 서아시아로 넓게 퍼져 있다. 주산지는 미국, 터키, 이탈리아, 스페인 등으로 흑해연안 터키의 생산량이 가장 많다. 우리나라는 '개암'이라 하였으며, 이것은 대표적인 견과(堅果) 열매의 하나이다. 지름이 1.5~2.9cm 되는 공 모양으로 9월에 갈색으로 익으면 고소한 맛이 있어 생으로 먹거나 강장제로 사용한다.

한자로 榛子(진자)라고 하며, 기름이 많이 나서 기름을 짜기 위해 심기도 했다. 먹을 수 있는 대표적인 견과열매의 하나로 고소한 맛을 가지고 있다. ≪동의보감≫에는 우선 배를 든든하게 채워주고, 기력을 높여 주며 장과 위를 잘 통하게 해주어 걸음걸이를 비롯하여 활력을 넣어준다고 했다. 한방에서는 몸이 약하고 식욕이 없으며 어지럽고 눈이 피로할 때 처방한다고 기록되어 있다. 제사에 올려놓았다고도 하며 ≪조선왕조실록≫에만 백 번이 넘게 등장한 아주 친근한 열매였다. 꽃가루나 수꽃차례는 부스럼이나 타박상 등에 처방했다고 한다.

독일에선 개암나무가 부를 상징한다고 하였으며, 아일랜드 전설에서는 개암나무가 악마를 쫓는 부적이라는 이야기도 있다.

"한 줌의 헤즐넛(hazelnuts)이 평생의 건강을 지켜준다"는 터키 속담이 말해주듯, 최근 헤즐넛(hazelnuts)은 염증을 억제하는 효과가 있는 섬유질과 노화방지 기능을 지닌 비타민E가 풍부하여 심장질환 및 고혈압, 고지혈증, 당뇨병, 복부비만, 죽상동맥경화증 등이 복합적으로 나타나는 대사성 질환 예방에 효과가 있으며, 칼슘과 철분을 충분히 함유하고 있어 뼈의 형성 및 골다공증 예방을 돕는다고 한다.

최근 연구에서 헤즐넛(hazelnuts)에 함유된 '베타시노스테롤'이 몸 안의 콜레스테롤 수치를 낮추어 주고 암세포의 활동을 억제한다고 보고하였으며, 포만감을 느끼게 하고 지방을 태우는 능력까지 향상시킬 수 있어 비만예방에도 도움이 된다고 했다. 또한 흡수력이 좋아 얼굴과 피부에 영양 공급을 하는 데에도 좋아 화장품으로도 이용하고 있다.

식품산업에서는 강하며 고소한 맛과 향을 커피, 초콜릿, 과자 등에 접목시키고 있으며, 기름으로 여러 요리에 넣기도 한다.

호두 Walnut

호두

가래나무과 낙엽교목인 호두나무(Juglans sinensis)의 열매이다. 거의 원형이고 핵과(核果)이다. 외과피는 육질로 녹색이며 내과피(핵과, 核果)는 매우 단단한 골질로 잘 깨지지 않는다. 핵은 도란형으로 황갈색이며 표면은 봉선을 따라 많은 주름살이 있고 핵 내부는 4실이다. 종자는 2장의 떡잎을 갖춘 것으로 구형에 가까우나 심하게 주름져 있고, 백색 또는 담황색을 띠며 그 겉면은 막질의 흑갈색인 종피가 있다.

중국이 원산지이나 세계 각지에서 재배된다. 미국 캘리포니아주가 전세계 호두 공급량의 66%를 차지하고 있다. 중국은 한(漢)나라 장건(張騫)이 서역(西域)에서 들여왔고, 한국에는 고려시대에 유청신(柳淸臣)이 원나라 사신으로 갔다가 가지고 와서 고향인 천안에 처음으로 심었다는 것이 정설이었으나, 일부 학자들은 초기 철기시대의 유적인 광주 신창동 저습지 유적에서 호두가 출토된 것을 근거로 원삼국시대에 유래되었다고 주장하기도 한다. 한국에서는 주로 중부 이남에 분포한다. 일본에는 18세기경 한국에서 전파되었다.

호두는 열매가 성숙된 가을에 따서 물에 오랫동안 담가두거나 한 자리에 쌓아두어 썩힌 육질의 외과피를 제거하고 햇볕에 말린 뒤 딱딱한 내과피를 깨서 종자를 취한다. 호두에는 불포화지방의 일종인 오메가3 지방이 많이 함유되어 있으며 주성분은 알파-리놀렌산이다. 또한 단백질 · 비타민B_2 · 비타민B_1 등이 풍부하여 식용과 약용으로 많이 쓰인다. 종자는 그대로 먹기도 하고 제사용 · 과자(천안 호두과자) · 술안주 · 요리에도 이용하며, 호두기름은 식용 외에도 화장품이나 향료의 혼합물로서 활용한다. 호두기름의 약리효과는 기름에 함유된 혼합지방산이 체중의 증가를 촉진시켜 혈청 알부민의 함유량을 높이지만 혈액의 콜레스테롤량은 비교적 감소시킨다.

05 FOOD Materials Science 핵과류

매실 Japanese apricot

● 매실

매화나무의 열매로, 원산지는 중국이며 3,000년 전부터 건강보조식품이나 약재로 사용되었다. 둥근 모양이고 5월 말에서 6월 중순에 녹색으로 익는다. 한국에는 삼국시대에 정원수로 전해져 고려 초기부터 약재로 써 온 것으로 추정된다.

수확시기와 가공법에 따라 여러 종류로 나뉜다. 껍질이 연한 녹색이고 과육이 단단하며 신맛이 강한 청매, 향이 좋고 빛깔이 노란 황매, 청매를 쪄서 말린 금매, 청매를 소금물에 절여 햇볕에 말린 백매, 청매의 껍질을 벗겨 연기에 그을려 검게 만든 오매 등이 있다. 전라남도 순천과 광양, 경상남도, 경상북도 등지에서 많이 재배하며, 일본과 중국 등에서도 식용으로 재배한다.

열매 중 과육이 약 80% 정도인데, 그 중에서 약 85%가 수분이며 당질이 약 10%이다. 무기질 · 비타민 · 유기산(시트르산 · 사과산 · 호박산 · 주석산)이 풍부하고 칼슘 · 인 · 칼륨 등의 무기질과 카로틴도 들어 있다. 그 중 시트르산은 당질의 대사를 촉진하고 피로를 풀어주며, 유기산은 위장의 작용을 활발하게 하고 식욕을 돋우는 작용을 한다.

알칼리성 식품으로 피로회복에 좋고 체질개선 효과가 있다. 특히 해독작용이 뛰어나 배탈이나 식중독 등을 치료하는데 도움이 되며, 신맛은 위액을 분비하고 소화기관을 정상화하여 소화불량과 위장 장애를 없애준다. 변비와 피부미용에도 좋고 산도가 높아 강력한 살균작용을 한다. 최근에는 항암식품으로도 알려졌다.

보통 술을 담가먹으며 잼 · 주스 · 농축액을 만들어 먹거나 말려서 먹는다. 그 밖에 간장 · 식초 · 정과 · 차를 만들거나 장아찌를 담그기도 한다.

복숭아Peach

복숭아

복숭아나무의 열매이다. '도자(桃子)'라고도 하는데, 맛은 달고 시며 성질은 따뜻하다. 과육이 흰 백도와 노란 황도로 나뉘는데, 생과일로는 수분이 많고 부드러운 백도를 쓰고, 통조림 등 가공용으로는 단단한 황도를 쓰인다. 중국이 원산지로 실크로드를 통해 서양으로 전해졌으며, 17세기에는 아메리카 대륙까지 퍼져나갔다. 한국에서도 예로부터 재배하였으나 상품용으로는 1906년 원예모범장을 설립한 뒤부터 개량종을 위주로 재배를 했다. 전세계에 약 3,000종의 품종이 있으며, 한국에서는 주로 창방조생 · 백도 · 천홍 · 대구보 · 백봉 등을 재배한다.

주성분은 수분과 당분이며 타타르산 · 사과산 · 시트르산 등의 유기산이 1% 가량이 들어 있고, 비타민A와 폼산 · 아세트산 · 발레르산 등의 에스터와 알코올류 · 알데하이드류 · 펙틴 등도 풍부하다. 과육에는 유리 아미노산이 많이 들어 있는데, 특히 아스파라진산이 많다. 특유의 향은 에스터 · 알코올류 · 알데하이드가 어울려서 낸다.

알칼리성 식품으로서 면역력을 키워주고 식욕을 돋운다. 발육 불량과 야맹증에 좋으며 장을 부드럽게 하여 변비를 없애고 어혈을 풀어준다. 껍질은 해독작용을 하고 유기산은 니코틴을 제거하며 독성을 없애주기도 한다. 발암물질인 나이트로소아민의 생성을 억제하는 성분도 들어 있다. 단, 장어와 같이 먹으면 설사를 하고, 자라와 먹으면 가슴통증을 일으키므로 주의해야 한다.

6~8월 사이에 수확하는데, 날로 먹거나 통조림 · 병조림 · 주스 · 잼 등으로 가공하여 먹는다. 종자는 한방에서 '도인(桃仁)'이라고 하여 약재로 쓰인다.

살구Apricot

살구나무의 열매이다. 살은 식용을 하고 씨의 알맹이는 한약재로 쓰인다. 둥근 모양으로 지름이 약 3cm 정도이며 털이 난다. 7월에 노란빛 또는 노란빛을 띤 붉은색

살구

으로 익으며 신맛과 단맛이 난다. 원산지는 아시아 동부이다. 한국에 전해진 시기는 확실하지 않으나 삼국시대 이전부터 중부 이북지방의 산과 들에서 야생해 온 것으로 추정된다.

한국에는 일본에서 들여온 평화 · 산형3호 · 광오대실 등의 품종과, 미국에서 들여온 품종, 재래종 등이 있으며 1970년대 초부터 과수원에서 재배하기 시작했다. 재래종은 유기산이 많아 신맛이 강하고, 유럽종은 유기산이 적어 달고 크며 향이 좋다. 한국 · 일본 · 중국 · 유럽 · 미국 등지에서 생산한다.

열매의 약 90%가 과육이며 주요 성분은 당분이다. 유기산은 시트르산 · 사과산 등이 1~2% 정도가 있고, 무기질은 칼륨이 59%로 가장 많이 들어 있다. 또한 비타민A의 효과를 내는 베타카로틴이 말린 열매에 5~8mg 정도가 들어 있다. 종자는 행인이라고 하는데, 인 · 단백질 · 지방 함유량이 많고 아미그다린도 들어 있다. 쓴맛이 있는 것은 고인이라 하여 약으로 쓰고, 단맛이 있는 것은 첨인 · 감인이라 하여 먹는다.

진해 · 거담 효능이 있어 민간에서는 해소 · 천식 · 기관지염 · 급성간염 등에 약으로 쓰인다. 피부미용에도 좋아 주근깨 · 기미 등을 없애는데 효과가 있으며, 최근에는 항암물질이 발견되어 항암식품으로도 인정받고 있다. 보통 날로 먹거나 건과 · 잼 · 통조림 · 음료 등을 만들어 먹는다. 종자는 기름을 짜서 먹거나 약으로 쓰인다. 독성이 있으므로 섭취에 주의해야 하며, 덜익은 열매는 몸에 좋지 않다.

앵두 Korean cherry

앵두

앵두나무의 열매로 6월에 붉게 익으며 공 모양으로 새콤달콤한 맛이 난다. 앵도(櫻桃) · 차하리 · 천금이라고도 한다. 고려 때부터 제사에 공물로 쓰거나 약재로 사용했다. 중국이 원산지로서 한국 · 일본 · 중국 등지에 분포한다.

주요 성분은 단백질 · 지방 · 당질 · 섬유소 · 회분 · 칼슘 · 인 · 철분 · 비타민(A · B_1 · C) 등이다. 사과산 · 시트르산 등의 유기산이 들어 있으며, 붉은 빛깔의 색소는 안토시안계로 물에 녹아 나온다. 혈액순환을 촉진하고 수분대사를 활발하게 하는 성분이 들어 있어 부종을 치료하는데 좋고, 폐기능을 도와주어 가래를 없애고 소화기관을 튼튼하게 하여 혈색을 좋게 한다. 동상에 걸렸을 때 즙을 내어 바르면 효과가 있다.

날로 먹거나 젤리 · 잼 · 정과 · 앵두편 · 화채 · 주스 등을 만들어 먹는다. 소주와 설탕을 넣어 술을 담그기도 하는데, 이 술은 피로를 풀어주고 식욕을 돋우어 준다.

자두 Plum

자두

자두나무의 열매이다. 생식(生食)뿐 아니라 잼 · 젤리의 원료, 통조림 · 과실주 등으로도 이용된다. 미국에서는 건과(乾果)로 이용하는 품종을 플럼이라고 하며, 마른자두는 아침식사나 양과자의 장식으로 쓰인다. 성분은 당분이 약 10%, 산(酸)은 주로 말산(malic acid)이며 신맛은 약하고 비타민은 적다.

체리 Cherry

체리

쌍떡잎식물 장미목 장미과 벚나무속 식물의 열매이다. 열매를 맺어 경제적 생산을 하는 것은 단버찌(sweet cherry : P. avium)와 신버찌(sour cherry : P. cerasus)의 2계통과 여기에서 비롯한 여러 품종이 있다. 단버찌와 신버찌는 자라는 환경조건과 토양이 각각 다른데, 단버찌의 적응조건이 더 까다롭다. 이 2종 사이에서 비롯한 것이 듀크버찌(duke cherry : P. avium var. regalis)인데,

겉모양은 단버찌 같이 생겼지만 신버찌가 달린다. 가지가 많이 갈라지는 소교목으로서 높이는 약 11m 정도이다. 꽃은 흰색이고, 꽃이 핀지 60~80일이 지난 뒤인 5월에서 7월 상순에 걸쳐 수확을 한다. 열매는 핵과(核果)로서 둥글거나 심장형이며 지름이 약 2cm 정도이고 노란빛을 띤 검붉은색이다.

단버찌의 원산지는 터키인데, 유럽 중남부에 걸쳐서 야생하며 곧게 자란다. 신버찌는 남서아시아에서 남동 유럽을 원산지로 추정한다. 단버찌는 당분이 많아 날로 먹거나 통조림을 만들며 냉동하거나 양주에 넣기도 한다. 대표적인 품종으로는 자보레 · 우드 · 나폴레옹 등이 있다. 신버찌는 즙이 많고 당분이 적어 신맛이 강하므로 건과를 만들거나 냉동저장하며 과자 · 아이스크림, 프루트펀치나 과일 칵테일에 중요한 재료로 쓰인다. 종자에는 아미그달린이 1% 정도 들어 있어 행인유(杏仁油)를 짜낸다. 한국 재래종은 즙이 적으며 검은빛이어서 흑앵(黑櫻)이라고 하는데, 버찌소주를 만들거나 꿀과 녹말을 넣고 조려 버찌편을 만들기도 했다.

FOOD Materials Science

06 과채류

딸기 | Strawberry

쌍떡잎식물 이판화군 장미목 장미과의 여러해살이풀이다. 잎자루는 길고 비교적 큰 3개의 잎이 달리며 각각은 둥글고 가장자리가 톱니 모양이다. 봄에 몇 개의 꽃자루가 나와 몇 개에서 십 수 개의 흰색꽃이 달리는데, 꽃잎이 다섯 개이고 암술과 수술이 노란색이다. 식용하는 딸기는 씨방이 발달하여 과실이 되는 다른 과실과 달리 꽃턱이 발달한 것으로 씨가 열매 속에 없고 과실의

딸기

표면에 깨와 같이 있다. 과실의 모양은 공 모양, 달걀 모양 또는 타원형이며, 대개는 붉은색이지만 드물게 흰색 품종도 있다.

재배종은 원예적으로 육성된 것으로, 유럽이나 미국에서 몇 종의 야생종과 교배시킨 것이라고 한다. 현재의 딸기가 재배되기 시작한 것은 17세기경부터이다. 대개는 비닐하우스에서 재배하며, 다시 내부에 비닐 터널을 설치하여 보온한다. 또 꽃을 솎아 따주거나 봉지를 씌워서 큰 열매를 따기도 한다. 반촉성 재배인 경우에는 겨울에는 그대로 추위에 노출시켜 휴면시키고 이른 봄부터 비닐 터널을 씌워 생육을 촉진시킨다.

억제재배에서는 꽃봉오리가 늦겨울에 아직 트지 않은 그루를 파서 냉장고에 넣어 두었다가 초가을에 심어 가을부터 겨울에 걸쳐 수확한다. 가공용에는 생식용 품종을 택하기도 하지만, 특별히 열매가 작고 과육이 붉으며 방향이 좋은 품종을 골라서 재배한다.

같은 그루에서 매년 수확할 수 있으나, 점차 열매가 작아지고 또 계속하여 같은 밭을 쓰게 되므로, 보통은 어미그루만 남기고 거기서 나오는 줄기를 잘라 묘상에 꽂아서 새 묘종을 만들어 가을에 심는다. 가공용은 몇 년 동안 그대로 두는 일이 많다.

멜론 Melon

멜론

쌍떡잎식물 박목 박과의 덩굴성 한해살이 식물이다. 북아프리카 · 중앙아시아 및 인도 등을 원산지로 보고 있으나, 중동에도 야생형을 재배하고 있기 때문에 단정하기 어렵다. 잎은 어긋나고 자루가 길며 3~7개로 갈라진 손바닥 모양의 잎이고 덩굴손이 잎과 마주난다. 꽃은 잡성 1가화(一家花)이고 수꽃 · 암꽃 및 양성화(兩性花)가 있다. 전체에 거센 털이 있다. 열매는 둥글고 과육은 백색 · 담녹색 및 황등색 등이다. 냉동하여 생식하거나 아이스크림 · 주스 등에도 이용한다.

1. 네트멜론(netted melon) : 열매의 겉이 그물처럼 갈라져 있다.
2. 캔털루프(cantaloupe) : 열매의 겉에 그물눈이 생기지 않고 혹 모양의 돌기가 있으며 세로홈이 있다.
3. 겨울멜론(winter melon) : 열매의 겉이 밋밋하거나 세로줄이 있는 것이라도 돌기나 그물눈이 없다.
4. 머스크멜론(musk melon) : 향기가 강한 네트멜론과 캔털루프에 붙인 이름이며, 강한 향기를 사향(麝香, musk)에 비유한 것이다.
5. 참외 : 인도에서 중국을 거쳐 들어왔으며 겨울 멜론형에 속한다. 온실재배도 한다.

수박 Watermelon

수박

쌍떡잎식물 박목 박과의 덩굴성 한해살이풀이다. 서과(西瓜)·수과(水瓜)·한과(寒瓜)·시과(時瓜)라고도 한다.

줄기는 길게 자라서 땅 위를 기며 가지가 갈라진다. 잎은 잎자루가 있고 달걀 모양 또는 달걀 모양의 긴 타원형이며 길이가 10~18cm 정도이고 깃꼴로 깊게 갈라진다. 갈래조각은 3~4쌍이고, 녹색빛을 띤 흰색이며 불규칙한 톱니가 있다.

암수 한 그루이다. 꽃은 5~6월에 연한 노란색으로 피고 잎겨드랑이에 1개씩 달리며 화관은 5개로 갈래진다. 열매는 5~6kg까지 비대하는 것이 보통이다. 종자는 달걀 모양이고 검은 갈색이다.

아프리카가 원산지로 고대 이집트시대부터 재배되었다고 하며, 각지에 분포된 것은 약 500년 전이라고 한다. 한국에는 조선시대 ≪연산군일기≫(1507)에 수박의 재배에 대한 기록이 나타난 것으로 보아 그 이전에 들어온 것이 분명하다. 오늘날에는 일반재배는 물론 시설원예를 통한 연중재배가 이루어지고 있으며, 우수한 품종은 물론 씨 없는 수박도 생산되고 있다. 한방과 민간에서는 구창·방광염·보혈·강장 등에 쓰인다. 꽃말은 '큰마음'이다.

참외Cucumis melo

참외

쌍떡잎식물 합판화군 박목 박과의 한해살이 덩굴식물이다. 인도산 야생종에서 개량된 것이라고 하며 재배 역사가 긴 식물이다. 중국에서는 기원전부터 재배하였으며 5세기경에는 현대 품종의 기본형이 생겼다고 한다. 원줄기는 길게 옆으로 뻗으며 덩굴손으로 다른 물체에 기어 올라간다. 잎은 어긋나고 손바닥 모양으로 얕게 갈라지며 밑은 심장저 모양이고 가장자리에 톱니가 있다.

꽃은 6~7월에 노란색으로 피고 양성화이다. 화관은 5개로 갈라지고 하위씨방에 돌기가 있다. 열매는 장과(漿果)로 원주상 타원형이며 황록색 · 황색 및 기타 여러 가지 빛깔로 익는다. 익은 열매를 식용으로 하고, 익지 않은 열매는 최토제(催吐劑)로 쓰기도 한다.

원산지에서 한국을 비롯하여 중국 · 일본 등지에 퍼져 오랫동안 재배되어 오는 사이에 동양계 참외가 분화되어 발달하게 되었다. 참외는 1950년대까지는 성환참외 · 강서참외 · 감참외 등 재래종들이 재배되었다. 1960년대부터 은천참외로 점차 바뀌어 오늘날에는 은천참외를 대부분 재배하고 있다. 은천참외는 단맛이 강하고 육질도 매우 좋다.

07 FOOD Materials Science 열대과일류

대추야자Date palm

야자나무과의 상록교목이다. 서부아시아와 북아프리카가 원산지로 추측한다. 나무의 높이는 20~25m 정도인데, 끝에 회록색의 커다란 깃꼴겹잎이 뭉쳐나며 우산처럼

● 대추야자

퍼진다. 사막지대의 물 근처에서는 자연생처럼 자란다. 성서의 종려나무는 바로 이 나무를 가리키며 고대인들을 먹여 살린 생명의 나무이다. 꽃은 단성화로 5~10월에 피며, 열매는 길이 3~5cm 정도의 원형 또는 긴 타원형이며 녹색에서 노란색을 거쳐 붉은색으로 익는다. 과육은 달며 영양분이 풍부하여 여행자에게는 중요한 식량자원이었으므로 유사 이전부터 이집트에서 재배되었다.

재배에 적합한 조건은 연강수량 120~250mm 정도의 모래땅이고, 꽃이 피어 성숙할 때까지는 비가 오지 않으며 온도가 높고 겨울에도 평균기온이 0℃되는 지역이다. 지중해 및 홍해 연안 · 이란 · 아프가니스탄 등의 사막지대에 적지가 있어 중요한 산업자원이 되고 있다. 미국에서는 19세기 말경 이를 도입하기 시작하여 현재 캘리포니아와 애리조나의 건조지대에서 중요한 과수 중 하나이다.

번식은 종자와 뿌리 나누기로 하고, 많은 품종이 있으며 암나무 50~100그루에 숫나무 1그루의 비율로 심는다. 큰 나무에서는 연 70~90kg의 열매를 생산하는데, 80~100년간 계속된다. 늙은 나무의 끝에 상처를 내어 받은 수액을 발효시켜 야자술을 만들며, 이것을 증류한 것이 아라크(arrack)이다. 열매는 크게 감미형 · 약감미형 · 건조형 3가지로 분류한다. 건조형은 낙타대추야자라고 하며 아랍인의 주식(主食)으로 이용된다.

두리안 Durian

● 두리안

쌍떡잎식물 아욱목 봄박스과의 상록교목이다. 원산지는 알려져 있지 않다. 과일 중의 왕자라는 별명을 지닌 크고 맛있는 열매를 생산하지만, 양파 썩은 냄새가 나므로 싫어하는 사람도 있다. 높이는 20~30m 정도이며 가지가 굵다. 잎은 어긋나고 두꺼우며 긴 타원형으로 가장자리가 밋밋하고 길이가 12~18cm 정도이며 뒷면에 갈색 비늘조각이 있다. 꽃은 3~4월에 피고 원줄기와 큰 가지에 달리며 백황색이다. 열매는 지름이 20~25cm이고 타원형이거나 거의 둥글며 7~8월에 갈색으로 익고 굵은 가시가 밀생한다.

과육(果肉)은 연한 황색이며 매우 달기 때문에 식용 또는 잼으로 만든다. 종자도 식용 또는 약용하여 강정제로도 쓰이는데, 술과 함께 먹는 것은 금지되어 있다. 목재는 가벼워서 건축재 · 합판으로 이용된다. 인도 · 미얀마 · 말레이시아 등지에서 재배된다.

람부탄 Rambutan

람부탄

쌍떡잎식물 무환자나무목 무환자나무과의 상록교목이다. 말레이시아가 원산지이고, 높이는 10~15m 정도이다. 열매는 타원 모양이며 10~12개씩 모여 달리고 작은 달걀만한 크기로 7~8월에 붉은색으로 익으며 길고 부드러운 돌기로 덮여 있다. 종자에 배젖이 없다.

람부탄이란 말레이시아어로 털이 있는 열매라는 뜻인데, 돌기로 덮인 모양 때문에 생긴 이름이다. 열대지방의 중요한 과일로서, 과육은 흰색이고 과즙이 많으며 달고 신맛이 있다. 나무껍질과 뿌리는 양치약으로 사용한다.

망고 Mango

망고

쌍떡잎식물 무환자나무목 옻나무과의 상록교목이다. 높이가 10~30m 정도이다. 잎은 어긋나고 두꺼우며 바소꼴로 가장자리가 밋밋하고 털이 없으며 길이는 10~15cm 정도이다. 꽃은 말레이시아와 타이완에서는 1~4월에 피고, 암수딴그루이며 가지 끝 원추꽃차례에 달리고 붉은빛을 띤 흰색이다. 꽃받침과 꽃잎은 각각 5개이다. 수술은 5개 이상이며 수술과 씨방 사이에는 육질의 화반이 있다. 씨방은 상위이며 배젖이 있다.

열매는 핵과(核果)로서 5~10월에 익으며 넓은 달걀 모양이고, 길이는 3~25cm, 나비 1.5~10cm인데 품종마다 차이가 크다. 익으면 노란빛을 띤 녹색이거나 노란색 또는 붉은빛을 띠며 과육(果肉)이 노란빛이고 즙이 많다. 종자는 1개가 들어 있는데, 원기둥꼴의 양끝이 뾰족한 모양이며 약으로 쓰거나 갈아서 식용한다.

세계에서 가장 많이 재배되고 있는 열대과수로 말레이반도, 미얀마, 인도 북부가 원산지이다. 생산량이 세계 5위이며 종류도 상당히 많다. 비타민A가 많으며 카로틴은 푸른잎 야채와 거의 같은 양이 들어 있다.

날로 먹기도 하고 디저트와 과자재료로 쓰며, 과육을 갈아 샐러드의 드레싱이나 소스 · 수프 등에 사용한다. 산지에서는 덜 익은 것을 야채와 같이 볶거나 절여서 먹는다. 관상용으로도 심으며 수액은 아라비아고무 대용으로 쓰인다. 아프리카 · 브라질 · 멕시코 · 플로리다 · 캘리포니아 · 하와이 등 열대와 아열대지방에 분포한다.

망고스틴 Mangosteen

● 망고스틴

쌍떡잎식물 무환자나무목 고추나무과의 상록교목이다. 말레이시아가 원산지이다. 높이는 약 10m, 지름은 약 1m 정도이다.

잎은 마주 나고 긴 타원형이며 두껍고 가장자리가 밋밋하다. 꽃은 원산지에서는 3~4월에 피고 잡성(雜性) 암수 한 그루이다. 수꽃은 가지 끝에 달리고 암꽃은 잎겨드랑이에 1~2개씩 달리며 연분홍색이다. 열매는 약간 납작한 공 모양으로 탁구공보다 조금 큰데, 지름이 4~7cm이며 꽃이 핀 다음 5개월 뒤에 자줏빛을 띤 검은색으로 익고 꽃받침이 붙어 있다. 종자는 방사상(放射狀)으로 늘어서고 종자 겉에 붙은 육질부를 먹는다.

향기가 있고 새콤달콤하여 열매 중의 여왕이라고 할 정도로 맛이 뛰어나다. 과육(果肉)의 색소에는 타닌이 들어 있어 쉽게 색이 변하지 않아 염료로 쓰인다. 수정을 하지 않고 종자를 만들어 심어, 옛날부터 동일한 품종이며 재배가 어려워 제한된 지방에서만 자란다. 인도네시아 · 말레이시아 · 타이완 · 필리핀 · 인도 · 스리랑카 등지에 분포한다.

바나나Banana

바나나

외떡잎식물 생강목 파초과 바나나속에 속하는 식물의 총칭이다. 열대아시아가 원산지이다. 상록 여러해살이풀로 높이가 3~10m 정도이다. 땅 속 깊이 들어가 지지작용을 하는 뿌리와, 땅 밑 30cm까지 들어가 옆으로 퍼지고 뿌리털이 달려 흡수작용을 하는 뿌리가 있다.

꽃은 7~8월에 황색을 띤 흰색으로 피고, 각 포 겨드랑이에 2단으로 병렬하며, 포가 꽃 전체를 감싼다. 꽃줄기의 밑부분에는 암꽃, 끝부분에는 수꽃, 중간부분에는 양성화가 달린다. 수술은 5개, 암술은 1개다. 씨방은 하위(下位)이며, 3실로 갈라지고, 밑씨의 수가 많다. 종자가 있는 품종과 없는 품종이 있다.

열매는 장과에 속하며, 과방(果房)에 계단 모양으로 달린다. 날것을 그대로 먹는 품종(common banana)은 길이가 6~20cm, 지름이 3.5~5cm이다. 요리용 바나나(plantain banana)는 길이가 30cm, 지름이 7cm이다. 열매의 색깔은 잿빛을 띤 흰색 · 노란색 · 귤색 등이 있고, 향기와 단맛 등에도 변화가 많다. 종자는 짙은 갈색이고, 편평한 둥근 모양이며 지름이 5mm 정도이다.

날것으로 먹는 바나나는 주로 아시아 · 남아메리카 · 중앙아메리카에서 생산된다. 특히 브라질 · 인도 · 필리핀 · 인도네시아 · 에콰도르 등지에서 많이 생산된다. 요리용 바나나는 아프리카 · 남아메리카 · 아시아 등지에서 생산된다.

열매는 탄수화물이 25%이고 비타민A와 C가 풍부하며, 100g당 92kcal의 열량을 갖는다. 날로 먹거나 샐러드 · 과자재료 · 건(乾)바나나 · 바나나가루 · 바나나주(酒) · 바나나사이다 · 바나나퓌레 등에 쓰인다. 요리용 바나나는 기름에 튀기거나 삶고, 굽거나 쪄서 먹는다. 잎자루에서는 섬유를 얻고, 잎의 점액에서는 검은색 염료를 채취한다.

아보카도 Avocado

아보카도

쌍떡잎식물 미나리아재비목 녹나무과의 상록수이다. 악어의 등처럼 울퉁불퉁한 껍질 때문에 악어배라고도 한다. 멕시코와 남아메리카가 원산지이다. 꽃은 원추꽃차례로 핀다. 열매를 식용하기 위해 재배하는데, 열매는 녹갈색, 자줏빛을 띤 검은색 등이고 둥글거나 타원 모양 또는 서양배 같이 생기며 길이가 10~15cm 정도이다. 종자는 1개씩 들어 있으며 매우 크다.

과육은 버터같이 부드럽고 노란색을 띠며 독특한 향기가 난다. 가장 영양가 높은 과일로 알려져 있는데, 30% 정도의 지방과 많은 탄수화물, 단백질이 들어 있으며 비타민의 함량도 높다. 소스를 만들거나 샐러드 등의 요리 재료로 쓰이며, 빵에 발라먹거나 아보카도 기름을 채취하기도 한다.

500 종류 이상의 품종을 개발하였으나 과테말라 · 서인도 · 멕시코의 3가지 계통으로 크게 나눈다. 중앙아메리카와 서인도에서 많이 심으며, 미국의 캘리포니아주와 플로리다주에도 분포한다.

코코넛 Coconut

코코스야자의 열매로, 즙이 많아 음료로 마시며 열매 안쪽의 젤리처럼 생긴 과육은 그대로 먹거나 기름을 짜고, 열매를 감싸고 있는 섬유층은 카펫이나 산업용 로프, 차량시트 등을 만드는데 쓰이며, 단단한 껍데기는 생활용품이나 공예품 재료가 된다.

코코넛

연한녹색의 열대과일로서 즙이 많아 음료로 마신다. 열매 안쪽의 젤리처럼 생긴 과육은 단맛과 고소한 맛이 나 그대로 먹거나 기름을 짠다. 다 익으면 갈색이 되고 과육도 단단해진다. 맨 바깥은 섬세하고 얇은 섬유층이고, 안쪽은 두께 2~5cm의 촘촘한 섬유층을 이룬다. 열대와 아열대지방에 널리 자라며 태국을 비롯한 동남아시아의 농장에서 대규모로 재배한다. 1년에 4회 정도를 수확하는데, 나무 1그루당 50~60개의 열매가 달린다.

덜익은 과즙에는 약간의 인과 철이 들어 있고, 젤리상태의 과육에는 지방 1~6%와 인이 많이 들어 있다. 잘익은 것에는 지방 26%, 단백질 4g, 인 100mg 이상, 철 2.5mg이 들어 있다. 코코넛의 지방은 식물성이면서도 90% 정도가 포화지방산이므로 동물성지방과 마찬가지로 섭취에 유의해야 한다.

흔들어 보았을 때 찰랑거리는 소리가 나는 것이 좋다. 보통 날로 먹거나 주스를 만들어 마신다. 단단해진 과육을 깎아서 말린 코프라(copra)는 과자재료나 술안주에 좋고, 코코아크림은 아이스크림과 디저트요리의 재료로 쓰인다. 기름은 각종 요리의 소스재료와 식용유로 쓰고 비누 · 화장품 등을 만드는데 쓰인다. 열매를 감싸고 있는 섬유층은 카펫이나 산업용 로프, 차량시트 등을 만드는데 쓰며, 단단한 껍데기는 생활용품이나 공예품 재료가 된다.

키위Kiwi fruit

키위

쌍떡잎식물 측막태좌목 다래나무과의 낙엽 덩굴식물이다. 중국이 원산지이며, 중국에서는 귀도(鬼桃) · 승리(繩梨) · 등리(藤梨) · 양도(羊桃) 등으로 부른다. 어린 가지에 털이 빽빽이 있지만 늙은 가지에는 없다. 잎은 어긋나고 둥근 모양이거나 둥근 달걀 모양 또는 달걀을 거꾸로 세운 모양이며, 끝이 패고 가장자리에 가시 같은 톱니가 있으며 뒷면에 성모(星毛: 여러 갈래로 갈라져 별 모양으로 된 털)가 빽빽이 있다.

꽃은 6~7월에 흰색으로 핀다. 열매는 8~10월에 익고 둥근 달걀 모양 또는 원기둥 모양이며 표면에 갈색털이 빽빽이 있다. 수확한 후 3~4개월 간 저장했다가 먹는다. 열매가 뉴질랜드에 서식하는 키위새처럼 생겼다고 하여 영어 이름이 키위(kiwi)이다. 과육의 가운데 부분은 크림색이고, 그 둘레는 연한 녹색이며 깨알 같은 종자가 있다. 꽃이 암수딴그루이므로, 나무를 심을 때는 암나무 몇 그루에 수나무 1그루씩 섞어 심어야 한다. 비타민C가 풍부하여 성인 1명이 하루에 필요한 양이 열매 1개에 충분히 들어 있다.

향기가 있으므로 날것으로 먹고, 잼과 아이스크림 등에 사용한다. 뉴질랜드에서 많은 양을 생산하고 있으며, 한국에서는 1977년에 뉴질랜드에서 묘목을 도입하여 제주도 · 전라남도 · 경상남도에서 주로 재배하고 있다.

파인애플 Pineapple

외떡잎식물 파인애플과의 상록 여러해살이풀이다. 중앙아메리카와 남아메리카 북부가 원산지로서 신대륙에서는 옛날부터 재배해왔다. 신대륙 발견 뒤 포르투갈 사람과 에스파냐 사람들이 세계 각지에 전했다.

● 파인애플

높이가 50~120cm 정도이며, 잎은 짧은 줄기 위에 뭉쳐나고 길이 60~120cm, 나비 5~7cm로 두꺼우며 섬유가 많고, 겉면은 잿빛과 녹색이 섞인 갈색, 뒷면은 흰빛을 띤다. 잎 가장자리는 톱니가 있거나 없다. 꽃이삭은 공 모양이고 잎 무더기 사이에서 나온 줄기의 앞 끝에 달린다.

꽃은 엷은 자줏빛을 띤 남색 또는 자줏빛을 띤 붉은색이며, 나선 모양으로 늘어선 짙은 갈색이 섞인 붉은빛의 작은 포(苞)에 붙는다. 안쪽 화피조각 · 바깥 화피조각은 각각 3개씩 모여서 통 모양으로 되고, 밑동은 흰색, 앞 끝은 연한 자주색이다. 수술은

6개로서 화피의 밑동에 붙는다. 씨방은 3실이며 3개의 심피가 붙어있다. 1개의 암술대 끝에 3개의 암술머리가 달린다.

열매는 집합과(集合果)로서 길이가 15~20cm, 지름이 10~12cm이며, 큰 품종에서는 길이가 약 30cm, 지름이 약 17cm에 이르는 것도 있다. 열매 모양은 원통 모양, 원뿔 모양, 달걀 모양 등이 있으며 익으면 주황색에서 노란색으로 되며 향기가 있다.

먹는 부분은 꽃턱 · 씨방 · 포의 밑동과 꽃대가 합한 것으로 물기가 많은 과육 모양이다. 종자는 길이가 5mm, 나비가 2mm 정도로 오이와 비슷하다.

품종은 100여 종이 있는데, 가시가 없는 것과 있는 것으로 크게 나눈다. 가시가 없는 품종에는 스무스카이엔(smooth cayenne), 가시가 있는 품종에는 레드스패니시(red spanish)가 있다.

재배는 연평균기온 20℃ 이상의 열대 평지로부터 해발고도 800m까지가 적지이며, 바람이 잘 통하고 배수가 잘되는 기름진 사양토가 좋다. 번식은 눈과 흡아(吸芽) · 관아(冠芽)를 이용한다. 0.75~1m 간격으로 심은 뒤 15~18개월부터 수확을 시작한다. 주 수확기는 5~8월과 10~12월로 2차례이며, 심은지 5~6년 정도가 지나면 땅을 바꾸어 심는다.

열매는 즙이 많고 수크로오스 10%, 시트르산 1% 가량이 들어 있으며 상쾌한 신맛과 단맛이 있다. 비타민C가 100g 중에 15mg이 들어 있다(농업진흥청). 브로멜린이라고 하는 단백질 분해효소도 들어 있어서 육류의 소화를 돕는다. 그러나 덜 익거나 추숙(제때보다 일찍 수확하여 뒤에 익히는 것)이 불충분한 열매에는 많은 양의 산과 수산석회 등이 들어 있어서 먹으면 구강을 침해하며, 특히 어린아이들은 피가 나는 수도 있다. 일반적으로 열매를 수확한 뒤 2~3일 후숙(後熟)하면 단맛이 강해진다. 생열매는 0℃보다 약간 높게 유지하는 냉동선으로 운반한다.

주로 통조림을 만드는데, 1886년 해협식민지(지금의 말레이시아), 1992년에는 하와이에서 많이 생산했다. 통조림은 열매의 속을 빼내고 껍질을 벗긴 다음 원통 모양으로 만든 것을 적당한 크기로 잘라서 설탕시럽을 넣고 가열 살균하여 만든다. 원통 모양 그대로인 것, 얇게 자른 것, 잘게 자른 것 등 여러 가지 모양이 있다. 통조림은 과자의 재료, 프루트샐러드 등에 쓰인다.

통조림을 만들 때 생기는 과육조각이나 폐기물로 파인주스 · 파인식초 · 알코올 ·

시트르산석회 등을 만들고, 찌꺼기는 말려서 가축의 사료로 쓰인다. 생열매는 과실주를 만들기도 한다. 통조림은 하와이에서 세계의 약 40%를 생산하며 필리핀 · 타이완 · 말레이시아 · 타이 등지에서도 많이 생산한다. 식용으로 쓰는 것 외에 잎의 섬유가 우수하므로 끈이나 로프 등을 만들기도 한다.

하와이 · 서인도제도 · 플로리다주 · 말레이반도 · 타이완 등지에 분포한다. 한국에는 1960년대 초 여러 품종이 들어와 제주도와 강원도 등에서 비닐하우스 재배를 하고 있다.

파파야Papaya

파파야

쌍떡잎식물 측막태좌목 파파야과의 상록초본 모양의 교목이다. 열대아메리카가 원산지이다. 높이가 약 6m, 지름이 약 20cm이다. 줄기는 잿빛을 띤 녹색이고 가지가 갈라지지 않으며 잎이 떨어진 엽흔(葉痕)이 많다. 줄기의 안쪽은 대부분 속[髓]이고, 나무처럼 단단한 부분은 적다. 흠집을 내면 유액이 나오는데, 잎은 어긋나고 잎자루가 길며 손바닥 모양으로서 7~9개로 갈라진다. 줄기 끝에서 모여 달리며 턱잎은 없다.

열매는 공 모양, 달걀을 거꾸로 세워 놓은 모양, 긴 달걀 모양 등이고, 무게는 0.2~3kg이다. 빛깔은 녹색을 띤 노란색에서 붉은색을 띤 노란색으로 변하고, 과육은 짙은 노란색 또는 자줏빛을 띤 빨간색이며 두껍고 콩알만한 많은 종자가 젤리 같은 것에 싸인다. 열매는 날로 먹거나 잼 · 설탕에 절인 과자 등을 만든다. 익지 않은 열매는 소금에 절여서 쓰이는데, 잎과 어린 열매를 고기와 함께 찌면 고기가 연해지며 꽃과 속을 함께 채소로도 활용한다. 종자는 독특한 맛이 있으므로 향신료로 쓰인다.

어린 열매에 상처를 내고 얻는 파파인은, 효소의 일종으로서 1그루에서 450g 정도를 채취하는데, 단백질의 소화를 돕는다.

물이 잘 빠지는 양토(壤土)에서 잘 자라며 번식은 종자로 한다. 종자를 뿌린지 10~20

일에 싹이 트고 1년 반 정도에서 열매를 맺기 시작하며 3~4년이 지나면 수확을 한다. 1그루에서 1년에 20~30개의 열매를 수확하는데, 때로는 포포나무(papaw)와 혼돈하지만 이는 전혀 다른 종류이다. 전세계의 열대지방에 분포하며 한국에서는 온실에서 재배한다.

패션프루트Passion fruit

패션프루트

쌍떡잎식물 측막태좌목 시계꽃과의 덩굴성 여러해살이풀이다. 브라질 남부가 원산지이며, 줄기의 각 마디에 덩굴손과 턱잎이 있다. 잎은 어긋나고 3개로 갈라진 손바닥 모양의 겹잎이다. 꽃은 새 가지의 잎겨드랑이에 1개씩 달리고 아침에 피었다가 오후에 시든다. 꽃받침조각은 5개이고 흰빛이며, 꽃잎도 5개이고 흰 바탕에 자줏빛 반점이 있다. 5개의 수술과 3개로 갈라진 암술이 있다.

열매는 둥글거나 타원형이며 크기는 5cm 정도이고, 검은 자주색으로 익는 것과 노란색으로 익는 계통이 있다. 대개 탁구공보다 조금 크고 속에 젤라틴 상태의 과육과 종자가 많으며 매우 좋은 향기가 난다. 종자를 둘러싼 펄프를 날것으로 먹거나 주스로 만들어 먹는다. 시계꽃과 비슷하지만 잎이 3개로 갈라진다. 열대와 아열대에서 재배한다.

FOOD
Materials Science

Food Materials Science

CHAPTER 09 버섯류

01 FOOD Materials Science

버섯류

느타리 Pleurotus ostreatus

느타리

담자균류 주름버섯목 느타리과의 버섯으로 활엽수의 고목에 군생하며, 특히 늦가을에 많이 발생한다. 갓은 나비 5~15cm로 반원형 또는 약간 부채꼴이며, 가로로 짧은 줄기가 달린다. 표면은 어릴 때는 푸른빛을 띤 검은색이지만, 차차 퇴색하여 잿빛에서 흰빛으로 되며 매끄럽고 습기가 있다. 살은 두텁고 탄력이 있으며 흰색이다.

주름은 흰색이고 줄기에 길게 늘어져 달린다. 자루는 길이가 1~3cm, 굵기는 1~2.5cm로 흰색이며 밑부분에 흰색털이 빽빽이 나있다. 자루는 옆이나 중심에서 나며 자루가 없는 경우도 있다. 포자는 무색의 원기둥 모양이고, 포자무늬는 연분홍색을 띤다.

국거리 · 전골감 등으로 쓰거나 삶아서 나물로 먹는 식용버섯이며, 인공재배도 많이 한다. 거의 세계적으로 분포한다.

송로버섯 Truffle

송로버섯

자낭균류 서양송로과의 지하생(地下生) 버섯으로, 담자균류에 속하는 송로(알버섯)와는 전혀 다른 버섯이며 한국에서는 아직 발견되지 않고 있다. 주로 프랑스 · 이탈리아 · 독일 등지의 떡갈나무숲 땅 속에 자실체를 형성하며 지상에서는 발견하기가 힘들다. 나무뿌리 근처의 땅속에서 8~30cm 정도로 자라며, 나뭇가지가 뻗어 있는 둘레를 지나서는 결코 볼 수 없다. 서양송로는 찾기 어려워 몇 년 동안 특별히 훈련된 동물을 이용해서 찾게 되며, 일단 찾으면 농부는 손이 버섯에 닿지 않도록 조심해서 땅을 판다. 만약 덜 자란 상태라면 나중에 수확을 위해 다시 묻는다.

버섯은 호두 크기에서 주먹만한 감자 모양의 덩이이다. 표면은 흑갈색이고, 내부는 처음에는 백색이나 적갈색으로 변한다. 미식가들에 의해 수세기 동안 맛있는 음식으로 평가받아 왔으며, 고대 그리스와 로마에서는 치료약이나 정력을 가져다주는 음식으로 여겨왔다.

가장 품질이 좋은 블랙 트러플(black truffle)은 이탈리아의 움브리아주, 프랑스의 페리고르(Perigord)와 케르시(Quercy) 지역에 존재한다. 극도로 얼얼한 맛의 과육은 하얀 줄무늬에 검정색을 띤다. 다음으로 인기 있는 화이트 트러플(white truffle)은 이탈리아 피에몬트(Piedmont) 지역에서 자라며 흙냄새가 나고 마늘과 같은 맛과 향이 있다.

신선한 상태로 수입되는 트러플은 늦가을에서 겨울 중순까지 특산품시장에서 판매되고, 단단하고 모양이 좋으며 흠이 없는 것을 골라야 한다. 구입 후에 가능한 빨리 사용해야 하나 냉장고에서 3일 동안 보관할 수 있다. 향을 즐기려면 쌀이나 달걀이 들어 있는 용기에 트러플을 넣고 단단히 덮은 다음, 냉장고에 넣으면 향이 함께 들어 있는 식품에 흡수되어 더욱 향을 즐길 수 있다.

트러플 표면에 묻어 있는 먼지를 잘 털어낸 다음 어두운 색의 트러플은 껍질을 벗기고, 벗겨낸 껍질은 수프에 사용하기 위해 남겨두며 흰색의 송로는 껍질을 벗길 필요가 없다. 트러플 통조림, 튜브에 든 트러플 페이스트, 제한적인 양으로 얼린 트러플은 특산품 상점에서 구입할 수 있다.

어두운 색의 트러플은 오믈렛, 폴렌타 죽(polentas : 보리, 옥수수, 밤가루 등으로 만든 죽), 리소토(risotto) 등에 사용되며 트러플소스(Perigueux sauce : 데미글라스 + 마데라 와인 + 트러플)가 음식에 맛을 내기 위해 사용된다. 부드러운 향미가 있는 흰색 트러플은 대개 파스타나 치즈요리 같은 음식 위에 신선한 것을 갈아서 뿌린다. 트러플 슬라이서(truffle slicer)라고 하는 특별한 기구가 송로를 써는데 사용된다.

양송이 | Bottom mushroom

양송이

담자균류 주름버섯목 주름버섯과의 버섯이다. 서양송이 · 머시룸이라고도 하며, 북한명은 벼짚버섯이다. 여름철 풀밭에 무리 지어 자란다. 버섯갓은 지름 5~12cm이고, 처음에 거의 공 모양에 가깝지만 점차 펴져서 편평해진다. 갓 표면은 흰색이며 나중에 연한 누런 갈색을 띠게 된다. 살은 두껍고 흰색이며 흠집이 생기면 연한 홍색으로 변한다. 주름살은 끝 붙은 주름살로 촘촘하며 어린 것은 흰색이다가 점차 연한 홍색으로 변하고 발육됨에 따라 검은 갈색으로 변한다.

버섯대는 4~8cm×1~3cm로 흰색이며 속이 차있다. 어렸을 때는 밑동이가 불룩하고 성장함에 따라 위 · 아래의 굵기가 같게 된다. 버섯 대 고리는 흰색 막질이다. 홀씨는 6.5~9×4.5~7㎛로 넓은 타원형이며 담자세포에 2개씩 붙는다.

세계 각국에서 널리 재배하는 식용버섯으로 여러 품종이나 변종이 있다. 양송이는 유럽에서 재배를 시작하였으며, 미국으로 건너가 일본을 거쳐 한국 · 타이완에서 대량생산하여 해외시장에 출하되고 있다. 한국의 양송이 재배는 1960년대부터 시작되어 중부 이남지역에서 널리 재배하며, 주로 봄 · 가을 2기작이 실시되고 있으며, 통조림으로 가공 수출되거나 생버섯으로 국내에 시판되고 있다.

팽이 | Enoki

팽이

담자균류 주름버섯목 송이과의 버섯이다. 늦가을에서 이른 봄에 팽나무 등의 활엽수의 죽은 줄기 또는 그루터기에 소복하게 자란다. 버섯 갓은 지름 2~8cm이며 처음에 반구 모양이다가 나중에 편평해진다. 갓 표면은 점성이 크고 노란색 또는 누런 갈색이며 가장자리로 갈수록 색이 연하다. 살은 흰색 또는 노란색이며, 주름살은 흰색 또는 연한 갈색의 올린주름살이고 성기다.

버섯대는 굵기가 2~8mm, 길이는 2~9cm로 위아래의 굵기가 같으며 연골질이다. 버섯대 표면은 어두운 갈색 또는 누런 갈색이고 윗부분이 색이 연하며 짧은 털이 촘촘하게 나있다. 홀씨는 크기 5~7.5×3~4㎛이고 타원 모양이다. 겨울에 쌓인 눈 속에서도 자라는 저온성 버섯이고 목재부후균으로 식용하거나 약용할 수 있다. 한국, 일본, 중국, 유럽, 북아메리카, 오스트레일리아 등에 분포한다.

표고 Lentinula

담자균류 주름버섯목 느타리과의 버섯이다. 북한명은 참나무버섯이다. 표고를 분류해 보면, 느타리버섯과(Pleurotaceae) 잣버섯속(Lentinus), 구멍장이버섯과(Polyporaceae) 잣버섯속(Lentinus), 송이과(Tricholomataceae) 표고속(Lentinula) 등 여러 주장이 있다.

● 표고

봄과 가을 2회에 걸쳐 참나무류 · 밤나무 · 서어나무 등 활엽수의 마른나무에 발생한다. 버섯갓 지름이 4~10cm이고, 처음에 반구 모양이지만 점차 펴져서 편평해진다. 갓 표면은 다갈색이고 흑갈색의 가는 솜털처럼 생긴 비늘조각으로 덮여 있으며 때로는 터져서 흰살이 보이기도 한다. 갓 가장자리는 어렸을 때 안쪽으로 감기고 흰색 또는 연한갈색의 피막으로 덮여 있다가 터지면 갓 가장자리와 버섯대에 떨어져 붙는다. 버섯대에 붙은 것은 불완전한 버섯대 고리가 되고, 주름살은 흰색이며 촘촘하다.

버섯대는 3~6cm×1cm이고, 나무에 붙어있는 상태에 따라 한쪽으로 기울어진다. 버섯대 표면은 위쪽이 흰색, 아래쪽이 갈색이고 섬유처럼 질긴 편이다. 홀씨는 한쪽이 뾰족한 타원 모양이고 색이 없으며 홀씨무늬는 흰색이다. 원목에 의한 인공재배가 이루어지며 한국 · 일본 · 중국에서는 생표고 또는 건표고를 버섯 중에서 으뜸가는 상품의 식품으로 이용한다. 한국 · 일본 · 중국 · 타이완 등지에 분포한다.

Food Materials Science

CHAPTER 10 유지류

01 FOOD Materials Science

오일류

그레이프시드 오일포도씨유, Grape seed oil

그레이프시드 오일

포도씨를 압착하여 얻은 기름이다. 포도의 재배량이 많은 프랑스 · 이탈리아 · 칠레 등에서 주로 생산된다. 필수지방산인 리놀렌산, 항산화제 역할을 하는 토코페롤, 베타씨토스테롤 등을 함유하고 있어 피부미용과 노화방지에 효과가 있다. 또 동맥경화나 고혈압 등의 성인병을 예방한다.

포도씨유의 특징은 발연점이 250℃로 일반 식용유보다 높다. 따라서 높은 온도에서 요리해도 쉽게 타지 않는다. 그리고 이미 사용한 기름을 5~6회 더 사용할 수 있어 폐유가 적게 나온다. 그리고 기름 특유의 느끼한 향과 냄새가 없어 요리 재료의 고유한 맛을 살릴 수 있다. 튀김 · 구이 · 부침 뿐 아니라 샐러드 드레싱이나 소스로 사용할 수 있다. 또한 끈적임이 적어서 천연비누를 만들거나 미용용 오일로도 이용된다. 식품의약품안전처장이 고시한 건강기능식품으로 분류되었다.

라이스브랜 오일쌀겨유, Rice bran oil

라이스브랜 오일

라이스브랜 오일은 쌀의 씨앗에서 제거된 쌀겨로 제조되었다. 이것은 요리할 때 쓰는 오일로 건강에 매우 좋은데, 이유는 아주 좋은 비타민, 미네랄, 아미노산, 필수지방산과 산화방지제가 있기 때문이다. 주로 맛을 내는 조미료로 사용된다.

새플라워 오일홍화유, Safflower oil

● 새플라워 오일

'잇꽃'이라 불리는 국화과의 두해살이풀의 종자를 압착법이나 용매추출법으로 채취한 기름이다. '사플라워오일' 또는 '잇꽃기름'이라고도 한다. 다른 기름보다 고도 불포화지방산을 많이 함유하고 있으며, 발연점이 높아 튀김요리에 좋다. 또한 차가워도 잘 굳지 않고 담색, 담백한 풍미를 가지고 있어 샐러드드레싱으로 가장 많이 사용하며 일반 식용유처럼 모든 음식에 두루 사용할 수 있다. 그러나 지방산 조성이 산화안정성이 낮아 보관하는데 주의를 기울여야 한다. 가공하여 저콜레스테롤 마가린이나 조리용, 샐러드유로 사용한다.

원래 홍화 자체를 약으로 쓰기도 하며, 꽃은 부인병, 통경, 복통 등의 약재로 사용하고 있고, 건강식품으로 인기가 좋다. 열매에서 추출한 홍화유의 경우 필수지방산인 리놀레산의 함량이 다른 유지에 비해 풍부하여 콜레스테롤 과다에 의한 동맥경화증의 예방과 치료에 사용하며, 불포화도가 높아 저콜레스테롤 식이가 필요한 사람들을 위해 건강식품점에서 많이 취급하고 있다. 또한 통증완화의 효과가 있어 스포츠마사지용 오일로도 활용한다.

세사미시드 오일참기름, Sesame oil

● 세사미시드 오일

참깨를 압착해 얻는 식용유이다. 참깨는 함유량이 35~50%이며, 한국 · 중국 · 일본 · 동(東)인도 · 북(北)아메리카 등지에서 많이 생산된다. 채유하는 방법에는 온압법과 냉압법의 2가지가 있는데, 전자는 참깨를 볶은 후 쪄서 압착하는 방법으로 짠 기름은 빛깔이 짙고 특유의 향미를 가진다. 참기름은 향미가 중시되므로 정제는 거의 하지 않는다. 후자는 냉압하여 채유하는 방법인데, 주로 다른 나라에서는 이 방법을 쓰며, 기름은 빛깔이 엷고 향미도 덜하다. 참기름은 다른 식물유에 비해 선광성(旋光性)이 있는 것이 특징인데, 이것은 선광도가 높은 세자민이 함유되어 있기 때문이다. 한국요리는 물론 중국요리 · 일본요리 등에도 널리 쓰인다.

소이빈 오일콩기름, Soybean oil

소이빈 오일

콩에서 채취한 반건성유로 대두유라고도 한다. 올레산 · 리놀산 · 리노신산 등이 주성분이고, 식용 및 공업용으로 사용된다. 콩의 함유량은 약 20%로, 식물종자의 함유량으로서는 적은 편에 속하므로, 주로 핵산 등 석유계 용제를 써서 추출하여 가열, 증류하는 방법에 의해서 조제 콩기름을 만든다. 조제 콩기름은 황갈색이고 불쾌한 냄새가 나므로, 이것을 다시 정제하여 식용한다. 정제한 기름은 담황색이며 냄새가 없고, 맛도 구수하여 식용유로서 가장 다량으로 소비된다.

콩기름은 리놀산 · 올레산 등 불포화지방산을 많이 함유하고 있는데, 이들 지방산은 비타민F라고 불리기도 하듯이 인체에 필수적인 지방산이다. 식용으로는 정제 콩기름 · 사라다유 외에 마가린 · 쇼트닝 등이 있고, 공업용 원료로는 합성수지 · 비누 · 도료 · 잉크 등에 사용된다. 특히 콩기름 잉크는 인쇄 과정에서의 대기오염물질(휘발성 유기화합물, VOC) 발생량을 현저히 줄일 수 있는 것으로도 알려져 상업화가 기대된다.

선플라워시드 오일

선플라워시드 오일해바라기씨유, Sunflower seed oil

해바라기씨 오일은 일반적으로 씨에서 추출한다. 해바라기씨는 노란 꽃잎이 둘러싸고 있는 꽃 중앙의 갈색 중심에서 얻는다. 해바라기씨는 무가염 또는 가염으로 판매되는데, 주로 샐러드드레싱, 마가린과 쇼트닝 제조에 사용된다.

아보카도 오일Avocado oil

아보카도 오일

아보카도라는 이름은 아즈텍어에서 유래했으며, 서양인들이 이 커다란 배 모양의 열매를 처음 발견한 것도 멕시코에서였다. 멕시코에서는 지금까지도 아보카도가 한가득 열려 있는 무성한 나무들을 흔히 볼 수 있다.

오늘날 아보카도는 미국을 비롯한 세계 각지에서 재배하며, 특히 캘리포니아 남부해안의 산간지역의 주요 작물이다. 그러나 아보카도를 압착해서 기름을 짜내기 시작한 것은 최근의 일인데, 아보카도 오일을 처음 생산한 곳은 캘리포니아로, 상품 가치가 떨어지는 아보카도를 이용하기 위해서였다.

현재는 캘리포니아뿐만 아니라 오스트레일리아, 뉴질랜드, 이스라엘, 칠레 등지에서 기름을 짜기 위한 아보카도를 따로 재배한다. 저온 압착한 아보카도 오일은 단일불포화지방산 함량이 매우 높아 건강식품으로 알려져 있다. 연소점이 아주 높아서 까마득한 고온의 열에서도 조리가 가능하므로 요리에도 엄청나게 쓸모가 많다. 걸쭉하고 벨벳처럼 부드러운 질감에 종종 환상적인 짙은 녹색의 빛깔이 어우러진 가장 매력적인 식용유 가운데 하나이다.

에프리콧 케넬 오일살구씨유, Apricot kernel oil

에프리콧 케넬 오일

살구의 씨앗을 볶은 후 압축하여 얻어지고, 트랜스지방이 없어 건강에 좋은 오일이다. 소테와 같이 높은 열 요리에 적합하며 마일드한 향이 샐러드드레싱에 잘 어울린다. 샐러드드레싱으로 주로 쓰이며, 바디 오일로도 이용되고 있다.

올리브 오일Olive oil

올리브 오일

올리브나무 과실(함유량 40~60%)을 압착하여 채유한 식물성 기름으로, 올리브나무(감람나무)의 과육을 직접 압착(壓搾) 또는 추출(抽出)하여 얻는다. 기름을 회수하고 여과한 후 특별한 정제과정을 거치지 않고 식용할 수 있으며, 단일 불포화지방산 함량이 많아 흡수가 잘되므로 식용으로는 샐러드유, 통조림용으로 사용한다.

올리브유는 비교적 서늘하고 추운 겨울이 없는 지중해 유역에서 주로 생산되며, 구약성서에도 기록이 있을 만큼 오래전부터 이용되었던 식용유이다. 식용유 중에서 최고급품으로 세계적으로 귀중하게 사용되는데, 특히 그리스 · 에스파냐 · 이탈리아요리에 널리 사용되고 있다.

올리브유는 추출단계에 따라 다른 이름으로 불리며, 첫 번째 압착에 의해 얻어진 가장 순수한 기름을 '(extra) virgin oil(엑스트라 버진)'이라고 하는데, '엑스트라 버진'은 녹황색을 띠며 샐러드드레싱으로 이용한다. 그 이후 얻어진 순도가 떨어지는 기름을 'ure oil'이라고 하며, 담황색으로 투명하며 담백한 맛이 난다.

올리브유의 지방산 조성은 불포화지방산인 올레산(oleic acid)의 함량이 65~85%로 가장 많으며, 포화지방산으로는 팔미트산이 많다.

월넛 오일호두기름, Walnut oil

월넛 오일

말린 호두의 내용물로부터 완전히 압축된 호두 오일은 훌륭하고 특별한 후두맛을 가지고 있다. 이것은 일반적으로 빵제품에 맛을 내고 소스에 사용된다. 샐러드드레싱에 강렬한 맛을 제공해 주고, 또한 신비한 맛을 만드는데 마일드한 맛 오일로 첨가하기도 한다. 주로 샐러드드레싱, 맛 조미료, 향신료로 사용되고 있다.

카놀라 오일유채유, Canola oil

유채에서 추출하는 것으로 보통 '채종유'나 '유채유'라 부르며, 유채씨는 북부유럽과 시베리아 등지에서 많이 재배된다. 우리나라에서 유채가 경작되는 지역이 제주도와 남부지역에 한정되어 생산량은 비교적 적지만 국내의 유지자원으로 중요한 품목이며, 캐나다 및 미국에서 건강상의 이점이 알려지면서 큰 인기를 얻고 있는 오일 중 하나이다. 주로 튀김, 빵굽기, 샐러드드레싱으로 이용되고 있다.

카놀라 오일

코코넛 오일Coconut oil

코코넛 오일은 코코넛의 말린 속살에서 추출한 것으로, 인도와 동남아시아에서 매우 인기가 있다. 코코넛 오일은 실내에서 응고시키고 버터같은 질감을 가지고 있다. 주로 상업용 빵 상품, 캔디, 당분이 많은 과자, 상업적으로 조제된 휘핑 토핑, 우유를 함유하지 않은 커피크림, 쇼트닝 제품, 비누, 화장품, 로션, 선텐 오일로 사용되고 있다.

코코넛 오일

코튼시드 오일면실유, Cotton seed oil

목화씨를 쪄서 압착해 얻는 반건성유로, 식용으로 많이 사용되고 마가린 등의 원료이다. 조제유(粗製油)는 갈색 또는 녹갈색이고, 정제유(精製油)는 연한 노란색 또는 무색이며, 냄새가 없고 비누화값이 190~200, 아이오딘값은 90~120이다. 지방산 조성의 예를 들면, 리놀레산 35~55%,

코튼시드 오일

올레산 15～35%, 팔미트산 23%, 소량의 미리스트산 · 스테아르산 · 아라키돈산 등을 함유한다. 면실유를 냉각하여 고지분(固脂分 : 포화산글리세리드로서 '스테아린'이라 한다)을 제거한 기름을 윈터오일(winter oil), 고지분을 제거하지 않은 것을 서머오일(summer oil)이라 한다. 주산지는 미국 · 인도 · 이집트 등이며, 용도는 식용으로서 마가린 · 샐러드유 등의 원료로 사용되며, 비누 · 경화유(硬化油) 등의 원료로도 사용된다.

콘 오일옥수수유, Corn oil

콘 오일

옥수수의 배아(胚芽)에서 추출한 식물성기름이다. 주로 샐러드유나 튀김용 기름으로 요리에 사용되며, 마가린의 주성분이며 맛이 부드럽고 다른 식물성기름에 비해 가격이 저렴하다. 정재된 옥수수기름은 99%의 트리글리세리드(triglyceride)로 83%의 불포화지방산과 13%의 포화지방산으로 이루어져 있으며 콜레스테롤이 거의 없다.

옥수수기름이 요리를 위한 상품으로 처음 출시된 것은 1898～1899년 사이에 미국 인디아나주의 허드너트 호미니(Hudnut Hominy Company)라는 회사에서 기름추출 기계를 발명하면서부터이다. 현재 옥수수기름은 바이오디젤의 원료로 사용되기도 한다. 바이오디젤의 원료는 주로 대두유지만 옥수수기름의 정재기술의 발전으로 효용성이 커졌으며, 대두 수확이 저조할 경우 대체 원료로 사용될 수 있을 것으로 기대된다. 그 외 비누, 페인트, 살충제, 연고를 제조하는데 사용된다.

트러플 오일

트러플 오일Truffle oil

트러플 오일은 엑스트라 버진 올리브오일과 같이 최상의 오일에 트러플을 넣고 일정시간 후 오일에 향이 배이면 압착하여 만들어진다. 향과 맛이 매우 강하기 때문에 고기, 생선, 파스타, 리조또, 샐러드, 소스 등에 소량의 몇 방울만 사용한다.

파인시드 오일 잣기름, Pine seed oil

잣에서 얻은 오일로, 시중에서 가장 비싼 오일 중 하나이며 수량이 한정되어 있다. 샐러드에 양념처럼 사용하면 아주 좋으며, 요리된 야채를 신선해 보이게 하는데 탁월하다.

● 파인시드 오일

피넛 오일 땅콩기름, Peanut oil

땅콩으로 만드는 식용유로 땅콩기름이라고도 한다. 담황색을 띤 불건성유로써 껍질을 깐 땅콩에 40~50% 정도 함유되어 있으며, 압착법으로 채유(採油)한다. 비중 0.92, 응고점 0~3℃, 비누화(鹼化價)가 188~195이다. 샐러드유와 튀김기름 등 식용 외에 비누원료, 섬유처리제, 감마제(減磨劑)로도 쓰인다. 주요산지는 미국 · 남아메리카 · 지중해연안 · 인도 · 중국 등지이다.

● 피넛 오일

02 FOOD Materials Science 지방류

라드 돼지기름, Lard

돼지의 지방조직을 수증기나 건열로 추출하여 정제시킨 기름으로, 돼지의 복부에

라드

서 얻어진 기름이 가장 좋다. 색이 희고 냄새가 나지 않는다. 주요성분은 포화지방산 39.5%, 불포화지방산 55.8%이고, 우지보다 녹는점이 낮으며, 쇼트닝 효과가 커서 제과제품에 많이 사용되고 음식을 부드럽게 해준다.

발연점이 높지 않아 튀김용으로는 적합하지 않지만, 요즘은 발연점이 높은 라드도 생산되고 있으며, 바삭바삭한 질감과 부드러움을 주기 때문에 빈대떡 부칠 때나 중식당에서 튀김용으로 사용한다. 라드는 산패되기 쉬워 요즘은 라드보다 식물성기름으로 만든 쇼트닝을 많이 사용한다.

마가린 Margarine

마가린

천연버터의 대용품으로 만든 지방성 식품이다. 정제된 동·식물성기름과 경화유를 적당한 비율로 배합하고, 유화제 · 향료 · 색소 · 소금물 또는 발효유를 가하여 잘 섞고 유화시켜서 버터 상태로 만드는데, 인조버터라고도 한다.

마가린은 프랑스의 나폴레옹3세가 버터 대용품을 모집한 결과 화학자 H. 메주무리에가 고안하여 1873년 영국 · 프랑스의 특허를 얻은 데서 비롯된다. 과거에는 생선기름 또는 고래기름의 경화유를 사용하였으나 오늘날에는 식물성기름이 많이 사용되고 있다. 그리고 발효유를 가하여 풍미를 조절하거나 비타민A · D를 강화하여 영양적으로도 우수한 제품을 얻게 됨으로써 용도에 따라서 천연 버터보다 많은 장점을 가지고 있다.

따라서 마가린의 수요가 늘어나고 생산량도 버터를 능가하며 가격 또한 저렴하다. 저온에서 잘 퍼지는 소프트형은 지방 중에서 식물성기름이 많고, 필수지방산인 리놀레산을 많이 넣은 것도 있다.

버터 파우더 Butter powder

버터를 분말로 만들어 저장성을 높이고, 운반과 사용이 편리하게 가공된 제품이다. 주로 제과에 사용된다.

● 버터 파우더

수이트 Suet

수이트(suet)는 소, 송아지, 양, 새끼양 등의 콩팥과 허리살 주변을 둘러싸고 있는 단단하고 하얀 지방질이다. 영국요리에서 수이트는 페이스트리(pastry), 푸딩(pudding), 다진고기속 등을 풍부하게 하기 위해서 사용한다. 또한 수이트는 짐승의 기름으로, 양초를 만드는 데에도 널리 사용되었다.

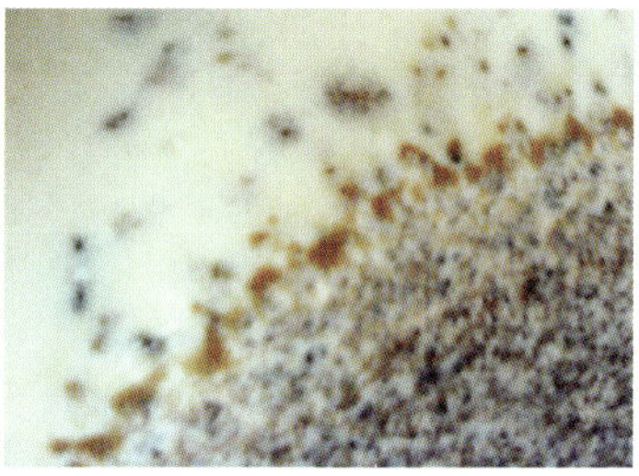

● 수이트

카카오 버터 Cacao Butter

카카오콩을 볶아 압착하여 얻은 지방으로 '코코아기름'이라고도 한다. 카카오 매스에서 뽑아내는 지질이며 팔미틴산, 스테아린산, 올레산 등을 구성 성분으로 한다. 카카오 종자에 30~50% 정도가 함유되어 있는 카카오 버터는 카카오 향미를 가진 연한 노란색 고체이다.

● 카카오 버터

카카오 버터는 알려진 기름 중에 가장 안정적인 것 중의 하나이다. 카카오 버터에는 자연적인 황산화제가 들어 있어 산패를 막아주므로, 밀봉하여 그늘지고 서늘한 곳에 보관한다면 2~5년 정도의 장기보관이 가능하다. 초콜릿이나 쿠키와 캔디 제조에 주로 이용하고, 부드러운 향과 감촉으로 로션이나 비누 등의 화장품 재료로도 사용되고 있다.

클래리파이드 버터 Clarified butter

클래리파이드 버터

클래리파이드 버터(clarified butter)는 버터를 약한 불에서 천천히 녹여 물을 증발시켜 유지방을 분리하여 걸러서 쓰는 것이다. 이렇게 하여 액상으로 상부에 떠있는 맑고 노란색의 지방을 말하며, 밑에 가라앉은 것은 우윳빛의 수분이 남게 된다. 이 버터는 일반 버터보다 쉽게 타지 않으며 볶거나 흰빵으로 카나페 같은 것을 만들 때 안쪽에 바르는 것으로 이용하며, 좋은 질의 브라운 루(roux)를 만들 때에도 이용된다.

Food Materials Science

CHAPTER 11 수산식품

FOOD Materials Science
01 어패류

가자미Flat fish

가자미

가자미목 가자미과 어류의 총칭이다. 가자미류는 가자미목에 속하는 넙치류, 가자미류, 서대류 등을 모두 포함하며 넙치, 도다리, 서대 등 이름을 아는 몇 종을 제외하고는 모두 가자미로 총칭한다. 전세계적으로 망둑어류 다음으로 종이 많아 520여 종에 달하며, 한국에서도 서대류, 넙치류를 제외하고 지금까지 30여 종이 알려져 있다.

근연종인 넙치과와 같이 성어는 몸이 달걀 모양이며 매우 납작하다. 몸은 한쪽이 거무스름하고 다른 쪽은 희다. 검은쪽에 두 눈이 접근해 있으며, 눈이 있는 쪽을 위로 향하고 바다 밑에서 산다. 또 눈이 있는 쪽은 주위의 색에 따라 변하여 보호색이 되는 종류도 많다.

가자미류는 몸의 오른쪽에 눈이 있고, 붕넙치류는 몸의 왼쪽에 눈이 있는 것이 보통이나, 강도다리와 같이 붕넙치류이면서도 왼쪽에 눈이 있는 것이 있어서 눈만 가지고는 양자를 구별할 수가 없다. 그러나 붕넙치류쪽이 입이 작고 이빨도 덜 발달했다는 점으로 구별할 수 있다. 또 넙치류에도 넙치가자미, 봉백가자미 등 가자미의 이름이 붙은 것이 있다.

성어가 되면 몸 좌·우의 모양이나 빛깔이 다르지만, 치어의 경우는 부화 당시에 머리의 양측에 한 개씩의 눈이 있고, 다른 고기와 같은 방법으로 표층 가까이를 헤엄친다. 그러나 성장함에 따라 왼쪽 눈이 머리의 배면을 돌아 오른쪽 눈에 접근해 온다. 이때부터 치어는 몸의 오른쪽을 위로해서 바닥에 눕게 되며, 몸 빛깔도 좌우가 각각 달라진다.

가자미류로서 좌우가 비대칭인 기관은 눈과 코에 관련하는 신경뿐이고 기타 뇌를 포함한 기관은 좌우대칭이다. 대개의 가자미류는 미성숙기에는 암수가 같은 상태로 성장하지만, 성숙 후에는 암컷이 1~5cm 정도가 더 크다. 기름가자미의 경우 수컷이 약 17cm인데 비해, 암컷은 약 23cm 정도이다.

성비(性比)도 나이에 따라 다른데, 나이가 적은 것에서는 수컷이 많고 오래된 것에서는 암컷이 많다. 물가자미의 경우 1~2년어는 수컷이 약간 많고, 3년어는 암컷이 59%, 4년어 이상은 거의 암컷이다. 이는 수컷이 암컷보다 단명하다는 것을 보여준다. 산란기는 종에 따라 다르나 겨울철에 산란하는 종이 많다.

먹이는 종류에 따라 약간의 차이는 있지만, 대체로 눈이 한쪽으로 모이기 이전의 유영생활 단계에서는 미세한 부유생물을 먹고, 눈의 이동이 끝날 즈음 저서생활을 하면서 모래속 등에 사는 작은 갑각류를 먹는다. 더 크면 갑각류, 작은 조개류, 극피동물 등을 먹는다. 온대와 한대에 분포하며, 한국에서는 전 연안 어디에서나 볼 수 있는 매우 흔한 어류이지만 이들의 이름을 정확히 아는 사람은 드물다.

종류

가자미류의 대부분은 한대에서 온대에 걸쳐 분포하며, 북회귀선 이남에는 적다. 한국 및 일본 근해에 20여 종이 알려져 있는데, 중요한 종류는 다음과 같다.

1. 홍가자미 : 일본 북부에서 캄차카반도까지 분포하며, 몸길이는 40cm 정도에 이른다. 갑각류를 잡아먹는다.
2. 용가자미 : 한국 · 일본 · 연해주 등지에 분포하며, 몸길이는 40cm에 달한다. 바다의 모래바닥에 살며, 대형의 갑각류를 먹는다.
3. 찰가자미 : 한국, 일본 북부, 사할린섬, 쿠릴열도 등지에 분포하며 몸길이는 40cm에 달한다. 갑각류를 잡아먹는다.
4. 줄가자미 : 한국, 일본 북부에 분포하며, 몸길이는 40cm에 달하고, 눈이 있는 쪽의 피부가 골질돌기로 덮였는데 껍질을 벗겨서 조리한다. 저인망으로 잡는다. 이밖에 돌가자미 · 노랑가자미 · 도다리 · 까지가자미 · 문치가자미 · 갈가자미 · 기름가자미 등이 있다.

고등어Chub mackerel

고등어

농어목 고등어과의 바닷물고기이다. 눈은 크며 기름눈꺼풀이 잘 발달되어 있고 동공 부위는 노출되어 있다. 두 눈 사이는 평편하다. 위 턱의 뒤끝은 동공의 중앙 아래에 달한다. 등지느러미는 2개로 멀리 떨어져 있고, 기저(base : 기관 또는 부속기관과 몸통과 연결되는 부위) 길이는 비슷하지만 높이는 1번째 등지느러미가 더 높다. 가슴지느러미는 체측의 중앙에 있으며 비교적 작다. 뒷지느러미는 2번째 등지느러미와 대칭을 이룬다. 등지느러미와 뒷지느러미 후방으로 5개씩의 토막지느러미가 있고, 꼬리자루(caudal peduncle : 뒷지느러미 마지막 연조 기저에서 꼬리지느러미 기저까지의 부분)는 매우 잘록하다. 꼬리지느러미는 잘 발달된 가랑이형이다. 1번째 등지느러미는 제2 가시가 가장 길다.

몸 등쪽은 암청색을 띠며, 중앙에서부터 배쪽으로는 은백색을 띤다. 몸 등쪽에는 청흑색의 물결무늬가 측선에까지 분포한다. 등지느러미는 투명하지만 흑색 소포(chromatophore : 색을 띠는 세포로 흑색 소포, 황색 소포 및 적색 소포가 있음)가 산재하여 어둡게 보이며, 가슴지느러미 기저부는 희지만 기저부의 상반부 윗가장자리 및 후반부는 검다. 배지느러미와 뒷지느러미는 무색투명하며, 꼬리지느러미는 회색을 띠지만 바깥쪽 가장자리가 검다.

태평양, 대서양, 인도양의 온대 및 아열대 해역에 널리 분포한다. 부어성 어종으로 표층 또는 표층으로부터 300m 이내의 중층에 서식한다. 계절회유(seasonal migration : 어류가 계절에 따라 알맞은 수온의 해역을 찾아 떼를 지어 이동해 가는 것)를 하며, 북반구에 서식하는 종은 수온이 상승하는 여름철에 북쪽으로 이동을 하고, 겨울철에는 남쪽으로 이동하여 산란을 한다.

3cm 이상 성장하면 크기별로 군집을 이루어 생활을 하는데, 북동태평양에서는 다른 어종들과 함께 군집을 이루어 이동하기도 한다. 한국에는 2~3월경에 제주 성산포 근해에 몰려와 차차 북으로 올라가는데, 그 중 한 무리는 동해로, 다른 한 무리는 서해로 올라간다. 9월~다음해 1월경부터 남으로 내려가기 시작한다. 한국에서 고등

어가 서해로 올라가는 무리들이 성하면 동으로 올라가는 무리들이 쇠해지고, 동해로 올라가는 무리들이 성하면 서해로 올라가는 무리들이 쇠해진다. 그 주기는 약 40년 정도인 듯하다.

산란은 수온 15~20℃에서 이루어지며, 지역에 따라 약간의 차이를 보인다. 먹이는 요각류, 갑각류, 어류, 오징어류 등을 먹으며, 군집을 이루어 사는 다른 어종과 먹이 경쟁을 한다. 최대 몸길이는 50cm까지 성장하나, 일반적으로 30cm 범위이다.

한국에는 고등어속 어류에 2종이 알려져 있는데, 고등어와 유사종으로 망치고등어가 있다. 망치고등어는 체측의 중앙을 따라 둥근 암청색의 무늬가 산재하여 잘 구별되지만, 고등어와 망치고등어의 중간 형태를 띤 개체변이가 관찰되어 자세한 연구가 요망된다. 한편 망치고등어는 1번째 등지느러미의 3~4번째 가시가 가장 길어 고등어와 잘 구별된다.

광어 Flatfish

● 광어

횟감으로 유명한 가자미목 넙치과의 바닷물고기이다. 두 눈이 비대칭적으로 머리의 왼쪽에 쏠려 있고, 몸이 납작한 이 물고기는 '넙적한 물고기'라는 의미의 광어(廣魚)라고 불린다. 비슷하게 생기기는 했지만, 두 눈이 오른쪽으로 몰려있는 가자미 종류와는 쉽게 구분할 수 있다.

몸은 바다 밑 환경에 적응하여 납작하며, 몸 색깔은 모래바닥과 잘 구분이 되지 않는 황갈색의 보호색을 띤다. 몸집이 큰 편이어서 1m 정도가 되는 것도 있으며, 보통 암컷이 수컷에 비해 10cm 정도가 더 크다. 몸의 가장자리에는 다소 단단한 지느러미가 있으며, 등쪽에는 77~81개, 배쪽에는 59~61개 정도의 뼈로 지느러미가 나와 있다. 비늘이 매우 작은 편이며 가슴지느러미 부근에서 시작되는 옆줄은 107~120여 개의 비늘로 이루어져 있다. 입이 크고 날카로운 이빨이 발달해 있으며, 아래턱이 위턱에 비해 앞으로 튀어나와 있다.

보통은 깊이가 200m를 넘지 않는 바다 밑 모래바닥에서 생활하며, 계절에 따라 장소를 옮겨가며 먹이를 찾거나 알을 낳는다. 우리나라 서해안에 서식하는 넙치는 가을과 겨울 사이에 남쪽으로 무리를 지어 이동하여 겨울을 보내고, 다시 봄이 되면 북쪽으로 이동하여 짝짓기와 산란이 이루어진다. 짝짓기를 마친 암컷은 알을 낳기에 알맞은 장소로 옮겨가서 약 40~50만 개의 알을 낳는다.

산란 후 2~3일 뒤에 알에서 깨어난 어린 넙치는 수심이 얕은 바닷물에 떠다니면서 생활을 하다가, 시간이 지나 좀더 자란 치어기가 되면 바다 밑바닥 생활을 시작한다. 어린 시기에는 작은 새우류나 다른 물고기의 치어를 먹으며 살다가, 몸집이 불어나면 갑각류나 연체동물류 또는 작은 어류를 잡아먹고 산다. 넙치의 특징인 한쪽으로 몰려있는 눈은 어린 시기에는 나타나지 않다가, 자라면서 점차 오른쪽 눈이 왼쪽으로 이동한다.

12월부터 이듬해 3월 사이에 주로 주낙이나 저층 트롤어업을 통해 많이 잡히지만, 최근에는 양식기술이 발달하여 시중에서 어렵지 않게 접할 수 있다. 양식기술 덕분에 연중 내내 그 맛을 볼 수 있지만, 특히 가을과 겨울 사이에 가장 맛이 좋다고 알려져 있다. 단백질 함량이 높고 지방이 적어서 맛이 담백하고 개운하여 신선한 횟감으로 많이 이용된다. 쫄깃쫄깃한 배쪽 살과 더불어 지느러미 밑부분에 위치한 근육 또한 회로 많이 먹는다. 신선한 회로 가장 인기가 많지만, 이 밖에도 튀김이나 찜, 탕을 만들어 먹기에도 좋다.

농어Sea bass

농어

농어목 농어과의 바닷물고기이다. 어릴 때에는 담수를 좋아하여 연안이나 강 하구까지 거슬러 올라왔다가 깊은 바다로 이동한다. 여름에 많이 잡히며 성장할수록 맛이 좋다.

몸길이는 약 1m 정도이다. 몸은 긴 타원형으로 8등신이라 할 만큼 가늘고 길며, 옆으로 납작하다.

옆줄은 몸 중앙보다 약간 등쪽에 있으며, 꼬리지느러미까지 거의 일직선으로 뻗어 있다. 몸의 등쪽은 푸른색을 띠면서 옆줄을 경계로 밝아져서 배쪽은 은백색을 띤다. 어릴 때에는 옆구리와 등지느러미에 작고 검은 점이 많이 흩어져 있으나, 자라면서 검은 점의 수가 적어진다. 우리나라 서해에서 서식하는 농어의 경우에는 성장한 후에도 비교적 큰 검은 점을 가지고 있다. 등지느러미와 뒷지느러미에 강한 가시가 있으며, 등지느러미에는 2~3개의 작고 어두운 갈색의 둥근 무늬가 나타난다. 몸과 머리는 뒤 가장자리에 가시가 있는 빗 모양의 작은 비늘로 덮여 있다.

봄부터 여름까지는 먹이를 먹기 위해 육지에 가까운 얕은 바다로 이동하고, 겨울철에는 알을 낳고 겨울을 나기 위해 수심이 깊은 곳으로 이동한다. 어릴 때에는 담수를 좋아하여 봄에는 육지에 가까운 바다로 들어오며, 여름에는 강 하구까지 거슬러 왔다가 가을이 되면 깊은 바다로 이동한다. 육식성으로써 소형 어류, 새우류를 먹는다. 특히 멸치를 잘 먹어서 멸치가 연안으로 몰려오는 봄, 여름이면 멸치떼를 쫓아 연안을 돌아다닌다. 산란기는 11월에서 이듬해 4월이며, 산란은 연 1회 이루어진다. 연안이나 만 입구의 수심 50~80m 정도가 되는 약간 깊은 곳의 암초지대에 알을 낳는다.

깊은 바다에 서식하기 때문에 낚시에 미끼를 달아 바닥 가까이 내려서 잡거나, 그물의 아랫깃이 바다 밑바닥에 닿도록 한 후 어선으로 그물을 끌어서 잡기도 한다. 여름에 많이 잡히며, 7~8월이 제철이다. 살이 희며, 어린 고기보다는 성장할수록 맛이 좋다. 지리, 찜, 회 등으로 먹는다.

대구 Pacific cod

대구목 대구과의 바닷물고기이다. 머리가 크고 입이 커서 대구(大口) 또는 대구어(大口魚)라고 부른다. 비린 맛이 없고 담백해서 오래 전부터 많은 사람들이 즐겨 먹었다.

● 대구

생김새는 명태와 비슷하지만, 몸 앞쪽이 보다 두툼하고 뒤쪽은 점점 납작해진다. 눈과 입이 크고 위턱이 아래턱에 비해 앞으로 튀어나와 있다. 뒷지느러미는 두 개로 검고, 등지느러미는 세 개로 넓게 펴져 있으며 가슴지느러미와 함께 노란색을 띤다. 크기는 태어난 지 2~3살 경에 50cm 정도가 되고, 더 자라면 1m 정도로 자라기도 한다. 몸무게도 많이 나가는 편이어서 지금까지 가장 무거운 경우는 22.7kg로 보고되었다.

무리를 지어 이동하며 주로 수심이 30~250m가 되는 지역에서 산다. 산란기인 12월에서 1월경에는 수심이 얕은 연안으로 찾아들어 200여만 개의 알을 낳는데, 그 산란지가 바로 경남 진해만과 경북 영일만이다. 체외수정에 의해 알이 수정되며, 짝짓기를 마친 암컷과 수컷은 수정된 알을 바닥이나 돌 표면 등에 부착된 채로 남기고 이동한다. 1mm 정도 크기의 알은 29일 정도가 지나면 부화하여 어린 치어가 된다. 치어는 요각류 등을 먹고 자라다가, 성체가 되면 작은 물고기나 연체동물, 갑각류, 수생곤충 등 가리지 않고 잡아먹는데, 아주 식성이 좋다.

산란기가 되는 겨울에 맛이 가장 좋으나, 최근에는 어획량이 많이 줄어 값이 비싸졌다. 주로 트롤어업과 걸그물을 이용하는 방식으로 포획하며, 신선도를 유지한 생생한 상태로 판매되기도 하고, 얼리거나 말려서 또는 소금에 절이거나 훈제를 하기도 한다. 요리를 할 수 있는 방법도 다양하여 대구찜이나 대구튀김, 대구매운탕 등으로 조리하여 밥상에 오르고 알, 아가미, 창자는 젓갈을 만들 때 이용된다. 예로부터 한약재로도 이용되었으며, 마른 대구포는 잔치나 제사 때에 사용되기도 했다. 특히 대구의 간에서 추출한 간유(肝油)는 의약품을 만들 때 요긴하게 사용되는 것으로 알려져 있다.

신선한 대구를 고르기 위해서는 빛깔이 푸르스름하고 배 부분이 단단한가를 살펴보고, 아가미를 들춰보았을 때 싱싱한 선홍색을 띠고 있는가를 유심히 따져봐야 한다. 몸집이 클수록 살이 부드럽지만, 다른 생선에 비해 살이 물러서 쉽게 상하기 때문에 싱싱한 대구를 사려면 상당한 주의를 기울여야 한다.

도미 Snapper

제주도 남방해역에서 월동을 하고, 봄이 되면 중국연안과 한국의 서해안으로 이동을 한다. 주로 자갈, 암초해역에서 서식하므로 낚시어업에 의해 다량 어획되고 있다. 도미의 눈은 비타민B_1의 보급원으로 유명하며, 미네랄 성분이 많아 간과 신장기능을 향상시킨다. 주로 구워먹거나 날것으로, 또 찜요리로도 사용된다.

도미

메기 | Catfish

메기목 메기과의 민물고기이다. 낮에는 바닥이나 돌 틈 속에 숨어 있다가 밤에 먹이를 찾아 활동하는 야행성이며, 대부분의 수중 동물을 닥치는 대로 잡아먹는 특징이 있다. 단백질, 비타민 함량이 풍부한 영양음식으로 유명하며 요리방법도 다양하다.

메기

몸이 길고 전체적으로 원통 모양이지만, 머리는 위·아래로 납작하고 몸 뒤쪽은 옆으로 납작하다. 눈은 크기가 작고 두 눈 사이가 매우 넓다. 입은 크고 이빨이 잘게 나와있고 아래턱이 위턱보다 길다. 입수염은 두쌍이며 콧구멍 옆에 달린 수염은 길어서 가슴지느러미까지 닿는다. 몸에는 비늘이 없이 점액으로 뒤덮여 있다. 뒷지느러미가 매우 길어서 전체 몸길이의 반쯤 된다. 지역이나 개체에 따라 몸 색깔의 변화가 심하며 불규칙한 얼룩무늬가 특징이다. 배 부분은 연한 노란빛을 띠는 것이 보통이다.

물살이 느린 강 중·하류의 돌 틈이나 바닥 근처에서 산다. 주로 야행성으로, 낮에는 바닥이나 돌 틈 속에 숨어 있다가 밤에 먹이를 찾아 활동하기 시작한다. 먹이로 물고기나 수생곤충, 올챙이 등 대부분의 수중동물을 닥치는 대로 잡아먹는 성질이 있다. 짝짓기를 할 때에는 수컷이 암컷의 배를 강하게 감아서 산란을 유도하며, 암컷은 짙은 초록색의 알을 물풀이나 자갈에 붙인다. 알은 8~10일 정도 후에 부화하며, 3~5개월이 지나면 다 자란 메기와 같은 형태를 띤다. 4년 정도 자라면 몸길이가 60cm 정도에 이르며, 오래 사는 경우에는 최대 40년까지 사는 경우도 있다.

개구리나 거머리를 미끼로 해서 낚거나 가짜 미끼를 이용한 루어낚시로 잡기도 한다. 하지만 사람들의 수요가 높아, 양식을 통해 고기를 얻는 경우가 대부분이다. 매운탕이나 찜의 재료로 인기가 많으며 특히 당뇨병이나 빈혈 등에 좋다고 한다. 단백질 함량이 풍부하고 비타민도 많이 들어 있어서 영양가 있는 음식으로 유명하며 국, 튀김, 구이, 훈제 등 요리방법도 여러 가지이다.

오염에 민감하지 않고 물이 깨끗하지 않아도 잘 살 수 있는 적응력 덕분에 우리나라 전지역의 강에 두루 분포한다.

멸치Anchovy

멸치

청어목 멸치과의 바닷물고기이다. 배쪽 정중선을 따라 모비늘(scute : 날카로운 능선을 형성하고 있는 비늘로써 전갱이의 측선 뒷부분과 전어나 준치의 복중선 위에 나타남)이 없다. 등지느러미와 뒷지느러미에는 가시가 없는데, 등지느러미는 1개로 몸의 중앙에 위치하며, 가슴지느러미는 배쪽에 치우쳐 있다. 몸 등쪽은 짙은 푸른색을 띠며, 중앙과 배쪽은 은백색을 띤다.

주로 수심이 0~200m 정도의 대륙붕 해역에서 생활한다. 표면 가까운 곳에서 무리를 이루어 지내는데, 봄과 여름에 연안에서 생활하다가 좀더 북쪽으로 이동한다. 유어일 때는 부유성 해조류를 따라다닌다. 먹이는 요각류, 작은 갑각류, 연체동물의 유생, 어류의 알 등이다. 산란은 봄, 가을 2차례에 걸쳐 일어나며, 수심 20~30m 정도의 층에서 밤중에 산란을 한다. 수명은 1년 반 정도이다. 사할린섬 남부, 일본, 한국, 필리핀, 인도네시아 등의 연근해에 분포한다.

전세계적으로 멸치속 어류에는 8종이 알려져 있으며, 대부분의 종들은 연안에서 서식한다. 페루 앞바다에서 최대 어획량을 기록한 멸치류는 Engraulis ringens로서, 엘니뇨의 영향으로 어획량이 감소되기도 했다. 멸치는 호주산 멸치 및 유럽산 멸치와 매우 비슷하여 식별이 곤란하지만, 지리적으로 분리되어 있기 때문에 별종으로 처리한다.

뱀장어 Eel

● 뱀장어

뱀장어목 뱀장어과에 속하는 민물고기로, 장어류 가운데 유일하게 바다에서 태어나 강으로 올라가 생활하는 회류성 어류이다. 그러나 다양한 서식 환경과 염분 농도에 적응하는 능력이 뛰어나기 때문에, 때로는 일생을 강이나 바다 한쪽에서만 보내는 경우도 있다고 알려져 있다. 식용으로 소비하는 뱀장어는 주로 강을 거슬러 올라오는 실뱀장어를 그물로 잡아 양식을 통해 얻으며, 여름철 스태미나 음식으로 널리 알려져 있다.

몸에는 타원형의 미세한 비늘이 있지만 살갗에 묻혀서 없는 것처럼 보이기도 한다. 아래턱이 위턱보다 앞으로 튀어나와 있다. 등지느러미와 뒷지느러미, 꼬리지느러미는 하나로 연결되어 있고, 끝이 뾰족하며 배지느러미는 없다. 옆줄에 있는 감각공(sensory pore : 감각을 느낄 수 있는 구멍)이 뚜렷이 보인다. 몸 색깔은 사는 장소나 시기에 따라서 약간씩 차이가 나서, 민물에서 바다로 이동할 때에는 짙은 검은색으로 변한다.

따뜻한 민물에서 살며 육식성으로 게, 새우, 곤충, 실지렁이, 어린 물고기 등을 잡아먹는다. 낮에는 돌틈이나 풀, 진흙 속에 숨어 있다가 주로 밤에 움직이는 야행성이다. 간혹 밤에 뭍으로 올라와 이동한다는 보고도 있다. 물의 온도가 낮아지면 굴이나 진흙 속에 들어가 겨울을 보내고 이듬해 봄에 다시 활동을 한다. 수컷은 3~4년, 암컷은 4~5년 정도 지나면 짝짓기가 가능해지고, 8~10월에 짝을 짓기 위해 바다로 내려간다. 이때에는 생식기관이 발달하고 소화기관이 퇴화하면서, 굶은 상태로 산란장소를 찾아 이동한다. 필리핀 인근의 깊은 바다에서 짝짓기가 이루어지는 것으로 알려져 있으며, 700~1,200만 개의 알을 낳고 죽는다. 알은 부화하여 렙토세팔루스(leptocephalus)라 불리는 버들잎 모양의 유생기를 거쳐 실 모양의 어린 실뱀장어로 탈바꿈하며, 2~5월 사이에 무리를 지어 강을 거슬러 올라가 민물에서의 생활을 시작한다.

뱀장어는 보통 '민물장어', '장어', '짱어', '참장어', '궁장어' 등 다양한 명칭으로 불린다. ≪동의보감≫에는 옛말로 '배얌댱어'라 불리었다고 하며, ≪난호어목≫과 ≪전어지≫에는 배가 하얀 까닭에 '백선', 뱀과 비슷하여 '뱀고기'라고 불렀다고 기록되어 있다.

뱀장어의 제철은 여름부터 초가을까지이며, 갯장어, 먹장어와 같은 장어류처럼 단백질이 풍부해 담백하고 맛이 좋다. 자양 · 강장식품의 대표적인 주자로, 단백질과 비타민, 미네랄을 골고루 섭취할 수 있어 체력회복에 좋고, 특히 비타민A가 풍부하다. 구이나 국, 찜, 스튜 등으로 조리해 먹으며 훈제나 통조림으로 가공하기도 한다.

병어Silver pomfret

병어

농어목 병어과의 바닷물고기이다. 몸이 납작하며 빛깔이 청색과 은색을 띤다. 무리를 지어 생활하며 흰살생선으로 맛이 담백하다.

우리나라의 남해와 서해를 비롯하여 일본의 중부 이남, 동중국해, 인도양 등에 분포한다. 수심은 5~110m 정도의 바닥이 진흙으로 된 연안에 무리를 지어 서식하며, 1년을 주기로 계절의 변화에 따라서 바다를 이동한다. 동중국해에 분포하는 병어는 겨울에서 봄에 걸쳐 대만북부 해역에서 중국대륙 연안쪽으로 북상하여 5~8월경 연안에서 산란하는데, 특히 6월이 산란성기이다.

산란은 수심이 10~20m 정도의 암초지역이나 모래바닥 주변에서 이루어진다. 산란이 끝나면 흩어져 동중국해 북부해역 등지에서 서식하다가, 가을이 되면 남쪽으로 이동하는 것으로 추정된다. 젓새우류를 주로 먹으며 갯지렁이류, 동물성 플랑크톤의 한 종류인 요각류 등을 먹는다.

트롤망 어선이 자루 모양의 그물을 끌어당겨서 고기를 잡는 저층트롤어업에 의해 대부분이 어획된다. 흰살생선인 병어는 살이 연하고, 지방이 적어 맛이 담백하고 비린내가 나지 않는다. 회를 떠서 먹기도 하며 구이, 조림, 찜, 찌개 등 다양한 방법으로 조리된다.

복어 Puffer

● 복어

복어목 어류의 총칭이다. 위협을 받으면 몸에 공기나 물을 품어 몸을 부풀리는 특징이 있다. 일반적으로 복어라고 한다. 생김새는 다양하지만 대체로 짧고 불룩하게 생겼고, 표면은 아주 매끄러운 것과 가시모양 비늘을 가진 것이 있다. 입은 작고 위아래 두 턱에 각 2개의 앞니 모양의 엄니가 있고, 좌우로 있는 2개는 중앙 봉합선에서 서로 닿아 주둥이 모양을 이루고 있다. 가슴지느러미는 짧고 높은 곳에 있으며 작은 아가미 구멍이 그 바로 앞에 뚫려 있다. 배지느러미와 허리띠는 없다. 어느 지느러미나 모두 연조(soft ray : 마디가 있고 끝이 갈라져 있는 지느러미 줄기)로 되어 있고 가시 모양이 아니다.

위(胃)는 잘록해져서 등과 배 두 부분으로 나누어져 있으며, 배쪽 부분을 팽창낭(膨脹囊)이라 하며 그 배면은 체벽에 달라붙어 있다. 이 팽창낭에 물 또는 공기를 들여마셔 배를 크게 부풀릴 수 있는데, 마시는 물의 양은 몸무게의 4배에 이를 때도 있다. 적의 위협을 받아 놀랐을 때 방어를 하기 위해 배가 갑자기 커지는데, 그것은 팽창낭에 의한 것이다.

배의 체측근(體側筋)은 오히려 퇴화하였고, 그 대신 등지느러미 · 꼬리지느러미의 굴근(屈筋)이 잘 발달되어 있어 이들 근육도 배가 부푸는 것을 돕는다. 온대에서 열대에 걸쳐 널리 분포하는 연해성 해산어로, 주로 꼬리지느러미를 좌우로 흔들면서 헤엄치며 몸이 둥글어서 속도는 느리다. 또한 움직이는 눈꺼풀이 있다.

육식성으로 단단한 이가 있고 턱의 근육도 발달되어, 새우 · 게 · 불가사리, 작은 물고기 등을 잡아먹는다. 또 입에서 물을 뿜어 바다 밑의 모래 속에 있는 조개 · 털갯지네 등도 잡아먹는다. 낚싯줄을 잘 물어 끊는 것도, 낚아올렸을 때 끄륵끄륵 이빨 가는 소리를 내는 것도 이빨과 턱이 발달되어 있기 때문이다.

복어의 종류 중에서 일부는 식용을 하는데 참복, 까치복 등 몇 종류만이 가능하다. 복어를 요리할 때에는 반드시 독을 제거해야만 식용할 수 있으며, 복어요리 자격을 갖춘 '복어조리기능사'가 조리하는 것이 안전하다.

붕장어 Congereel

붕장어

뱀장어목 붕장어과에 속하는 바닷물고기로 생김새는 뱀장어와 비슷하나 뱀장어와 달리 바다에서만 서식을 한다. 우리나라에서는 뱀을 닮은 모습 때문에 잘 먹지 않다가 일제강점기 때 붕장어를 즐겨 먹는 일본인들의 영향을 받아 식용을 하기 시작했다. 낚시보다는 저층트롤어업과 통발어업 등으로 어획되며, 어획량의 90%가 10월~4월에 잡힌다. 껍질은 피혁제품을 만드는데 쓰이며, 주로 회나 구이로 식용된다.

몸은 원통형으로 가늘고 길며, 체색은 서식장소에 따라 조금씩 다르다. 수심이 얕은 연안에 서식하는 개체는 다갈색으로 지느러미 가장자리가 검은색이며, 깊은 바다에 서식하는 개체는 회갈색을 띤다. 산란기가 되면 수컷은 혼인색을 띤다. 배지느러미가 없고 측선에서 흰색 점이 같은 간격으로 줄지어 있으며, 등쪽과 머리 부분에도 흰색 점이 산재한다.

산란장은 확실히 밝혀져 있지 않으며 뱀장어와 마찬가지로 아열대 해역 가까운 곳까지 남하한 후 봄 · 여름에 걸쳐 산란한다고 추정한다. 다른 장어류와 마찬가지로 어린 시기에 투명한 버들잎처럼 생긴 렙토세파루스(leptocephalus) 유생기를 거치며 완전히 자라기까지 8년이 걸린다. 성장함에 따라 서식장소도 바뀌는데, 어릴수록 얕은 내만에 서식하다가 4년생 이상은 먼 바다로 나간다.

정약전(丁若銓 : 1760~1816)의 ≪자산어보(玆山魚譜)≫에는 붕장어를 '해대려(海大鱺)'라 하였으며, "눈이 크고 배 안이 묵색(墨色)으로 맛이 좋다"고 기록하고 있다. 붕장어의 제철은 여름이나 연중 맛의 차이가 별로 없다. 필수아미노산을 고루 함유하고 있으며 EPA와 DHA가 풍부하다. 또 비타민A가 다량으로 들어 있어 시력향상 및 야맹증에 효과가 있다. 주로 회나 구이로 먹으며 척추뼈 부분은 기름에 튀겨 안주로 먹고, 머리와 내장은 탕을 끓여 먹는다.

송어 Cherry salmon

송어

연어목 연어과의 회귀성 어류이다. 산천어와 같은 종으로 분류되나, 강에서만 생활하는 산천어와 달리 바다에서 살다가 산란기에 다시 강으로 돌아오는 습성이 있다. 예로부터 고급 식용어로 인기가 있었으나, 최근에는 서식지가 점차 줄어들어 찾아보기가 어렵다.

'시마연어'라고도 하는데, 몸길이는 약 60cm 정도이다. 몸은 연어보다 몸이 굵고 둥글며 약간 옆으로 납작하다. 주둥이는 연어보다 무딘 편이고, 비늘은 둥근 비늘(원린)이다. 등지느러미와 꼬리지느러미 사이에 기름지느러미가 있고 꼬리지느러미는 얕게 갈라진다. 가슴지느러미와 배지느러미는 모양이 비슷하고 수직선상에 거의 나란히 붙어 있다. 측선(옆줄)은 완전하고 몸 양쪽 옆면의 거의 중앙부에 곧게 달린다.

몸 빛깔은 성어의 경우 등쪽이 짙은 남빛이고, 배쪽은 은백색이며, 옆구리에는 작은 암갈색 반점이 있다. 유어는 어두운 녹황색 바탕에 측선에서 등 언저리까지에는 엷은 회색에 가까운 은색을 띤다. 눈 둘레는 검은빛을 띠며 눈알에는 검은 반점이 흩어져 있다. 유어의 가슴지느러미 · 배지느러미 · 뒷지느러미는 엷은 주황색으로 지느러미의 연조는 흑회색이다.

산란기는 9~10월이며 암컷과 수컷이 다같이 검은 갈색으로 변하고, 수컷은 주둥이가 길어져 구부러지며 몸의 양쪽 옆면에는 복숭아색의 불규칙한 구름 무늬가 나타난다. 산란기가 되면 암컷과 수컷이 다같이 바다에서 강으로 올라온다. 물이 맑고 자갈이 깔린 여울에서 수컷이 웅덩이를 파고 산란과 방정을 한 뒤에 암컷이 자갈로 알을 덮는다. 부화한 알은 약 1년 반에서 2년 동안 강에서 살다가 9~10월에 바다로 내려가고, 3~4년이 지나 강으로 되돌아와 산란 후 모두 죽는다. 바다로 내려가지 않고 강에 남아서 성숙한 것을 산천어라고 보는 견해도 있다.

강 상류의 물이 맑은 곳에 서식하며, 주로 곤충을 먹지만 작은 어류 · 갑각류도 먹는다. 무리를 이루어 다니며 고급 식용어로 알려져 있다. 오호츠크해 · 동해 등 북서태평양에 분포한다.

정어리Sardine

정어리

청어목 청어과의 바닷물고기이다. 매우 큰 무리를 지어다니며, 대형 물고기의 먹이가 된다. 몸길이는 25cm 정도이다. 몸은 옆으로 납작하고 등쪽은 약간 둥글며 뒤로 갈수록 가늘어진다. 몸은 매우 큰 둥근비늘로 덮여 있으며 떨어지기가 쉽다. 배쪽 정중선은 각이 뾰족한 비늘로 덮여 있다. 눈은 지방질로 되어있는 기름눈꺼풀로 덮여 있으며, 동공부위에 홈이 있다. 몸의 등쪽은 푸른색을 띠지만 중앙에서부터 은백색을 띠며, 푸른색과 은백색의 경계지점에 6~9개의 검은색의 둥근점이 있다.

수십만 또는 수백만 마리가 떼를 지어 다니며, 방향과 속도가 같아서 일정한 간격을 유지하며 질서정연하게 헤엄친다. 방어력이 거의 없어 고등어와 가다랑어, 방어 등 대형 물고기의 먹이가 되어 바다의 먹이사슬 밑부분을 형성하기 때문에 '바다의 목초' 또는 '바다의 쌀'이라고 불리기도 한다. 제주도 동남방 해역에서 겨울을 나고, 봄이 되면 북쪽으로 이동하여 여름에는 동해 전역에 걸쳐 서식하고, 가을이 되면 남쪽으로 이동한다. 산란기는 12월에서 이듬해 6월이며, 우리나라에서의 주산란기는 2~4월이다. 어릴 때에는 동물성 플랑크톤을 주로 먹다가 자라면서 식물성 플랑크톤을 먹는다.

고기떼를 커다란 수건 모양의 그물로 둘러싸서 우리에 가둔 후, 그 범위를 차차 좁혀 떠올려서 잡는다. 일정기간 동안 그물을 설치해 두었다가 거두어 올려 대량으로 잡거나, 옆으로 길다란 사각형 모양의 그물을 고기떼가 다니는 길에 수직으로 펼쳐서 고기가 그물코에 꽂히게 하여 잡기도 한다. 알을 낳기 직전인 9~10월에 가장 맛이 좋다. 조림, 구이, 튀김, 탕 등으로 먹는다.

참다랑어Bluefin tuna

농어목 고등어과의 바닷물고기이다. 크기가 매우 크며 살이 붉은색을 띤다. 회, 초밥 등으로 먹으며 최고급 어종에 속하는데, 강원도에서는 참치라고 불린다.

참다랑어

북대서양에 서식하는 종의 경우, 최대 몸길이가 3m, 몸무게가 560kg 정도까지 성장한다. 몸은 뚱뚱하고 방추형에 가까우며 몸높이는 약간 높은 편이다. 주둥이는 길고 끝이 뾰족하며 입은 크다. 몸 등쪽은 짙은 푸른색을 띠며, 몸쪽의 중앙과 배쪽은 은회색 바탕에 여러 개의 폭이 좁은 가느다란 흰색 가로띠와 둥근 무늬가 나타난다. 어릴 때에는 폭이 좁은 가로띠와 둥근 무늬가 희미하게 있다가 자라면서 점차 없어진다. 작은 둥근 비늘이 몸 전체를 덮고 있다. 백다랑어와 생김새가 비슷하지만, 가슴지느러미가 짧은 것이 참다랑어이다.

해수면 바로 아래에서 헤엄치며, 때때로 연안 가까이에 나타나기도 한다. 봄, 여름에는 북쪽으로 이동하고, 가을에는 남쪽으로 이동한다. 무리지어 다니는 멸치, 꽁치, 청어 등을 주로 먹으며 새우류, 게류, 오징어류, 해파리류 등을 먹기도 한다. 산란기는 대만 근해에서는 4~6월, 우리나라 동해에서는 8월이며, 주 산란장은 우리나라 동해 남부해역과 대만 북부해역이다.

한 가닥의 기다란 줄에 일정한 간격으로 줄을 달고, 그 끝에 낚시와 미끼를 달아 여러 개의 낚시를 거의 동시에 드리워서 한꺼번에 낚아 올리거나, 고기떼를 커다란 수건 모양의 그물로 둘러싸서 우리에 가둔 후 그 범위를 차차 좁혀 떠올려서 잡는다. 자원보존을 위해 해역별로 어획량이 제한되어 있다.

근육에 혈액이 많이 함유되어 있어서 살이 붉은색을 띤다. 혈액량이 많기 때문에 부패하기 쉽고, 죽음과 동시에 체온이 50℃까지 오르면서 몸 색깔이 점차 흑색으로 변한다. 따라서 잡는 즉시 머리와 내장을 제거한 뒤 영하 60℃ 이하의 저온에 냉동시켜 수송된다. 지방함량이 높아지는 12월에서 이듬해 2월에 가장 맛이 좋다. 회, 초밥 등으로 먹으며, 육질이 곱고 맛이 매우 좋아 최고급 어종에 속한다.

북반구에 서식하는 북방 참다랑어와 3대양의 남부에만 서식하는 남방 참다랑어 2종으로 나뉜다.

철갑상어 Sturgeon

철갑상어

경골어류(硬骨魚類) 철갑상어목 철갑상어과의 민물고기이다. ≪자산어보≫에 '총절입'이라 하였고, '금린사(錦鱗鯊)'라 표기하고 있다. ≪재물보≫에는 전어(鱣魚) · 황어(黃魚) · 옥판어(玉版魚) 등으로 기록하였고, ≪본초강목≫에는 홀어(忽魚)라 기록하고 있다. 몸은 긴 원통 모양이고 주둥이가 길며 뾰죽하다. 몸은 5개의 세로줄이 있는 판 모양의 단단한 비늘로 싸여 있다.

입은 아래쪽에 있고 수염이 4개 있다. 성어의 양쪽 턱에는 이가 없다. 각 골판줄 사이의 피부는 드러나 있다. 민물에서 살며 한국 · 중국 · 일본 · 러시아 등지에 분포한다.

청어 Pacific herring

청어

청어목 청어과에 속하는 한류성 어종으로 등쪽은 암청색, 배쪽은 은백색인 등푸른생선의 한 종류이다. 예로부터 우리나라 근해에서 잡혀온 친숙한 어종으로 값이 싸고 맛이 있어 다양한 방법으로 즐겨 먹었다. 동해안 지역의 겨울철 별미인 과메기의 원래 재료이기도 하다. 옆으로 길다란 사각형의 그물을 고기떼가 이동하는 길목에 수직으로 펼쳐서 잡거나, 일정기간 동안 그물을 설치해 두었다가 거두어 올려 대량으로 잡는다.

몸은 다소 옆으로 납작하며 몸의 높이가 높다. 몸의 등쪽은 암청색을 띠며, 중앙부터 배쪽은 은백색을 띤다. 눈 주위에 지방질로 된 기름눈꺼풀이 있다. 위턱에는 이빨이 없지만, 아래턱 앞에는 흔적뿐인 이빨이 있다. 비늘은 떨어지기 쉬운 둥근비늘이며, 옆줄은 잘 보이지 않는다. 몸의 배쪽 정중선을 따라 날카로운 모비늘이 1줄로 나있다.

수온은 2~10℃, 수심은 0~150m의 한류가 흐르는 연안에서 무리를 이루어 서식하며, 민물에 사는 종류도 있다. 성숙한 성어는 해안에 가까운 곳으로 이동하고 산란기가 되면 강어귀로 올라간다. 주로 큰 새우, 게와 작은 어류 등을 먹는다. 평소에는 바다 밑부분에 흩어져 서식하다가 산란기인 3~4월이 되면 큰 무리를 이루어 북쪽으로 이동한다.

청어(青魚)는 몸 빛깔이 청색이라 붙여진 이름이다. ≪재물보≫에는 별칭을 '누어'라 했다. ≪명물기략≫에는 값싸고 맛이 있어 가난한 선비들이 잘 사먹는 물고기라며 '비유어(肥儒魚)'로 기록하였는데, 이는 선비들을 살찌게 하는 물고기라는 의미이다. 이 명칭에서 기원하여 청어를 '비웃'이라고 하기도 한다. 전남에서는 '고심청어', 동해안에서는 '등어', 경북에서는 '눈검쟁이', '푸주치'로 불렀으며, 서울에서는 크기가 크고 알을 품은 청어를 '구구대'라 부르기도 했다.

청어의 제철은 겨울철인 2~3월이다. 무침, 구이, 찜, 회, 조림 등 다양한 방법으로 조리되며 살만 발라 죽을 만들기도 한다. 청어알도 별미로 식용된다. 단백질과 필수아미노산이 풍부하며, 비타민A, 칼슘, 철분 등의 영양소가 다양하게 들어 있다. 예로부터 즐겨 먹어온 대표적인 가공품으로, 겨울에 잡은 청어를 배를 따지 않고 소금을 치지도 않은 채 그대로 엮어 그늘진 곳에서 겨우내 얼리고 말려서 만든 과메기가 있다.

FOOD Materials Science

02 갑각류

게 Crab

● 게

절지동물 십각목(十脚目) 파행아목에 속하는 갑각류의 총칭이다. 게는 전세계에 4,500여 종이 알려져 있으며, 한국에는 20과 183종이 분포한다. 대부분 바다산인데, 동남참게나 붉은발말똥게처럼 바다에서 유생시기를 보낸 뒤 어느 정도 자라면 강어귀나 육지의 습지로 올라와 사는 종도 있다. 수심 4,000m의 깊은 바다에 살거나 남북극해 부근에서 사는 종도 있지만, 대개는 대륙붕 근처에서 많이 산다. 보통 단독생활을 하지만 멍게 · 해삼 따위에 기생하는 것도 있다.

게의 등딱지는 머리가슴부를 싸고 있는데, 대개 위 · 아래로 납작하고 넓다. 형태는 여러 가지이며, 크기는 대부분 수컷이 암컷보다 크지만, 기생성 종 가운데는 수컷이 작은 것도 있다. 배의 너비는 수컷은 좁고 암컷은 넓다. 이것은 등딱지의 배쪽면을 넓게 싸서 알을 보호하기 위해서이다.

가슴다리는 모두 5쌍이며 제1 가슴다리가 집게다리이다. 양 집게다리는 대칭이거나 비대칭이다. 촉각은 2쌍이다. 1쌍의 겹눈을 가지며 아가미는 가슴쪽에 있다. 수컷의 배다리는 2쌍이다. 수컷의 제1 배다리는 길고 교미기의 역할을 한다. 암컷의 배다리는 4쌍인데, 모두 안쪽과 바깥쪽 다리로 갈라지며 안쪽 다리의 털에 알을 붙인다. 번식은 수컷의 정자가 암컷의 수정낭에 들어가 이루어진다.

한국의 해역은 삼면의 해류와 수온 · 수심 등이 달라 서식하는 게의 종류도 각각 다르다. 경제성을 갖춘 수산자원으로서 동해는 털게와 대게, 남해와 황해는 꽃게 · 민꽃게 · 두점박이민꽃게 · 칠게 · 방게, 제주도 해역은 홍색민꽃게가 많이 잡힌다.

게는 단백질이 풍부하고 지방이 적어 담백하므로 맛이 좋아 오래전부터 식용으로 각광받아 왔다. 옛 문헌 ≪규합총서≫에는 게의 보관법, 게장 담그는 법, 게 굽는 법, 게찜 만드는 법 등이 소개되어 있고, 게의 금식(禁食)에 관한 주의사항도 적혀 있다.

바닷가재Lobster

바닷가재

갑각강 십각목의 가시발새우과 · 닭새우과 · 매미새우과 · 폴리켈리다이과에 속하는 새우류이다. 단단하고 체절로 된 외골격을 갖는다. 5쌍의 다리와 2쌍의 긴 촉각이 있다. 양 집게다리는 길이가 몸길이와 비슷하다. 꼬리는 물갈퀴 모양으로 뒤쪽에

지느러미처럼 펼쳐진다. 몸 빛깔은 보통 점무늬가 있는 짙은 초록색이거나 짙은 파란색인데, 불에 익히면 선명한 붉은색이 된다.

흔히 미국 바닷가재라고 불리는 가시발새우과의 종(Homarus americanus)은 길이가 30~60cm, 무게가 0.5~1kg에 이르고, 유럽산은 대체로 이보다 작다. 몸통은 19마디인데, 머리가 5마디이고 가슴이 8마디, 배가 6마디이다. 가슴갑각 아래에 있는 아가미로 호흡을 한다.

머리에는 2쌍의 촉각이 있다. 눈은 겹눈으로 1쌍의 눈자루 위에 있으며, 촉각과 눈자루를 움직여 먹이를 찾거나 적을 경계한다. 관절이 있는 다리 5쌍 가운데 4쌍은 걷는 다리이고, 나머지 1쌍이 집게다리이다. 집게다리는 대개 한쪽이 크고 다른 한쪽은 작다. 먹이를 찢거나 으깨는 역할을 하는데, 크기는 조금씩 다르다.

육지와 가까운 바다 밑에 산다. 낮에는 굴속이나 바위 밑에 숨어 지내다가 밤이 되면 나와 활동을 한다. 게나 고둥, 작은 물고기, 다른 바다가재 따위를 잡아먹는다. 보통 2년에 한 번 알을 낳는데, 한 번에 5천~10만 개 이상의 알을 낳는다.

암컷은 알을 알껍데기 안에 담아 11~12개월 동안 꼬리에 품고 다니다가, 알이 부화할 때가 되면 새끼들을 알껍데기 밖으로 흔들어 떨어뜨린다. 갓 태어난 새끼는 길이가 약 8mm 정도이다. 새끼는 부화한 뒤 2일만에 갑각을 벗고 한 달 사이에 3번 더 탈피를 한다. 수명은 약 15년이나 일부 종들은 50년 이상 사는 경우도 있다. 가시발새우과와 닭새우과의 일부 종은 중요한 수산자원이다.

새우 Prawn

십각목(十脚目) 장미아목(長尾亞目)에 속하는 절지동물의 총칭이다. 새우류는 담수 · 기수 · 바닷물에 모두 분포하지만, 담수에 사는 것은 징거미새우과 · 새뱅이과 · 가재과 등 종수가 적고 대부분 바닷물에서 산다. 열대 · 온대 · 한대 해역의 조간대에서 심해에 걸쳐 분포하며 한대 수역보다는 열대

새우

수역에, 심해보다는 얕은 바다에 더 많다.

새우류는 무리를 지어 사는 습성이 있다. 서식장소로는 연안을 비롯한 대륙붕의 유기물질이 많은 모래나 진흙바닥, 연해의 해조가 많은 곳 또는 강어귀가 꼽힌다. 연안의 암초지대나 산호초에 사는 종에는 아름답고 정교한 무늬를 지닌 것이 많고, 깊은 바다에 사는 종에는 빨강 · 오렌지색 등 화려한 색을 띠는 것이 많다.

생활방식은 대부분 무리생활을 하나 종에 따라 해면동물 · 멍게 또는 조개류와 공생하는 것도 있다. 흔히 야행성이며 먹이도 밤에 찾는 경우가 많은데, 식성은 잡식성이다. 이동할 때는 보통 앞으로 움직이지만, 위급할 때는 배를 굽혔다 폈다 하면서 재빨리 뒤로 물러나기도 한다. 계절에 따라 회유하는 종도 있으며, 종에 따라 밤에는 위쪽으로 올라가고 낮에는 아래쪽으로 수직이동을 하는 것도 있다.

새우류에는 식용으로 쓰이는 종이 많고 동물 사료나 낚시 미끼로도 쓰인다. 한국 연해와 담수에는 약 80여 종이 분포하는데, 이 가운데 경제성이 높은 것으로는 동해의 도화새우 · 북쪽의 분홍새우 · 진흙새우, 남해의 보리새우 · 꽃새우 · 자주새우, 황해의 대하 · 중하 · 중국젓새우 · 밀새우, 제주도 근해의 닭새우 · 펄닭새우 등이 있다. 세계적으로는 닭새우과와 가시발새우과의 바닷가재가 상업적으로 중요하다.

양식은 일부 종에 한해서 이루어지고 있는데, 특히 보리새우는 인공부화에서 성체 양식에 이르기까지 완전히 관리할 수 있어 한국에서도 기업화되고 있다. 열대지방에서는 담수산 징거미새우류와 같이 몸이 큰 것을 기업적으로 양식하고 있다.

크레이피시 Crayfish

크레이피시

함북, 함남, 평북, 울릉도, 제주를 제외한 한국, 중국 동북부에 분포하며 1급수의 오염되지 않은 계류나 냇물에서만 산다. 간에 열을 내리며 눈을 밝게 하는 기능이 있고 침을 잘 흘리는 아이에게 좋다. 하지만 디스토마의 중간숙주 역할을 하기 때문에 찌거나 튀겨먹는 방법을 선호한다.

FOOD Materials Science

03 패류

굴 Oyster

● 굴

굴류는 왼쪽 껍데기로 바위 등에 붙으며, 오른쪽 껍데기는 좀 작고 볼록해지는 정도로 작다. 두 껍데기의 연결부에 이빨은 없고, 검은 인대(靭帶)로 닫혀 있다. 몸의 중앙에 후폐각근이 있다.

자웅동체이지만 생식시기에는 암수가 뚜렷하며 웅성이 강해진 개체로 되었다가 다음에 자성이 강해진 개체로 되는 교대성의 자웅동체이다. 산란적온은 22~25℃이고, 부화한 유생은 벨리저 유생이 되어 부유생활을 하며 20일쯤 지나면 부착생활에 들어간다.

껍데기는 1년에 길이 약 7cm, 무게 약 60g 정도 되고, 2년에 10cm, 140g 정도가 되나 이후의 성장은 느리다. 종류에 따라서 서식장소도 다소 다른데, 참굴은 염분 11~32%인 비교적 농도가 낮은 조간대의 바위 등에 부착하나, 가시굴은 염분 26~34%의 내해(內海)의 바위에 부착한다.

먹이는 플랑크톤이며 입수공(入水孔)에서 바닷물과 함께 들이마셔 아가미에서 여과시켜 먹는데, 그 중 규조류가 가장 많다. 아가미를 통과하는 바닷물의 양은 1시간에 수온 10℃에서 약 0.4ℓ, 25℃에서는 약 1ℓ이다.

옛날부터 중국에서는 굴을 양식하였으며, 또 BC 1세기에 나폴리에서도 양식되었다는 기록이 남아있다. 성숙한 굴은 내만의 수온이 2~5℃로 되는 5~8월이 산란기이다. 수중을 부유하고 있는 유생은 0.4mm 정도로 자라면 바위에 부착하기 시작한다. 이 시기를 보아 굴껍데기나 큰가리비의 조가비를 연결한 부착기를 바다 속에 넣어 치패(稚貝)를 부착시켜 채묘(採苗)한다.

부착된 치패는 4~5일이 경과하면 깨알 정도로 커지는데, 이것을 종(種)굴이라고 한다. 수하식 양식은 종굴이 언제나 바다 속에 잠겨 있으므로 간조시에 노출되는 바위의 굴보다 성장이 빠르다. 따라서 봄에 종굴이 붙은 부착기를 바다에 넣으면 겨울에는 시판될 정도로 크게 성장한다.

식용에 이용되는 굴은 다음과 같다.

1. 참굴(Crassostrea gigas) : 양식의 주요 종으로 난생형이며 만 1년이면 성숙한다. 한국의 전 연안에 분포한다.
2. 아메리카굴(C.virginica) : 북아메리카에서 브라질에 걸쳐 대서양 연안에서 나며 난생이다.
3. 포르투갈굴(C.angulate) : 남유럽의 연안에서 나며 난생이다.
4. 호주굴(Saxostrea commercialiis) : 오스트레일리아 동부 연안에서 나며 난생이다.
5. 봄베이굴(S.cucullata) : 인도 연안에서 나며 난생이다.
6. 갓굴(Ostrea ariakensis) : 일본 아리아케해[有明海]에서 나며 난생이다.
7. 토굴(D.denselamellosa) : 한국 · 일본 · 중국 등지에 분포하며 난생이다.
8. 유럽굴(O.edulis) : 영국 · 프랑스에서 다산되며 난생이다.
9. 올림피아굴(O.lurida) : 북아메리카의 서해안에서 나며 난생이다.

이밖에도 한국에는 가시굴 · 바윗굴 등이 있는데, 산지에서는 식용을 한다.

꼬막 Tegillarca granosa

꼬막

고막 · 고막조개 · 안다미조개라고도 하며, 한자어로는 감 · 복로(伏老) · 괴합(魁蛤) 등으로 불린다. ≪자산어보≫에 살이 노랗고 맛이 달다고 했고, ≪신증동국여지승람≫에 전라도의 토산물로 기록되어 있다. 이매패류에 속한다. 껍데기 길이가 약 5cm, 높이 약 4cm, 나비 약 3.5cm로 피조개나 새꼬막보다 크기가 작다. 껍데기는 사각형에 가깝고 매우 두꺼우며 각피에 벨벳 모양의 털이 없다.

껍데기 표면에 17~18줄의 굵은 방사륵(放射肋)이 있다. 방사륵에는 작은 알갱이처럼 생긴 결절이 각정부터 있어 배 가장자리 쪽으로 갈수록 굵고 거리가 떨어져 뚜렷하게 보인다. 인대(靭帶)는 검은색으로 모가 나있으며 나비가 넓기 때문에 양 껍데기의 각정부가 약 5mm 정도 떨어져 있다. 껍데기는 흰색이고, 각피는 회백색이며 살은 붉은 편이다.

조간대에서 수심 10m까지의 진흙바닥에 산다. 자웅이체이며 산란기는 지방에 따라 다르나 8~10월이다. 예로부터 식품으로 많이 이용되어 왔으며, 살짝 삶아 초고추장과 함께 먹는 전라도 지방의 향토음식이 유명하다. 남부지방에서는 양식을 하고 있으며 건제품은 수출하고 있다. 화석이나 조개무지에서도 많이 발견된다. 한국 · 일본 · 인도양 · 서태평양 등에 분포한다.

바지락 Manila clam

진판새목 백합과의 연체동물이다. 국물을 내는 데 주로 사용되며, 최근에는 수출용 통조림의 원료로 수요가 증가하고 있다. 한국 사람이 가장 많이 먹는 조개이다. 양식이 쉬워 어민의 주 소득원으로 활용된다.

바지락

'바지라기'라 불리던 것이 줄어서 '바지락'이 되었다. 즉 바지락의 원래 이름이 '바지라기'인 것이다. Ruditapes philippinarum와 같은 종이다. 경상도 · 동해 부근에서는 '빤지락', 통영 · 고성 · 거제에서는 '반지래기', 이외에 인천이나 전라도에서는 '반지락'이라 한다. 중국에서는 '페이루빈하자이(菲律濱蛤仔)'라고 부른다.

껍데기는 달걀 모양 타원형으로 부풀어 오른 모양이며 딱딱하다. 표면에는 방사상의 무늬가 있으며 껍데기 표면은 거칠고 크기 · 색깔 · 무늬 · 형태 등이 서식지에 따라 다양하다. 축수에는 돌기가 없이 간단하며 이빨이 3개가 있다.

어린 조개는 부풀어 오른 정도가 약하며 족사(足絲)를 이용하여 운동한다. 어린 조개는 30일간 4.8~5.7m 정도 이동할 수 있다. 모래나 진흙 속의 식물성플랑크톤을 먹고 산다. 번식과 성장이 빠르고 이동을 거의 하지 않아 양식하기에 편리하여 어민의 주 소득원 중 하나로 주 산란기인 7월 초순부터 8월 중순을 제외하고는 항시 채취 · 출하되고 있다. 우리나라에서는 1912년부터 양식을 하기 시작했다.

국을 끓이거나 젓갈을 담그거나 날것을 요리하여 먹지만, 번식기에는 중독의 위험이 있으므로 피하는 것이 좋다. 새우양식의 사료로도 이용된다. 3~4월이 되면 여름철 산란에 대비하여 크게 성장하는데, 이때가 가장 맛이 좋다. 정약전의 ≪자산어보≫에는 '천합(淺蛤)'이란 이름으로 형태에 대해서 설명하며 "살도 또한 풍부하며 맛이 좋다"고 기록하고 있다. 칼슘, 철, 인, 비타민B_2가 풍부하며, 담즙의 분비를 촉진하고 간장의 기능을 활발하게 하는 작용이 있어 예로부터 황달에 바지락 끓인 물을 먹였다. 피로해소 및 숙취제거 식품으로 애용되며 조혈(造血) 작용도 있다. 껍데기가루는 칼슘을 보충하거나 땀을 많이 흘리는 경우에 좋다한다.

소라Spiny turban shell

소라

방추형 껍데기의 높이는 약 10cm, 지름은 약 8cm이다. 껍데기는 두껍고 견고하다. 나탑(螺塔 : 체층 위에 있는 층 전체)은 원뿔형이고, 나층(螺層 : 나선 모양으로 감겨져 있는 한 층)은 7층이며, 각 층은 부풀어 있다. 체층(體層 : 껍데기 주둥이에서 한 바퀴 돌아왔을 때의 가장 큰 한 층)에는 5줄 내 · 외의 굵고 낮은 나륵이 있다. 생장맥은 가늘고 빽빽한 판 모양이다. 대략 하루에 1개의 생장맥을 만든다고 한다.

아래쪽 나층에서는 뿔처럼 생긴 관 모양의 돌기가 어깨 및 껍데기 밑부분에 생기고, 돌기의 수는 나층 1층에 10개 내 · 외인데 개체마다 차이가 있다. 주로 파도가 심하게 치는 곳에 사는 개체들은 관 모양의 돌기가 있으나, 파도가 약한 곳에 사는 개체들은 이 돌기가 없다. 껍데기 주둥이의 가장자리에 있는 돌기는 앞쪽으로 열린 반관(半管) 모양인데, 생장과 더불어 닫혀 관 모양이 된다.

껍데기 표면은 녹갈색을 띠고 있는데, 보통은 부착생물로 오염되어 있다. 껍데기 주둥이는 둥글고 바깥부분은 얇으며 내면은 은백색으로 진주광택이 있다. 뚜껑은 석회질로 두꺼우며, 바깥 면은 부풀고 코일처럼 감긴 선이 있으며 작은 가시가 촘촘히 나있다. 연체의 다리는 갈색을 띠고 중앙의 홈에서 좌우로 나뉘며 이것을 교대로 움직여 긴다. 생식선은 수컷이 황백색, 암컷은 녹색이다.

어릴 때는 조간대의 바위 밑에 살다가 크면 해초가 많은 조간대 아래쪽으로 내려간다. 밤에 활동하며 갈조류를 잘 먹는다. 자웅이체로 5~8월에 수온이 23~24℃가 되면 암컷이 녹색의 알을 수중에 산란하고 수컷이 정자를 방출하여 수중에서 수정된다. 껍데기는 조개 세공이나 단추의 재료가 되며 살은 식용을 한다. 한국 남부연안, 일본 남부연안에 분포한다.

전복 Abalone

전복

간조선에서 수심 5~50m 정도가 되는 외양의 섬 지방이나 암초에 서식하며 바닷물이 깨끗해 해조류가 많이 번식하는 곳이 좋다. 자웅이체이며 외부 생식기는 발달되지 않았다. 난생으로서 늦가을에서 초겨울까지 산란하여 수정한다. 생식선(生殖腺)이 황백색인 것이 수컷이고, 녹색인 것이 암컷이다. 종에 따라 차이가 있으나 껍데기는 1년 동안에 2~3cm 정도 자란다. 먹이로는 다시마 · 대황 · 미역 · 감태 · 파래 등의 해조류이다.

옛날부터 식용으로 해온 주요 수산물의 하나로, 1960년대에 국립수산과학원의 수산종묘배양장에서 종묘생산을 시작하였으며, 1974년부터는 생산한 종묘를 양식어민에게 분양하고 있다. 양식어민은 바다양식을 하고 있으며 새로운 양식도 시도되고 있다. 한국에는 한류성인 참전복과 난류성인 까막전복 · 말전복 · 시볼트전복 · 오분자기 · 마대오분자기 등의 6종이 알려져 있다.

키조개Comb pen shell

키조개

껍데기의 폭이 좁고 아래로 점점 넓어진 삼각형으로 마치 곡식 따위를 까부르는 키를 닮았다 하여 '키조개'라는 이름이 붙었다. 부산에서는 '채이조개'라 부르며, 남도지역에서는 '게이지', '개두'라 부른다. 마산·진해 부근에서는 '챙이조개'라 하며, 군산·부안에서는 '게지'라 부른다. 보령·서천·홍성에서는 '치조개'라고도 한다. 껍데기의 빛깔은 회록갈색 또는 암황록색이다. 껍데기의 안쪽 면은 검은색이며 진주광택이 난다. 껍데기는 얇아 잘 부스러지며 겉면에 성장맥과 방사륵이 있다.

내해·내만의 조간대에서 수심 5~50m까지의 진흙에 살며 7~8월에 산란을 한다. 발생 후 15~20일 동안은 부유생활을 하다가 곧 족사(足絲)를 내어 부착생활에 들어간다. 1~2개월의 부착생활이 지나면 각정부를 아래로 하여 진흙에 넣고 산다.

사부사부, 꼬치, 구이, 무침, 회, 초밥, 전, 죽, 탕 등 다양한 방식으로 조리되며, 특히 후폐각근을 조개관자(貝柱)라 하여 특히 인기가 좋다. 봄에 채취된 것이 가장 맛이 좋다. 전라남도 일대에서 생산되는 것은 대부분을 염건(鹽乾)하거나 냉동하여 높은 가격에 일본으로 수출하고 있다. 단백질이 많은 저칼로리식품으로, 필수아미노산과 철분이 많아 동맥경화와 빈혈 예방에 좋다.

직접 잠수하여 채취하는 것이 대부분이며, 산란기에는 채취를 금하고 있다. 근래에는 오염과 자연산 모패의 남획 등으로 점차 양이 감소하고 있어 양식의 필요성이 커지고 있다. 키조개가 많이 생산되는 오천에서는 해마다 키조개 축제를 열고 있다.

홍합Mussel

사새목 홍합과의 연체동물로서 암초에 붙어 무리를 지어 서식한다. 여름에는 독소가 있을 수 있으므로 먹지 않는 것이 좋다. 색이 홍색이어서 홍합이라고 하며, '담치(참

홍합

담치)'라고도 한다. 영남지방에서는 합자, 열합, 강원도에서는 섭이라고 한다. 맛이 달면서 성질이 따뜻해 피부를 매끄럽고 윤기 있게 가꿔준다고 하여 중국에서는 '동해부인(東海夫人)'이라고도 부른다.

지중해담치와 유사하나 껍질이 두껍고, 보라색을 띠는 검은색의 광택이 난다. 안쪽 면은 강한 진주광택을 띤다. 껍데기 길이가 약 140mm, 높이는 약 80mm로 긴 달걀 모양이다. 계절에 따른 성장속도의 차이 때문에 생기는 일종의 굴곡인 성장맥이 거칠게 나있으며, 해조나 따개비 무리가 많이 부착한다.

만조 때는 바닷물에 잠겼다가 간조 때는 드러나는 조간대에서 수심 20m 사이의 암초에 무리를 지어 서식한다. 접착성이 강한 단백질성 섬유다발인 족사(足絲)를 이용해 바위에 붙어 살며, 어린 개체군에서는 수컷이 많고 큰 개체군에서는 암컷이 많은 것으로 보아 성전환(性轉換)을 하는 것으로 추측된다.

우리나라의 전 해안을 비롯하여 중국의 북부, 일본 등지에 분포한다. 우리나라 남해안의 일부 지역에서는 바다양식에 성공하여 연간 약 5,000톤의 수확을 올린다. 산란기는 늦봄에서 여름 사이로, 산란기에는 맛이 떨어지므로 늦겨울에서 초봄이 제철이다. 5~9월에 채취한 홍합에는 마비, 언어장애, 입마름 등을 일으키는 '삭시토닌(Saxitoxin)'이라는 독소가 들어 있기도 하므로, 겨울철에 먹는 것이 안전하다.

살은 식용을 하는데, 봄에 먹는 것이 맛이 좋으며 말렸다가 먹기도 한다. 살을 삶아 말린 것을 담채(淡菜)라 하며, 근세에 중국으로 수출하기도 했다. 한방에서는 살을 말리거나 날것으로 사용하며, 자양 · 양혈 · 보간(補肝)의 효능이 있어 허약체질 · 빈혈 · 식은땀 · 현기증 · 음위 등에 단방(單方)으로 처방한다. 단맛이 나기 때문에 국에 넣거나 젓을 담그기도 하고, 쪄서 말린 것은 제사상의 탕감으로 쓰이거나 조림으로 조리된다. 그 밖에도 속살을 데친 백숙, 말린 홍합을 삶아서 무친 초, 탕, 죽 등으로 조리한다.

04 FOOD Materials Science 연체류

갑오징어Edible cuttle fish

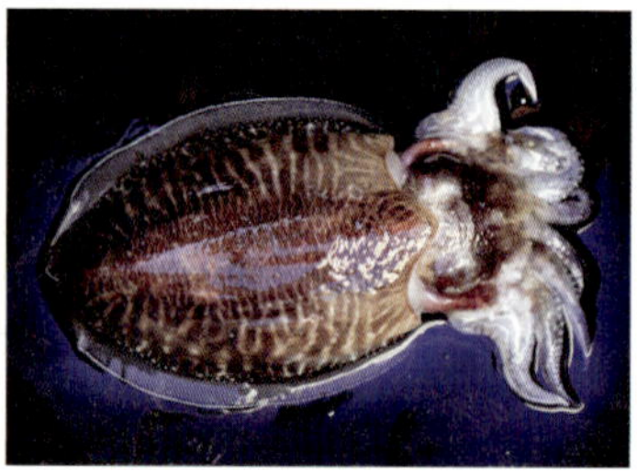

갑오징어

십완목 참오징어과의 연체동물이다. 몸 안에 길고 납작한 뼈 조직을 가지고 있다. 오징어류 중 가장 맛이 좋다고 한다. 참오징어라고도 한다. 제주지역에선 맹마구리, 서산·태안·당진 부근에서는 찰배기나 찰박, 영덕에선 오작어, 강릉·동해·삼척 부근에서는 먹통, 여수·장흥·보성·고흥 부근에선 배오징어나 깍세기라고도 부른다. 오징어뼈·이걸치·이고치뼈당구라 부르기도 한다.

몸통은 원통형이며 몸길이 17cm, 나비 9cm 정도이다. 몸통 양쪽에 전체 가장자리에 걸쳐 지느러미가 있다. 10개의 다리 중 8개는 약 10cm 정도이고, 나머지 2개는 먹이를 잡을 때 사용하며 이를 촉완(觸腕)이라 한다. 촉완의 길이는 약 20cm이며 네 줄의 빨판이 있다. 등면에는 외투막에 싸여 있는 석회질의 뼈(갑, 甲)가 있으며, 그 뒤끝이 예리하게 튀어나와 있다. 뼈의 내부는 얇고 납작한 공기방으로 이루어져 있어 부력을 조절하는데 쓰인다. 살아 있을 때 수컷은 등면에 물결 모양의 암갈색 가로무늬가 뚜렷하게 있으나, 암컷은 이렇다 할 무늬가 없다. 배면은 암수가 모두 연한 갈색이다.

산란기는 4~6월경이다. 산란기가 되면 오징어떼가 육지 사이의 좁은 해역으로 이동하여 수심 2~10m 전후의 모래질 바닥에 서식하는 해초나 해조류에 길이 1cm 정도의 알을 부착시킨다. 한국·일본·중국·오스트레일리아 북부 등지에 분포한다. 주간에 사냥하며, 출수구로 모래를 불어 치워내는 방식으로 야행성 새우류를 사냥하거나 작은 물고기, 연체동물을 먹는다.

전통적으로는 '대통발'을 사용하여 산란기인 4~6월에 어획한다. 통발 안에는 짚이나 잔디뿌리, 싸리나무가지 등을 이용한 알받이를 넣어 놓거나 아무 것도 넣지 않는다. 이는 해조류 등에 알을 부착시켜 산란하는 습성을 이용한 것이다. 부안·군산·대천 등 서해에서 주로 잡힌다. 낚시로 잡을 경우는 9~10월 중이 적기이다.

지방은 적고 단백질은 많은 건강식품으로 쫄깃하고 담백한 맛이 일품이다. 각종 혈관계 질환을 예방하는 고밀도 콜레스테롤이 많이 들어 있다. 피로해소에 좋다고 알려진 타우린과 여러 가지 무기질이 많이 들어 있다. 오징어의 살은 기력을 증진시키며 정신력을 강하게 한다. 뼈는 위산 중화기능이 있으며, 해표초라 하여 가루를 내어 지혈제로도 이용한다. 알은 소화력을 향상시키며 산모가 삶아먹으면 부기가 가라앉는다. 회나 포(鮑)로 많이 쓰이며, 이외에도 무침 · 볶음 · 튀김 · 전 · 구이 등 거의 모든 요리의 재료로 활용 가능하다.

꼴뚜기 | Beka squid

꼴뚜기

화살오징어과에 속하는 연체동물이다. 정약전이 쓴 어류학서 ≪자산어보(玆山魚譜)≫에는 오징어와 비슷하나 몸이 좀더 길고 좁으며 등판에 껍질이 없고 종잇장처럼 얇은 뼈를 가지고 있는 것으로, 선비들이 바다에서 나는 귀중한 고기라 하여 '고록어(高祿魚)'라고 불렀다고 써 있다. 화살꼴두기과에는 꼴뚜기 외에 창꼴뚜기, 화살꼴뚜기, 흰꼴뚜기 등을 포함한 7종이 널리 알려져 있다.

몸이 부드럽고 좌우대칭이며, 빛깔은 흰색바탕에 자줏빛 반점이 있다. 몸통은 길쭉하게 생겼는데 길이가 폭의 3배 정도가 된다. 뼈는 얇고 투명하며 각질(角質)로 되어있다. 다리의 길이는 몸통의 반 정도이다.

짝짓기 시에 수컷은 좌측 네 번째 팔을 사용하여 정자가 들어 있는 정포를 암컷의 몸 안으로 전달한다. 짝짓기가 끝난 암컷은 수심이 약 100m 이내인 얕은 곳에서 주로 봄철에 산란한다. 알은 덩어리로 응고된 상태로 낳는데, 하나의 덩어리에 20~40개의 알이 들어 있다. 수명은 1년이며 연안에 많이 서식하고, 이동을 많이 하지 않아 유영능력이 떨어진다. 그래서 근육이 덜 발달되어 있고 오징어보다 훨씬 연하고 부드럽다.

물살이 빠른 곳에서 그물을 물살에 흘러가지 않게 고정해놓고 그 물살에 의해 그물로 들어가게 하는 안강망(stow net)을 비롯하여 여러 가지 방법으로 잡으며, 잡힌 꼴뚜기는 주로 젓갈로 만들어 먹는다.

낙지 Octopus variabilis

낙지

낙지는 두족류에 속한다. 한자어로 석거(石距) 라고 하며, 장어(章魚) · 낙제(絡蹄)라고도 쓰인다. ≪자산어보(玆山魚譜)≫에 보면, "맛이 달콤하고 회 · 국 · 포를 만들기 좋다"고 했으며, ≪동의보감(東醫寶鑑)≫에는 "성(性)이 평(平)하고 맛이 달며 독이 없다"고도 했다.

몸길이는 70cm, 외투막 길이는 8cm 정도이다. 몸은 가늘고 길며 외투막 길이에 비해 팔이 긴데, 특히 첫 번째 팔이 길고 굵으며 수컷의 세 번째 팔은 혀 모양으로 교접완이다. 몸은 몸통 · 머리 · 팔로 되어 있고, 머리처럼 보이는 몸통은 달걀 모양으로 심장 · 간 · 위 · 장 · 아가미 · 생식기가 들어 있다.

몸통과 팔 사이에 있는 머리에 뇌가 있으며 좌우 1쌍의 눈이 붙어 있다. 머리에 붙어 있는 입처럼 보이는 깔때기로 물을 빨아들이면서 호흡을 한다. 8개의 팔은 머리에 붙어 있고 1~2줄의 흡반이 있어 바위에 붙거나 갑각류나 조개를 잡아먹을 때 쓰인다. 입은 팔 가운데 붙어 있는데, 날카로운 턱판이 있으며 그 속에 치설이 있다.

연안의 조간대에서 심해까지 분포하지만 얕은 바다의 돌틈이나 진흙 속에 굴을 파고 산다. 바위틈이나 진흙에 판 굴 속에 있다가 팔을 밖으로 내어 먹이를 잡아먹는다. 간의 뒤쪽에는 먹물주머니가 있어 쫓기거나 위급할 때 먹물을 내어 주위를 물들임으로써 자신을 적으로부터 보호한다. 산란기는 5~6월이며 팔 안쪽에 알을 낳는다. 식용하며 주낙의 미끼로도 많이 쓰인다. 한국(전라남 · 북도 해안) · 일본 · 중국 등지에 분포한다.

문어 Giant octopus

● 문어

몸무게가 약 15kg 정도 되면 생식기관이 발달하고 짝짓기를 한다. 수컷의 세 번째 다리는 교접완(hectocotylus)인데, 짝짓기 시 이 다리를 이용하여 정자를 암컷의 몸 안으로 넣는다. 짝짓기는 가을에 수심이 20~100m에서 몇 시간 동안 진행된다. 수컷은 여러 마리의 암컷과 짝짓기를 하며, 정자가 들어 있는 매우 큰 정포를 전달하는데, 최대 길이가 1m에 이른다. 암컷은 크기가 큰 수컷을 선호하는데, 수컷은 짝짓기 후 몇 달 후에 죽는다.

암컷은 알을 4~6월에 수심이 13~30m 정도의 낮은 연안에서 낳는다. 2만 내지 10만 개의 알을 며칠에 걸쳐서 낳으며, 알이 부화할 때까지 보호를 하고 깨끗하게 유지하며, 다리를 이용해 신선한 물을 알에 흐르게 하여 산소를 공급해 준다. 부화는 온도에 따라서 5개월 내지 7개월 혹은 그 이상이 걸린다. 그동안 암컷은 먹이를 먹지 않으며, 알이 부화하기 전·후에 죽는다. 만약 암컷의 보호가 없으면 알은 대부분 죽는다.

부화한 유생은 물 표면으로 헤엄쳐 올라가 28~90일 동안 떠다니며 산다. 유생의 생존율은 정확히 알려지지 않았으나, 몸길이 10mm가 될 때까지 1%가 살아남는다고 알려져 있다. 유생시기가 지나면 바다 밑으로 내려가 사는데, 이때의 몸무게는 3~5g, 몸길이는 50mm 정도이다. 그 후에 빠르게 자라 1년 후에 0.5~1kg이 되고, 3년 후에는 10kg이 된다. 이 과정에서 역시 많은 문어가 다른 생물에 의해 잡아먹히는데, 일부러 다리를 잘라서 포식자에게 줌으로써 잡아먹히는 것을 피한다.

바위동굴을 중심으로 살아가는데, 여기에 알을 낳고 보호하며 포식자로부터 도망칠 때도 이용한다. 문어는 밤에 사냥을 나가고, 사냥 후에는 다시 자신의 동굴로 돌아온다. 작은 문어는 모래나 자갈에 적당한 구멍을 파서 사용하기도 한다. 연체동물과 갑각류를 주로 먹는데 주로 게와 새우를 좋아하며, 그 밖에도 달팽이, 물고기, 다른 문어 등을 먹는다. 텃세를 부리지 않고 개체 간에 계급도 형성하지 않는다. 만약 두 개체가 마주치면, 작은 개체가 물러남으로써 해결한다.

문어의 주 소비국은 일본으로, 세계의 총 어획고의 2/3에 맞는 약 14만 톤을 소비하고 있고, 그 다음이 우리나라를 비롯한 동남아국가들이다. 회, 튀김, 조림, 볶음 등 다양한 방법으로 요리된다.

무척추동물 중 가장 복잡한 뇌를 가졌다. 장기 기억과 단기 기억을 가지고 있으며, 시행착오를 통해 문제해결을 익힌다. 한 번 어떤 문제를 해결하면 기억을 하여 비슷한 문제가 생겼을 경우 쉽게 해결한다. 문어는 때때로 주변과 비슷한 색으로 변하거나 기분에 따라 색깔이 변하는데, 흰색은 공포, 붉은색은 화가 났을 때의 색깔이다.

오징어 Cuttlefish

오징어

오징어류는 모두 바다에서 살며 연안에서 심해까지 살고 있다. 천해에 사는 종류는 근육질로 피부의 색소세포가 잘 발달되어 있어 몸 빛깔을 변화시키는 능력이 있으나, 심해에 사는 종류는 몸이 유연하고 발광하는 것이 적지 않다. 발광에는 반디오징어와 같이 발광기관을 가진 것과 좀귀오징어와 같이 발광세균을 가지고 있어서 발광하는 것 두 가지가 있다. 또한 귀오징어 · 갑오징어는 저서성, 살오징어 · 화살오징어는 유영성이다. 오징어류는 식용을 하며 갑오징어 · 무늬오징어 · 반디오징어 · 쇠오징어 · 화살오징어 · 창오징어 · 흰오징어 등은 특히 수산업에서 중요한 종류이다. 날것으로도 먹지만 마른오징어 등으로 가공하기도 한다.

가장 작은 오징어는 꼬마오징어로 몸길이가 겨우 2.5cm이고, 가장 큰 오징어는 대왕오징어의 일종인 대양대왕오징어로 대서양에 살며 촉완을 포함하여 15.2m에 이르는 것이 있다. 오징어류는 육식성으로 작은물고기 · 새우 · 게 등을 먹으며, 한편 대형어류 · 바다거북류 · 해수류 등의 먹이가 된다.

주꾸미 Webfoot octopus

팔완목 문어과의 연체동물이다. 낙지와 비슷하게 생겼으나 크기가 더 작다. 알이 차

● 주꾸미

있는 봄이 제철이다. 전라남도와 충청남도에서는 쭈깨미, 경상남도에서는 쭈게미라고 불린다. 흔히 '쭈꾸미'로 부르지만 '주꾸미'가 정확한 이름이다.

몸통에 8개의 팔이 달려 있는 것은 낙지와 비슷하나, 크기가 70cm 정도 되는 낙지에 견줘 몸길이는 약 20cm로 작은 편에 속한다. 한 팔이 긴 낙지와 달리, 8개의 팔은 거의 같은 길이이며 몸통부의 약 두 배 정도에 달한다. 몸통을 둘러싸고 있는 외투막은 달걀처럼 한쪽이 갸름하다. 눈과 눈 사이에 긴 사각형의 무늬가 있고 눈의 아래 양쪽에 바퀴 모양의 동그란 무늬가 있으며 모두 금색이다. 몸 빛깔은 변화가 많으나 대체로 자회색이다. 수심 10m 정도 연안의 바위틈에 서식하며, 주로 밤에 활동한다. 산란기는 5~6월이며, 바다 밑의 오목한 틈이 있는 곳에 포도 모양의 알을 낳는다. 알은 긴 지름이 1cm 정도로 큰 편이다. 봄이 되어 수온이 올라가면 먹이가 되는 새우가 많아지기 때문에 서해 연안으로 몰려든다.

그물로 잡거나 소라와 고둥의 빈껍데기를 이용한 전통적인 방식으로 잡기도 한다. 고둥, 전복 등의 껍데기를 몇 개씩 줄에 묶어서 바다 밑에 가라앉혀 놓으면 밤에 활동하던 주꾸미가 이 속에 들어간다. 산란기를 앞두고 알이 꽉 들어찬 것은 특히 맛이 좋기 때문에 3~4월이 제철이다. 가을에도 잡히지만 알이 없기 때문에 맛이 떨어진다. 살아 있어 싱싱한 것은 회로도 먹으며, 고추장으로 양념하여 구워먹거나, 끓는 물에 데쳐서 먹는다. 볶음, 전골로도 조리한다.

FOOD Materials Science

05 극피류 및 기타

멍게 Sea squirt

'우렁쉥'이라고도 한다. 얕은 바다에 암석, 해초, 조개등에 붙어서 살지만 2,000m

멍게

보다 더 깊은 곳에 사는 것도 있다. 몸 크기에 따라서 독립된 개체로 살거나 혹은 서로 이어져 군체를 이루기도 한다.

우리나라 해안지방에서는 예전부터 식용으로 사용했으나, 전국적으로 이용하게 된 것은 6·25동란 이후이다. 흔히 날로 초고추장에 찍어서 먹는다. 멍게의 특유한 맛은 불포화알코올인 신티올(cynthiol) 때문이며, 글리코겐의 함량(약 11.6%)이 다른 동물에 비해 많은 편이다. 수온이 높은 여름철에 맛이 가장 좋은데, 이것은 다른 철에 비해 글리코겐의 함량이 많기 때문이다. 프랑스 · 홍콩 · 일본 등지에서도 식용으로 사용한다. 우리나라 자연산 멍게의 생산량은 1977년에 연간 약 5,000톤이었으나 무분별한 채취로 1987년에는 1,335톤으로 줄어들었다. 현재는 양식을 통해서도 생산하고 있다.

성게Sea urchin

성게

'섬게'라고도 한다. 옛 문헌에서는 해구(海毬), 해위(海蝟)라 했다. 우리말로는 '밤송이조개'라고 하였는데, ≪자산어보≫에서는 보라성게를 한자로 '율구합(栗毬蛤)'이라 기록하고 있다. 제주도에서는 '구살'이라고 부른다.

몸은 공 모양이거나 심장 모양으로 팔이 없다. 몸의 앞뒤에 방향성은 없으나 상 · 하의 구별은 있으며, 기관의 배열은 다섯 방향으로 대칭을 이룬다. 내부는 탄산칼슘 성분의 두꺼운 골판이 규칙적으로 배열되어 단단한 껍데기를 이루며, 그 위에 얇은 표피가 덮여있다. 입과 항문은 각각 몸의 아래쪽과 위쪽의 중앙에 위치한다. 입이 있는 부위인 위구부(圍口部)에 있는 가시는 이가 되며, 내부에 '아리스토텔레스의 등불'이라고 하는 석회질의 억센 이빨로 된 저작기(咀嚼器)가 있다. 체표에는 갈래가시 또는 둥근가시가 있으며 가시에는 감각기능이 있다. 가시 사이에는 앞 끝에 빨판이 붙어 있는 관족이 뻗어 나와 있다. 이동 시 가시와 관족을 모두 사용한다.

식성은 종류에 따라 다르지만, 주로 해조류나 바위에 붙어 사는 수생동물을 잡아먹는다. 자웅이체이며, 겉모습이 일정한 정형류와 보는 방향에 따라 모습이 다른 부정형류로 나뉜다. 정형류는 보라성게가, 부정형류는 염통성게가 대표적이다. 전 세계에 약 900여 종이 분포하며 한국에는 약 30여 종이 서식한다. 나팔성게 · 흰수염성게 등은 몸 표면에 독주머니가 달린 가시를 가지고 있으며, 한 번 박히면 잘 빠지거나 부러지지 않는다. 찔리면 피부가 부어오르며 통증을 느낀다. 보라성게 · 분홍성게 · 말똥성게 등은 생식선에 독특한 향기가 있어 날것으로 먹거나 젓갈을 담가 술안주나 반찬으로 먹는다. 씁쓸한 맛이 있는 알은 술안주로 쓰이거나 초밥에 얹어 먹기도 하며, 죽을 끓여 먹는다. 한국의 남 · 동해안에서는 5~6월 사이 보라성게가 많이 채취된다.

해삼Sea cucumber

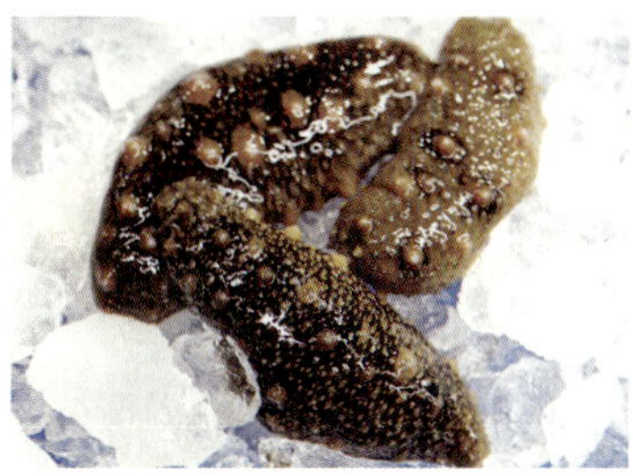

● 해삼

극피동물 해삼강에 속하는 해삼류의 총칭이다. 약효가 인삼과 같다고 하여 이름지어졌다. 일본에서는 야행성으로서 쥐와 닮았다 하여 바다 쥐란 뜻의 '나마코'라 불린다. 경북에서는 홍삼, 목삼이라 불리기도 한다.

몸은 앞뒤로 긴 원통 모양이고, 등에 혹 모양의 돌기가 여러 개 나있다. 몸의 앞쪽 끝에는 입이 열려 있고 그 둘레에 촉수가 여럿이 달려 있으며, 뒤쪽 끝에는 항문이 있다. 또 대부분의 종은 아랫면에 가는 관으로 된 관족이 많이 나있어, 이것으로 바다 밑을 기어다닌다. 관족이 없는 종은 바다 속을 떠다니거나 모래진흙에 묻혀 산다. 피부 속에는 석회질로 된 작은 골편(骨片)이 드문드문 들어 있다.

대부분 암수의 구별이 있으나, 겉모습으로는 구별하기가 힘들다. 수온 17℃ 이하에서 식욕이 왕성하고 운동이 활발하며, 17℃ 이상이 되면 먹는 것을 중지하고, 25℃

이상이 되면 여름잠을 잔다. 먹이를 먹을 때에는 촉수로 바다 밑에 깔린 모래진흙을 입에 넣어 모래진흙 속에 들어 있는 작은 생물을 잡아먹고 모래와 배설물은 밖으로 내보낸다. 외부에서 자극을 받으면 장(腸)을 끊어서 항문 밖으로 내보내는데, 재생력이 강해서 다시 생긴다.

잠수복을 입은 해녀가 수심 10m 이내의 연안어장에서 물속에 잠수하여 채취하며, 4~5월에 많이 잡힌다. 가을부터 맛이 좋아지기 시작하여, 동지 전·후에 가장 맛이 좋다. 회로 먹거나 볶음, 찜, 탕 등으로 먹는다.

해파리 Jellyfish

해파리

해파리를 처음 먹은 사람은 십중팔구 굶어 죽기 직전이었을 것이다. 이 싱싱하고 젤리 같은 덩어리-생선은 아니고, 바다에 사는 무척추동물-를 먹을 수 있는 상태로 바꿔놓으려면 엄청나게 손이 많이 간다. 그러니 배나 시간이나 모두 텅 빈 사람이 아니고서야 해파리에 덤벼들었을 리가 없다.

그러나 오늘날 해파리는 별미에 속한다. 까마득하게 비싼 건 아니지만 새둥지나 해삼, 그리고 거의 멸종위기에 처할 정도로 인기가 높은 상어지느러미에 비유하는 사람들도 있다. 앞에서 언급한 것들과 마찬가지로, 해파리 역시 어디까지나 그 질감을 즐기기 위해서 먹는다. 우선 해파리들의 공격 무기인 촉수를 떼어내고, 그 다음엔 내장을 끄집어낸다. 몸체를 깨끗이 씻어내어 물에 불렸다가 소금에 절여 말린다.

해파리는 말린 것과 물에 불려 도로 촉촉하게 만든 것 두 종류이다. 말린 것은 하룻밤 정도 물에 담가놓고 여러 번 물을 갈아주어야 지나친 소금기를 제거할 수가 있다. 크리스마스 파티에 내는 찬 음식 가운데, 해파리는 굵고 반투명한 황금빛 국수덩어리처럼 보이도록 접시 위에 얹은 뒤 간장, 참기름 그리고 말린 머스터드 가루를 뿌린다. 일본에서는 해파리를 '쿠라게'라고 부르며, 스노모노(초회, 초무침)에 종종 사용한다.

006 FOOD Materials Science
해조류

감태 Ecklonia cava

● 감태

갈조식물 다시마목 미역과의 여러해살이 해조이다. 점심대(漸深帶)의 깊은 곳에서 자란다. 길이는 1~2m 정도이다. 줄기는 원기둥 모양이고 밑동은 뿌리 모양이다. 가운데 부분은 굵고 어릴 때는 속이 차 있으나 다 자란 뒤에는 속이 비기도 한다. 줄기 끝에는 겹잎 조각을 가진 납작한 1개의 가운뎃잎이 달린다. 이 잎은 길이가 1m 정도이고 갈색이지만, 말리면 검은빛이 된다. 두꺼우며 혁질(革質 : 가죽 같은 질감)이고 양쪽에 깃꼴의 작은 잎이 달린다.

어린 식물체는 봄에 나타나는데, 초년에는 줄기 길이가 5~10cm, 지름이 약 5mm이며, 가운뎃잎은 길이가 20~30cm, 나비 4cm 정도로 된다. 2년째의 가을에 가운뎃잎에 만들어진 포자를 내보낸 뒤 잎은 떨어져 나가고 줄기만 있다가 옛날잎의 자리에 새 가운뎃잎이 달린다.

해조류를 구성하는 중요한 조류식물이며 주로 전복과 소라 등의 먹이가 된다. 알긴산이나 요오드 · 칼륨을 만드는 주요원료가 되고, 채취하여 식용으로 이용되기도 한다. 한국(남해안 · 제주도) · 일본 등지에서 분포한다.

김 Laver

홍조식물 보라털목 보라털과의 해조이다. '해태(海苔)'라고도 한다. 바다의 암초에 이끼처럼 붙어서 자란다. 길이가 14~25cm, 나비는 5~12cm 정도이다. 몸은 긴 타원 모양 또는 줄처럼 생긴 달걀 모양이며 가장자리에 주름이 있다. 몸 윗부분은 붉은

김

갈색이고, 아랫부분은 파란빛을 띤 녹색이다.

1층의 세포로 이루어져 있는데, 세포는 불규칙한 3각이나 4각 또는 다각형이며 불규칙하게 늘어선다. 단면은 4각형이고 높이는 폭보다 크거나 거의 같다. 밑부분 세포는 달걀 모양이거나 타원 모양이며 크고 무색인 헛뿌리를 낸다. 한국의 연안에서는 10월 무렵에 나타나기 시작하여 겨울에서 봄에 걸쳐 번식을 하고, 그 뒤는 차차 줄어들어 여름에는 보이지 않는다. 한국(제주도 · 남해안 · 서해안) · 일본 · 중국 등지에 분포한다.

양식이 적합한 곳은 파도가 고요한 내만으로서 조류의 소통이 잘되는 곳이 좋다. 홍수 때에 민물이 너무 많이 흘러들어서 비중이 1.017 이하가 되면 좋지 않다. 잘 자라려면 수온 · 조도 등이 중요하므로 조석에 의한 수위의 변동을 고려하여 발의 설치수심(設置水深)에 특별히 주의해야 한다. 한국에서는 전라남도와 경상남도 지방의 바닷가 일대에서 양식을 하는데, 특히 전라남도 완도의 김 양식이 유명하다.

성분과 이용으로는 탄수화물인 한천이 가장 많이 들어 있으며, 그 밖에 헤미셀룰로오스 · 소르비톨 · 둘시톨 등이 들어 있다. 지방은 거의 없으나 단백질은 30~40% 정도가 들어 있다. 특히 트레오닌 · 발린 · 로이신 · 이소로이신 · 리신 · 메티오닌 · 페닐알라닌 · 트립토판 등의 필수아미노산이 많이 들어 있다.

다른 해조류와 마찬가지로 나트륨 · 칼륨 · 칼슘 · 인 · 철 등의 무기질이 들어 있으며, 카로틴이 많이 들어 있어 비타민A의 좋은 공급원이 된다. 그 밖에 리보플라빈 · 니아신 · 비타민C 등도 비교적 많이 들어 있다. 붉은색 색소인 푸코에리트로빈이 있어 특유한 빛깔을 내며, 디메틸술파이드로 독특한 맛과 냄새를 낸다. 특히 달콤한 맛과 기름진 맛이 나는 아미노산인 글리신과 알라닌이 들어 있어 감칠맛을 낸다.

다시마 Laminaria

갈조식물 다시마목 다시마과의 한 속이다. 길이가 1.5~3.5m, 너비는 25~40cm 정

다시마

도이다. 큰 바닷말이며 2~4년생인 엽체(葉體)는 포자세대(胞子世代)로서 겉보기에는 줄기 · 잎 · 뿌리의 구분이 뚜렷하다. 잎은 띠 모양으로 길고 가운데 부분보다 약간 아래쪽이 가장 넓다.

잎의 가운데 부분은 두께가 1.8~3.5mm로서 약간 두껍다. 어릴 때에는 세로로 용무늬가 생기지만 개다시마속과 달리 자라면서 없어진다. 줄기는 짧은 원기둥 모양이고 곧게 서며, 여러 갈래로 가지를 낸다. 얽힌 뿌리는 잘 발달해 있어 바위에 붙는다.

한대 · 아한대의 연안에 분포하는 한해성(寒海性) 식물로서 한국에는 동해안 북부, 원산 이북의 함경남도 · 함경북도 일대에서 자라는 것으로 알려져 있다. 이밖에 일본 홋카이도와 도호쿠[東北] 지방 이북 연안, 캄차카반도, 사할린섬 등의 태평양 연안에도 분포한다.

다시마속 식물은 태평양 연안에 20여 종이 자라고 있으며, 10m 이상의 큰 종류도 있는데, 주요 종으로는 참다시마 · 오호츠크다시마 · 애기다시마 등이 있다. 옛날부터 한국을 비롯하여 일본 · 중국에서 식용해왔다.

늦가을부터 초겨울의 재생기에는 잎의 밑동에 있는 생장대가 다시 활동을 하여 2년째의 잎을 만들어 여름까지는 매우 두꺼운 엽체가 만들어진다. 2년째의 엽체는 6월부터 다음해 3월까지 포자를 내보내는데, 11월 무렵이 최성기가 된다. 다시마는 2년생 엽체부터 채취할 수 있다.

다시마에는 카로틴류 · 크산토필류 · 엽록소 등의 여러 가지 색소 외에 탄소동화작용으로 만들어지는 마니트 · 라미나린 등의 탄수화물과 세포벽의 성분인 알긴산이 많이 들어 있고, 요오드 · 비타민B_2 · 글루탐산 등의 아미노산이 들어 있다.

성분은 종류에 따라서 다르지만, 대체로 수분 16%, 단백질 7%, 지방 1.5%, 탄수화물 49%, 무기염류 26.5% 정도이며, 탄수화물의 20%는 섬유소이고 나머지는 알긴산과 라미나린 등 다당류이다. 특히 요오드 · 칼륨 · 칼슘 등 무기염류가 많이 들어 있으므로, 다시마를 조금씩 자주 먹는 것은 무기염류의 공급을 위해서 좋다. 다시마에 들어 있는 라미닌이라는 아미노산은 혈압을 낮추는 효과가 있다.

매생이 | Seaweed fulvescens

매생이

대롱 모양으로 어릴 때는 짙은 녹색을 띠지만, 자라면서 색이 옅어지게 된다. 굵기는 머리카락보다 가늘며 미끈거린다. 가지는 없고 외관상 창자파래의 어린 개체와 비슷하나 이보다 부드러우며, 현미경으로 보면 사각형의 세포가 2~4개씩 짝을 지어 이루는 것이 특이하다. 파래와 유사해 보이나 파래보다 가늘고 부드럽다.

10월 중순경부터 출현하기 시작하여 겨울동안 번성하다가 4월부터 쇠퇴하며, 성장기간 동안 계속 번식한다. 지형적으로 조류가 완만하고 물이 잘 드나드는, 오염되지 않은 깨끗한 지역에서 잘 자란다. 우리나라에서는 완도, 부산 등 남해안 지역에 주로 서식한다.

채취는 주로 11월에 시작하여 이듬해 2월까지 이루어지며 모두 자연채묘에 의해 이루어지므로 생산량이 불안정하여 시장에서 가격변동 폭이 매우 큰 편이다. 생산량이 그리 많지 않은 데다가 보관 · 운반이 용이치 않아 보통 채취된 지역에서 모두 소비되는 편이다. 철분과 칼륨, 단백질 등을 많이 함유하고 특유의 향기와 맛을 지니고 있어 오래 전부터 식용으로 애용돼 왔다.

보통 정월대보름에 향토음식으로 많이 사용되거나 굴을 넣고 국으로 끓여 먹는다. 김 양식장에 밀생하여 김의 생육에 해를 주기도 한다. 채취된 매생이는 포구에서 마을 아낙들이 헹군 뒤 물기를 빼어 적당한 크기로 뭉치는데 이를 '재기'라 한다.

정약전의 ≪자산어보≫에는 매생이에 대해 "누에실보다 가늘고 쇠털보다 촘촘하며 길이가 수척에 이른다. 빛깔은 검푸르며 국을 끓이면 연하고 부드러워 서로 엉키면 풀어지지 않는다. 맛은 매우 달고 향기롭다"고 평가하고 있으며, ≪동국여지승람≫에 의하면 "장흥의 진공품(進貢品)"으로 기록되어 있다. 또한 남도지방에는 "미운 사위에 매생이국 준다"는 속담이 있는데, 이는 매생이국은 아무리 끓여도 김이 잘 나지 않아 모르고 먹다가 입 안에 온통 화상을 입기가 쉽기 때문이라 한다.

미역 Sea mustard

미역

한방에서는 미역을 해채, 감곽, 자채, 해대 등으로 부른다. 외형적으로는 뿌리·줄기·잎의 구분이 뚜렷한 엽상체(葉狀體) 식물이다. 우리나라 전 연안에 분포하나, 한·난류의 영향을 강하게 받는 지역에는 분포하지 않는다. 저조선 부근 바위에 서식하나 남부지방은 더 깊은 곳에, 북부지방에서는 더 얕은 곳에 서식하는 경향이 있다. 겨울에서 봄에 걸쳐 주로 채취되며 이 시기가 가장 맛이 좋다. 봄에서 여름에 걸쳐 번식한다.

전복·소라의 주요 먹이이며 주로 우리나라, 일본, 중국 등지에서만 식용으로 이용된다. 식이섬유와 칼륨, 칼슘, 요오드 등이 풍부하여 신진대사를 활발하게 하고 산후 조리, 변비·비만 예방, 철분·칼슘 보충에 탁월하여 일찍부터 애용되어 왔다. 고려시대부터 이미 중국에 수출했다는 기록이 있다. ≪고려도경≫에서는 "미역은 귀천이 없이 널리 즐겨먹고 있다. 그 맛이 짜고 비린내가 나지만, 오랫동안 먹으면 그저 먹을 만하다"고 나와 있으며, ≪고려사≫에는 "고려 11대 문종12년(1058)에 곽전(바닷가의 미역 따는 곳)을 하사했다"는 기록과 "고려 26대 충선왕 재위 중(1301)에 미역을 원나라 황태후에게 바쳤다"는 기록도 있다. 민간에서는 산후선약(産後仙藥)이라 하여 산모가 출산한 후에 바로 미역국을 먹이는데 이를 '첫국밥'이라 하며, 이때 사용하는 미역은 '해산미역'이라 하여 넓고 긴 것을 고르며 값을 깎지 않고 사오는 풍습이 있다. ≪동의보감≫에는 "해채는 성질이 차고 맛이 짜며 독이 없다. 효능은 열이 나면서 답답한 것을 없애고, 기(氣)가 뭉친 것을 치료하며, 오줌을 잘 나가게 한다"는 기록이 있다. 최근에는 양식기술의 발달로 가공품으로 많이 이용·수출되고 있으며, 국이나 냉국 혹은 무침·볶음·쌈 등 다양한 방법으로 식용을 한다. 다이어트식품으로도 각광받고 있다.

미역의 양식 시기는 지역에 따라 다소 차이가 있으나, 대략 9월 말 또는 10월 초에 시작하여 4~5월에 수확을 끝내는 것이 보통이다. 한국에서 미역 양식이 본격화된 것은 1975년 이후이다.

미역을 이용한 가장 보편적인 음식이 미역국이다. 주성분은 탄수화물이지만 단백질과 회분도 많이 함유하고 있다. 특히 옛날부터 아이를 출산한 산모에게 미역국을 먹이는 풍습이 있다. 이밖에 미역무침 · 미역볶음 · 미역쌀 · 미역냉국 등이 있다.

쇠미역 Costaria costata

쇠미역

갈조식물 다시마과의 바닷말이다. 썰물대의 낮은 곳에서 생육한다. 식물체는 가는 섬유상의 뿌리에서 6~20cm로 길고 굵으며 상부가 편압(扁壓)된 둥근 줄기가 나고, 그 위에 길이 1~2m, 나비 5~30cm의 길쭉한 엽상부(葉狀部)가 있다. 이 엽상부는 기부가 어릴 때는 쐐기꼴을 하고 있다가 노성하면 둥근 달걀 모양이 되는데, 어릴 때는 3줄, 성숙하면 5줄의 뚜렷한 중륵(中肋)과 크고 작은 구멍이 뚫린 엽면이 있다.

중륵은 항상 엽면에서 튀어나와 있는데, 두 가장자리의 것과 중앙의 것은 같은 면으로, 나머지 2개는 다른 면으로 튀어나왔다. 엽면에 용(龍) 모양의 무늬가 있는 것이 특이하다. 황갈색 또는 암갈색을 띠는 두꺼운 혁질(革質)이고 점액성은 없다. 1~3월의 이른 봄에 어린 개체가 나타나서 초여름에는 성숙하여 생식세포를 형성한 다음, 저절로 녹아버린다. 한국(동해안의 중부 이북) · 일본 북부 · 사할린 · 북태평양 북부 · 베링해 등지에 광범위하게 분포한다.

우뭇가사리 Agar

홍조식물 우뭇가사리과의 바닷말이다. 물이 빠져나간 봄에 흔하게 볼 수 있는 해조류로 한천의 원료로 이용된다.

체세포의 틈 사이에 10~20%의 한천질이 함유되어 있어 이를 이용하여 한천을 만든다. 자연한천은 순도가 낮지만 점성이 강한 반면에, 기계적으로 만든 공업한천은 순도가 높으나 점성이 약하다. 한천은 창자의 연동운동에 도움을 주며, 칼로리가 낮아 다이어트에 각광받고 있으며 아이스크림이나 잼을 만들 때 점성을 주기 위해 사용되기도 한다. 이외에도 알약의 당의나 연고제의 원료로 쓰이며 화장품을 제조할 때 색소나 첨가물이 침전되지 않도록 안정제로 사용되기도 한다.

● 우뭇가사리

청각Sea staghorn

≪자산어보≫에는 감촉이 매끄러우며 빛깔은 검푸르고 맛은 담담하여 김치의 맛을 돋운다고 기록되어 있어, 예로부터 김치의 맛을 내는 재료로 사용되었음을 알 수 있다. 일본에서는 '바다 속에 사는 소나무'라는 뜻으로 미루(ミル)라고 부른다.

● 청각

높이가 10~30cm, 굵기는 1.5~3mm 정도이고, 아래쪽이 좀더 굵은 편이다. 가지는 사슴뿔 모양으로 갈라져 곧게 자라며, 모두 같은 높이에 달하여 부채꼴 모양을 이룬다. 표면은 융처럼 부드럽고, 현미경으로 보면 가지 내부에 무색투명한 실같은 조직이 불규칙하게 엉켜 있다. 어린 것은 앞쪽, 특히 위쪽에 털이 있으나 후에 떨어지고 털이 없어진 자국이 남는다. 몸 전체는 세포 사이의 막이 없이 모두 연결되어 세포핵 여러 개가 하나의 세포에 들어있는 구조이다. 포자가 들어있는 주머니는 곤봉 모양이며 길이는 굵기의 5~7배이고, 꼭대기는 뾰족하다.

수심 1~20m의 깊은 곳 중에서도 파도의 영향을 적게 받는 곳에서 자란다. 특히 육지로부터 흘러들어온 물의 영향을 받지 않고, 먼 바다에서 흘러들어온 바닷물의 영향을 받는 곳에 많으며, 암석 · 조개껍질 또는 다른 해조류 등에 붙어서 산다. 온 · 난대 및 아열대 해역에 흔하다.

배추 등과 함께 물김치를 담그거나 나물처럼 무쳐서 먹는다. 김치를 담글 때 넣으면 젓갈이나 생선의 비린내, 마늘냄새를 중화시켜 뒷맛을 개운하게 한다. 구충 성분이 있어 예전에는 회충약으로 쓰이기도 하였으며, 수용성 추출물은 세균에 대한 강한 항생작용을 가지고 있다.

톳Sea weed fusiforme

톳

마산 · 진해 · 창원 · 거제에서는 '톳나물'이라 하며, 고창에서는 '따시래기', '흙배기'라고 부른다. 제주지역에서는 '톨'이라 하며 보릿고개가 존재했을 당시 톳밥 등을 지어 구황식품으로 이용하기도 했다. 사슴꼬리와 유사하다고 하여 '녹미채(鹿尾菜)'라 부르기도 한다.

조간대 하부에서 경사가 완만한 암초지대나 파도가 심하지 않으며 뻘이 약간 덮인 지역에 큰 군락을 이룬다. 섬유상의 뿌리를 가지고 있으며 줄기는 원뿔형이다. 잎은 주걱 모양으로 하부에서만 볼 수 있고 다육질이며 작고 가장자리에 톱니가 있다.

유성세대만 있는 다년생 해조류 유성생식과 영양번식을 한다. 4~5월에 생식기관이 형성되고 기부만 남긴 후 유실(流失)된다. 이 식물은 칼슘 · 요오드 · 철 등의 무기염류가 많이 포함되어 있어, 혈관경화를 막아주고, 상용으로 먹으면 치아가 건강해지며 머리털이 윤택해지고, 임신부인 경우에는 태아의 뼈를 튼튼하게 해주는 등 예로부터 기호식품의 하나로서 특히 일본 사람들이 잘 먹는다. 섬유질을 포함하고 있어 변비에도 좋으며, 점액질의 물질이 창자의 소화운동을 높여준다. 자연종묘에 의존하고 있었으나, 최근 한국의 남해안에서 자연산을 채취하여 이식양식(移植養殖)을 시도하고 있는데, 그것은 아직도 포자에 의한 양식법이 개발되지 못하고 있기 때문이다.

한국에서는 주문진 이남에서 서해안 장산곶까지 생육하고 남해안과 제주에서 잘 자란다. 톳밥이나 무침, 샐러드, 냉국 등으로 요리된다. 봄에서 초여름에 가장 연하고 맛이 좋다.

파래 Enteromorpha

파래

녹조식물 갈파래과에 속하는 한 속이다. 한국에는 창자파래 · 납작파래 · 잎파래 · 가시파래 · 격자파래 따위가 있다. 그 밖에 흔히 파래 종류로 지칭되는 홑파래류도 포함시켜 지칭하기도 한다. 이들은 대부분 원통 모양을 한 엽상체가 분지하거나 단조(單條)이고, 종류에 따라서는 상부가 엽상(葉狀)으로 퍼진 모습을 하는데, 분류학적으로는 중공(中空)인 원통 모양을 한 종류를 이 속에 포함시키고 있으며 종(種)을 동정하기 매우 힘든 종류가 많다.

이들은 바닷가의 조간대(潮間帶) 상부, 특히 민물이 흘러들어오는 곳에서 잘 자라며, 조용한 조수웅덩이 따위에서 큰 군락을 이루는 경우가 많다. 종류에 따라서 생육시기가 다르지만 보통 늦가을부터 초여름까지 번무하며, 양식용 김발에도 잘 착생하여 시중에서 팔리는 파래김의 주종을 이룬다. 파래는 향기가 많고 맛이 독특하여 한국과 일본 등지에서 즐겨 먹는 해산식물의 한 종류로서 단백질 20~30%, 무기염류 10~15%, 비타민 500~1,000IU를 포함하고 있는데, 특히 알칼리성 원소가 많은 주요 무기질식품이다. 다만, 단백질에는 메티오닌 · 리신 등이 들어 있지 않아 영양가는 낮다.

Food Materials Science

CHAPTER 12 향신료류

FOOD Materials Science

01 잎 향신료류

딜 Dill

딜

미나리과의 한해살이풀인 딜을 이용한 향신료이다. 딜은 꽃, 잎, 줄기, 씨 모두 향기가 있는데 향신료로 쓰이는 것은 주로 씨이다. 같은 미나리과인 펜넬이나 캐러웨이와 잎 모양이나 향이 비슷하다. 딜이라는 이름은 고대 스칸디나비아어인 딜라(Dilla) 즉 "달래다, 진정시키다"라는 뜻에서 유래했으며, 특유의 향기에는 진정 작용이 있어서 건조한 잎이나 씨를 베개에 넣으면 숙면을 취할 수 있다고 알려져 있다.

기원전 5000년경부터 마귀를 쫓는 일이나 생약으로 쓰였고, 로마제국의 발전과 함께 유럽 전역으로 전해졌다. 유럽, 중동, 러시아에서는 샐러드, 피클, 마리네이드 등에 쓰이고, 스칸디나비아 지방에서 호밀빵, 해산물요리, 감자요리에 향과 색을 더하는 데 쓰이고 있다. 생잎은 꽃망울이 생기기 전에 수확하여 그늘에 말리거나 냉동해서 이용한다. 잎은 씨보다 순하지만 쓴맛은 더하다. 잎을 곱게 다져 감자튀김이나 샐러드에 뿌려 먹어도 좋다.

라벤더 Lavender

지중해 연안이 원산지이다. 높이는 30~60cm 정도이고 정원에서 잘 가꾸면 90cm까지 자란다. 전체에 흰색털이 있으며 줄기는 둔한 네모꼴로 뭉쳐서 나며 밑부분에서 가지가 많이 갈라진다. 잎은 돌려나거나 마주나고 바소 모양이며 길이가 4cm, 폭이 4~6mm이다. 잎자루는 없으며 잎에 잔털이 있다. 꽃은 6~9월에 연한 보라색이나 흰색으로 피고 잎이 달리지 않은 긴 꽃대 끝에 수상꽃차례를 이루며 드문드문 달린다. 꽃 · 잎 · 줄기를 덮고 있는 털들 사이에 향기가 나오는 기름샘이 있다.

물이 잘 빠지는 모래땅에 약간의 자갈이 섞인 곳에서 잘 자라고 너무 비옥하지 않은 땅이 좋다. 햇빛을 잘 받는 남향과 습하지 않은 곳에서 잘 자란다. 꽃과 식물체에서 향유(香油)를 채취하기 위해 재배하고 관상용으로도 심는다. 향유는 향수와 화장품의 원료로 사용하고 요리의 향료로 사용할 뿐만 아니라 두통이나 신경안정을 치료하는 데도 쓰인다.

● 라벤더

레몬밤 Lemon Balm

쌍떡잎식물 통화식물목 꿀풀과의 여러해살이풀이다. 레몬과 유사한 향이 있으며, 이 향은 감정을 편안하게 진정시켜 주며 심장 박동수를 낮추고 혈압을 낮춘다. 전갈이나 독거미에 물렸을 때 해독작용이 있고 설사를 완화시키며 바이러스를 막는 데에 큰 효과가 있다. 천연두에도 효능이 있고, 치통이 있을 때 입가심용으로 사용해 왔다. 독버섯 해독, 복통, 위궤양, 생리통 억제, 생리촉진에 사용해 왔으며 예로부터 방향요법(향기요법)에 필수적으로 사용해 왔다. 잎과 가지에서 추출한 기름은 탈모방지, 목욕제 등으로 이용되고 차는 진정 · 건위 · 강장 · 신경 고양 등에 효능이 있으며, 기분을 상쾌하게 하기 위해서도 마신다. 샐러드나 수프 · 소스 · 오믈렛 · 육류나 생선요리 등의 맛을 내는 데도 이용된다.

● 레몬밤

로즈메리 Rosemary

지중해 연안이 원산지로, 솔잎을 닮은 은녹색잎을 가진 큰 잡목의 잎으로 보라색

로즈메리

꽃을 피운다. 강한 향기와 살균력을 가지고 있으며 다년생으로 4~5월에 꽃이 피며, 이 꽃에서 얻은 벌꿀은 프랑스의 특산품으로 최고의 꿀로 인정받고 있다. 로즈메리는 주로 스튜, 수프, 소시지, 비스킷, 잼, 육류, 가금류요리 등에 다양하게 사용된다.

마조람 Marjoram

마조람

쌍떡잎식물 합판화군 통화식물목 꿀풀과의 여러해살이풀이다. 지중해 연안산으로, 여러해살이풀이지만 추위에 약해 한국에서는 한해살이풀로 다룬다. 높이 40~60cm 정도이다. 잎은 달걀 모양으로 넓으며 가장자리가 밋밋하다. 6~8월에 연한 노란색 또는 흰색의 작은 꽃이 핀다. 포기 전체에 가볍고 달콤한 향기가 나고, 맛은 약간 쓴 편이다.

옛날부터 향초(香草) 중에서 가장 향기가 강한 것으로 알려져 향료 자원 또는 약료 자원으로 널리 재배하였다. 수프 · 스튜 · 소스 등의 향료나 닭고기 · 칠면조고기 등의 통조림에 사용한다.

민트 Mint

민트

유럽이 원산지인 박하 향신료이다. 동양산 박하는 멘톨 함유량은 많으나 향기가 별로 없어 향신료로서 적당하지 않다. 잎을 채취해서 두 손으로 비비거나 잘게 썰어 사용한다. 양고기요리에 필수적이며, 소스 · 과자류 등에도 많이 사용된다.

바질 Basil

바질

열대아시아가 원산지이며, 열대에서는 줄기가 목질화되는 여러해살이 반관목이다. 높이가 20~70cm이고, 줄기는 사각형이며 부드러운 털이 나 있다. 잎은 가장자리에 물결 모양 톱니가 있는 달걀 모양 바소꼴로 마주 나며 길이가 5~10cm이고 향기가 강하다.

꽃은 여름에 원줄기의 윗부분에서 이삭 형태로 층층이 달리지만 돌려서 나고 입술처럼 생기며 자줏빛을 띤 흰색이다. 포는 달걀 모양이고 꽃받침은 관 모양이며 수술은 4개이나 암술머리는 2개로 갈라진다. 열매는 작은 견과로 달걀 모양 또는 긴 타원형이다. 종자는 매우 작고 검은색이며 물기가 있으면 우무 모양의 물질이 나오기 때문에 눈에 든 티를 씻어내는데 이용된다.

뿌리는 가늘고 많이 나오기 때문에 이식하기가 좋고, 4~5월에 파종하여 6월에 이식을 한다. 잎이나 줄기는 말려서 요리의 향신료로 쓰이고, 방향유(芳香油)는 음료나 비누의 향기를 내는 데 이용한다.

오시멘(ocimene), 알파피넨(α-pinene)의 성분이 있고, 진해(鎭咳) · 해열 · 해독 · 설사 · 변비 · 월경불순 등의 약재로도 사용한다. 동남아시아 · 유럽 · 아메리카 · 일본 등 세계 각지에서 재배하며, 온난한 지역에서는 야생한다.

세이지 Sage

세이지

세이지는 약용 살비야라고도 한다. Common Sage, Garden Sage라고도 하며, 흔히 Salvia라는 이름으로도 불린다. 줄기는 사각형으로 밑부분이 거의 목질화되며 높이가 30~90cm이고 전체에서 향기가 난다. 잎은 마주 나고 잎자루가 짧으며 긴 타원형으로 끝이 둔하고 가장자리가 밋밋하다. 잎 뒷면은 줄기와 함께 백색털이 있어 회록색이고, 표면은 망상의 잔주름이 있다.

꽃은 5~7월에 피는데 자주색이고, 가지 끝에 층층으로 달린 총상꽃차례이며 위는 돌려 난다. 꽃에는 꿀이 있어 꿀벌이 모이는 밀원식물이다. 꽃받침통은 종 모양이고, 화관은 길이가 1.5~2cm로 위아래 2개의 꽃이 넓은 통부의 선단에 상·하 두 입술처럼 갈라지는데, 윗입술은 끝이 파지고 아랫입술은 넓게 3개로 갈라진다. 수술은 2개이고 암술대는 화관의 윗입술보다 길게 나온다. 변종이 많아 청색과 백색꽃이 피는 것도 있다.

봄 또는 가을에 파종하고, 8월에 잎을 따서 그늘에 말린 것을 샐비아잎(folia salvia)이라 하며 약 2%의 정유(精油)가 함유되어 있다. 정유의 주성분은 알파피넨·세스퀴테르펜·보르네올 등으로 향기가 있어 소스·카레·돼지고기요리 등의 향미료로 사용한다.

약용으로는 잎을 삶아서 인후염 및 위장염에 사용한다. 방부·항균·항염 등 살균소독작용이 있으며 염증의 소염제로도 이용한다. 또한 중풍이나 심한 운동 뒤의 피로도 씻어준다. 남부 유럽이 원산지이고, 옛날부터 구미 각국에서 가정용 향초(香草)로 널리 재배한다.

스테비아Stevia

스테비아

남아메리카의 파라과이·아르헨티나·브라질 등의 국경 산간지대에서 자란다. 파라과이에서는 옛날부터 스테비아잎을 감미료로 이용해 왔는데, 최근 합성감미료인 사카린의 유해성이 문제가 되자, 다시 주목을 끌게 되었다. 잎에는 무게의 6~7% 정도의 감미물질인 스테비오시드(stevioside)가 들어있는데, 그 함유율은 개체에 따라 차이가 크다. 감미성분은 설탕의 300배로서 차를 만들어 마시거나 껌 대용으로 하며 청량음료의 감미료로 사용한다.

한국에는 1973년에 들어왔으며, 작물시험장에서 설탕 대체용 개발을 위해 시험재배를 실시하였고 농가에서 재배하기도 했다. 한국에서 육성한 품종으로는 수원2호

(감미성분 12.2%)와 수원11호(23%)가 있다. 번식은 종자나 꺾꽂이로 한다. 수확은 1년에 1~2회 할 수 있으며, 9월 상순과 중순이 적기이다.

오레가노 Oregano

요리에 향신료로 쓰이는 꿀풀과의 여러해살이풀이다. '꽃박하'라고도 하며, 톡 쏘는 박하 같은 향기가 특징이다. 병충해와 추위에 잘 견디며 야생화의 강인함이 돋보이는 허브이다. 높이는 30~60cm, 잎은 길이 1.5cm 정도이고 좋은 향기와 쓴맛이 있으며 상쾌함을 준다.

오레가노

꽃은 지름 4mm의 입술 모양으로 보랏빛이 도는 담홍색이며 7~10월에 줄기 끝에서 수상꽃차례를 이루어 핀다. 추위와 더위에 강하고 토질이나 장소를 가리지 않아서 물빠짐이 좋고 햇빛이 잘 드는 토양에서 잘 자란다. 파종 시기는 4~6월, 9~10월로, 씨앗은 묘상이나 화분에 흩뿌리고 얇게 흙을 덮고 물을 준 뒤 손으로 가볍게 다져준다. 꺾꽂이와 포기나누기로 번식시키며, 관상용으로 즐길 수도 있다.

꽃이 피는 시기에 수확하여 건조시켜 보존하는데, 잎을 말린 것은 향신료로 쓰인다. 독특한 향과 맵고 쌉쌀한 맛은 토마토와 잘 어울리므로 토마토를 이용한 이탈리아요리, 특히 피자에는 빼놓을 수 없는 향신료이다. 칠리파우더 · 칠리콘카르네 등의 멕시코요리와 스파게티 · 오믈렛 · 비프스튜 · 양고기요리 · 토마토주스에도 많이 쓰인다. 프랑스요리의 기본이라고 하는 많은 소스도 오레가노를 주요 재료로 한 고대 로마시대 소스의 발전된 형태라고 할 수 있다.

또한 드라이플라워로도 이용하며, 건조한 잎과 꽃을 주머니에 넣어 류머티즘 환자의 더운 찜질에 사용하면 효과가 있다. 고대 그리스시대부터 약초로 이용된 오레가노 침출액은 강장 · 이뇨 · 건위 · 식욕증진 · 진정 · 살균작용이 있어 차를 끓여 마시거나 포푸리 · 목욕제로 사용한다. 배멀미나 신경성두통, 불면증에도 효과가 크다. 지중해 연안 여러 나라와 미국에서 널리 재배된다.

월계수잎 Bay leaf

월계수잎

'감람수'라고도 한다. 높이가 약 15m이다. 나무껍질은 짙은 잿빛이며 가지와 잎이 무성하다. 잎은 어긋나고 딱딱하며 긴 타원형이거나 바소꼴로서 길이가 약 8cm, 나비는 2~2.5cm이고 짙은 녹색이다. 가장자리는 물결 모양이며 문지르면 향기가 난다.

꽃은 암수딴그루로서 향기가 나며 4~5월에 노란색으로 피는데, 잎겨드랑이에 모여 달린다. 꽃잎은 4개, 수술은 8~14개, 암술은 1개이다. 열매는 장과(漿果)로서 타원처럼 생긴 공 모양이고 10월에 검은빛을 띤 자주색으로 익는다. 햇볕이 잘 드는 곳에서 자라며, 번식은 종자나 꺾꽂이로 한다.

지중해 연안이 원산지이다. 이 나무의 잎이 달린 가지로 월계관을 만들어 아폴로 신에게 제사를 올리는 피티아 제전에서 사용했다고 한다. 말린 잎은 베이 리프(bay leaf)라고 하며, 향기가 좋아서 요리나 차에 넣는다. 관상수로 심으며 민간에서는 열매와 잎을 건위제나 종기를 없애는 약재로 쓰인다.

처빌 Chervil

처빌

유럽과 서아시아가 원산지인 허브의 하나이며, '미식가의 파슬리'라고 불린다. 높이 30~40cm까지 자라며 파슬리와 비슷하게 생겼다. 줄기에는 마디가 있고 그 마디에 털이 조금 나있다. 잎은 3회 깃꼴겹잎(우상복엽)으로 매우 섬세하며 파슬리와 비슷한 향기를 풍긴다. 3월 하순에서 8월 초순까지 작은 흰색꽃이 우산처럼 촘촘히 모여 핀다. 꽃잎은 모두 5장으로 이루어져 있다.

추위에는 강하지만 더위에는 약하기 때문에 한여름에는 반그늘에서 기른다. 온도가 높으면 부패병에 걸려 죽는다. 씨뿌리기로 번식시킨다. 주로 이용하는 부위가 잎인데, 꽃이 피면 잎의 풍미가 떨어지기 때문에 꽃눈을 따주어야 한다.

특히 프랑스요리에서 많이 쓰인다. 어린잎은 샐러드에 넣어 날것으로 먹으며 생선요리에 넣으면 비린내를 없애준다. 이밖에도 수프, 소스 등에도 섞어 쓰며 타라곤 · 파슬리 · 차이브와 함께 사용하면 좋다. 상처나 염증에도 치료 효과를 볼 수 있고, 벌레물린 곳이나 거친 피부를 부드럽게 하고자 할 때에도 사용한다. 또 탈모나 주름살 방지에도 효과가 있다.

코리엔더 & 실란트로 Coriander & Cilantro

실란트로

실란트로(cilantro)는 '중국파슬리'라고도 하며, 미나리과 식물로 동양에서는 간단히 '고수' 서양에서는 '코리앤더(coriander)'라 부른다. 또한 중국에서는 향채(香菜)라 하며, 생으로 잎을 먹기도 하고 냉채, 육류요리 곁들이로 사용하기도 한다.

지중해와 중동지역이 원산지로 지금은 유럽, 모로코, 미국 등지에서도 씨를 얻기 위해 심는다. 초록색을 띠는 흐린 갈색의 둥근 열매를 향신료로 사용하며, 크기는 3~5cm 정도로 세로 줄무늬 홈이 있다. 잎과 미숙한 씨에서 야릇한 냄새가 나지만 완숙하면 방향으로 변한다. 라틴아메리카, 인도, 중국, 베트남 등에서는 부드러운 어린잎을 요리에 사용하며, 중국요리인 오향장육에 곁들이로 나오는 신선한 실란트는 고기의 누린내를 제거해 준다.

완숙한 실란트로 열매의 방향 성분은 코리안돌(coriandol)과 리날울(linalool)로 열매는 알맹이째 피클에 이용하고, 분말은 카레가루에 혼합하여 닭고기요리에 이용하기도 한다. 한편 영국 사탕과 같은 과자, 케이크, 쿠키, 소시지 등의 육가공품을 만들 때 향을 내기 위해 사용한다. 가루로 된 것은 향을 빨리 잃기 때문에 씨앗으로 구입해 밀폐용기에 담아 건조한 곳에 보관하는 것이 좋으며, 쓰기 전에 살짝 볶아 사용하면 특유의 나쁜 냄새가 사라지고 더 좋은 향이 난다. 실란트로(cilantro)씨를 씹으면 나쁜 냄새를 없애주는 데도 효과가 있다.

타라곤Tarragon

타라곤

시베리아 원산지로서 쑥의 일종이다. 잎에 아니스(anise) 같은 향기가 있으므로 소스·샐러드 등에 향신료로 섞어 쓰고, 초에 넣어서 타라곤비니가(tarragon vinegar)라고 하여 달팽이요리에 조미료로 쓰인다. 잎을 그늘에서 말려 단단히 닫아두었다가 필요한 때에 쓰인다. 포기나누기로 번식을 한다. 중앙아시아에서 시베리아에 걸쳐 분포한다.

타임Thyme

타임

품종이 다양하여 융단처럼 땅에 기듯이 퍼지는 포복형과, 높이가 30cm 정도로 자라 포기가 곧게 서는 형으로 나눌 수 있다. 고온건조에 강하고 병충해가 없지만, 습기에 약해 볕이 잘 들고 약간 건조한 땅에서 기르는 것이 좋다. 원산지는 유럽의 중부·남부와 북아프리카이지만 전세계에서 고루 재배되고 있다.

강한 향기는 장기간 저장해도 손실되지 않는다. 방부작용·항균작용 등 다양한 효능이 알려져 고대부터 시체를 보관하거나 항생제로 사용하였고, 힘과 에너지를 얻게 해준다는 설이 있어 최음제로도 이용되었다. 5~6월 사이에 꽃이 달린 줄기에서 얻는 정유는 호흡기 질환에 항균작용·거담작용을 하며, 두통·우울증 등 신경성 질환이나 빈혈·피로에 좋고, 피부도 좋게 한다. 야생종은 벌들이 좋아하여 그리스에서 생산되는 타임꿀은 세계적으로 유명하다.

파슬리 Parsley

● 파슬리

유럽 남동부와 아프리카 북부가 원산지이다. 높이는 20~50cm 정도이다. 세로줄이 있고 털이 없으며 가지가 갈라진다. 잎은 3장의 작은 잎이 나온 겹잎이고 짙은 녹색으로 윤기가 나며 갈래조각은 다시 깊게 갈라진다.

원예품종은 매우 우굴쭈굴하다. 2년만에 꽃줄기가 자라고 노란빛을 띤 녹색의 작은 꽃이 산형꽃차례로 달린다. 따뜻한 곳에서는 3월 중순에 파종하여 6월에 정식하고 11월에서 이듬해 3월에 수확한다.

포기 전체에 키니네의 대용품으로 사용하는 아피올이 들어 있어 독특한 향기가 나므로 요리 · 수프 · 소스 · 샐러드 · 튀김에 쓰인다. 뿌리가 당근처럼 자라는 근용(根用) 파슬리도 있다. 고대 그리스와 로마인들은 향미료 외에 화환에도 사용하였으며, 이것을 먹으면 식중독을 예방한다고 믿었다. 서양요리에서는 뺄 수 없는 채소로서 가지를 그대로 쓰거나 기름에 튀겨 쓰며, 잘게 썰어서 요리에 뿌리기도 한다. 비타민A와 C, 칼슘과 철분도 많다.

FOOD Materials Science

02 씨앗 향신료류

너트메그 육두구, Nutmeg

인도네시아 몰루카제도가 원산지이다. 높이는 약 20m 정도이며, 잎은 어긋나고 긴 타원형이며 가장자리가 밋밋하고 두껍다. 꽃은 암수딴그루로서 꽃잎이 없고, 꽃받침은 3개로 갈라지며 노란빛을 띤 흰색으로 향기가 난다. 수술 9~12개, 암술 1개이다.

너트메그

열매는 핵과(核果)로서 길이가 4~6cm 정도이다. 성숙하면 살구같이 보이며 안에 종자가 들어 있다. 성숙하면 붉은빛을 띤 노란색 껍질이 벌어져서 안쪽에 갈빗대처럼 갈라진 종의(種衣)가 보이는데, 종자를 육두구, 종의를 메이스(mace)라고 한다. 영어 이름인 너트메그란 '사향 향기가 나는 호두'라는 뜻이다. 번식은 대부분 종자로 하고, 고온다습한 기후에서 잘 자란다.

육두구는 말려서 방향성 건위제 · 강장제 등으로 쓰인다. 서양에서는 메이스와 함께 향미료(香味料)로 사용한다. 육두구와 메이스의 최대 산지는 인도네시아이며, 메이스는 특히 생선요리 · 소스 · 피클 · 케첩 등에 많이 쓰인다.

딜 씨 Dill seed

딜 씨

원산지는 지중해 연안이며 인도, 유럽, 남러시아, 스페인, 포르투갈 등지에서 재배된다. 딜은 아니스나 캐러웨이의 향과 비슷하고, 씨나 가지채로 이용할 수 있으며 피클, 빵이나 과자 등에 이용된다.

머스타드 씨 Mustard seed

머스타드 씨

겨자의 꽃이 핀 후에 열리는 씨를 말려서 통으로 또는 가루로 만들어 사용한다. 프랑스 겨자는 겨자가루와 다른 향신료, 소금, 식초, 기름 등을 섞어서 만들었기 때문에 영국 겨자에 비해 덜 맵고 순하다. 분말상태의 겨자를 막 짜낸 포도즙에 개어서 쓰기도 하며 피클, 육류요리, 소스, 샐러드드레싱, 햄, 소시지, 치즈 등에 다양하게 사용된다.

메이스 Mace

메이스

육두구나무의 씨껍질을 이용한 향신료이다. 너트메그와 메이스는 같은 나무에서 나는 향신료지만 향과 맛, 용도가 각각 다르다. 너트메그가 주로 달콤한 요리에 쓰이는 반면, 메이스는 향이 강하고 깊은 맛이 나기 때문에 소시지, 햄버거 등의 고기요리, 생선구이, 베샤멜소스, 비프스튜, 수프, 야채나 감자 등의 요리와 우유, 푸딩, 카스타드, 에그노그, 과일파이 등에 쓰인다. 또한 카레의 원료로도 쓰인다.

셀러리 씨 Celery seeds

셀러리 씨

유럽이나 미국인들이 주로 먹는 채소인 셀러리의 씨이다. 황갈색의 좁쌀만한 씨로 향신료로 사용된다. 채소인 셀러리와 같은 향기를 가지고 있으며 약간 쓴맛이 난다. 소스·수프·피클·샐러드 등을 만들 때 셀러리의 향기가 필요할 경우 씨를 사용한다. 셀러리의 씨를 분말로 하여 정제염과 섞은 셀러리 솔트가 있다.

아니스 씨 Anise seed

아니스 씨

미나리과에 속하는 아니스는 중동지역이 원산지이며, 고대 이집트인에 의해 최초로 경작된 역사가 깊은 향신료이다. 아니스의 모양은 캐러웨이, 커민,

회향과 비슷하고, 모양이 둥글며 가시 모양의 꼬리가 붙어 있다.

유럽, 북부아프리카, 터키에서 많이 사용된다. 아니스는 비슷한 레몬향을 풍기며 새콤달콤한 맛이 난다. 아니스 씨는 빵, 특히 생강빵, 비스킷 등의 향미를 내는데 사용된다. 스칸디나비아에서는 연어와 가재요리에 사용하고, 북유럽에서는 호밀빵에 첨가하여 이용한다.

양귀비 씨Poppy seed

양귀비 씨

양귀비꽃에서 얻은 것으로, 식물학자 린네에 의하면 파란 솔방울만한 양귀비 열매 속에는 3만 2천여 개의 씨앗이 들어있다고 한다.

20세기 3대약품의 발견이라고 하는 '모르핀'을 함유하고 있는 양귀비는 극동아시아와 네덜란드가 원산지이고, 우리나라도 오래 전부터 재배했으며 아편의 원료이다. 주로 케이크, 빵, 과자, 오이샐러드, 요구르트 등에 사용되고 있다.

캐러웨이 씨Caraway

캐러웨이 씨

유럽과 서아시아, 북아프리카가 원산지인 미나리과에 속하며, 씨앗을 향신료로 이용한다. 완숙한 씨를 통째로 사용하거나 대강 갈은 것을 이용한다. 캐러웨이는 아랍, 아프리카, 유럽, 스칸디나비아, 인도, 독일, 덴마크, 러시아 등지에서 각종 채소요리와 수프, 케이크나 쿠키, 사우어크라우트, 소시지, 카레, 호밀빵 등을 만들 때 쓰이며, 술 제조에도 사용된다. 인도에서는 카레와 쌀요리 등에 사용되고, 독일에서는 돼지고기요리, 스튜, 사우어크라우트, 감자샐러드 등에 쓰인다. 캐러웨이의 향과 맛을 살리려면 사용하기 전에 으깨서 살짝 볶아낸 후에 쓰는 것이 좋다.

커민 씨Cumin

커민은 중동이 원산지인 한해살이풀로 향신료로 이용되는 것은 씨이다. 씨는 모양이나 크기가 캐러웨이와 비슷한데, 커민쪽이 더 길고 가늘며 진한 향이 난다. 특유의 진한 향은 한국인에게는 다소 거부감이 느껴진다. 다른 냄새를 모두 감출 정도로 향이 강하며 톡 쏘는 쓴맛이 난다.

● 커민 씨

고대 로마인들은 커민을 지금 우리가 검은 후추를 쓰는 것처럼 양념에 이용했다고 한다. 지금은 그리스, 터키, 아랍요리에서 빠져서는 안 될 향신료로 쓰이고 있다. 칠리 파우더나 가람 마살라 혼합 향신료의 재료 중 하나이며, 모로코의 케밥, 중동과 북아프리카 전통요리인 쿠스쿠스, 인도의 카레요리나 탄두리 치킨, 그 외 고기요리에 쓰이고, 네덜란드 에담 치즈와 독일 뮌스터 치즈에 맛을 더하는데 쓰인다. 스페인과 포르투갈에서는 소시지의 향을 내는데 쓰인다.

커민을 생약으로 이용하면 소화불량과 식욕증진에 효과가 있다. 보관이 쉽지 않기 때문에 분쇄한 것은 소량씩 구입하고 그보다는 통째 사는 것이 좋다. 원산지는 이집트이고, 주산지는 모로코 등의 북아프리카, 이집트, 터키, 시칠리아섬, 몰타섬, 인도, 이란, 시리아, 미국 등이다.

코리앤더 씨Coriander seed

딱딱한 줄기를 가진 식물로 건조된 열매는 작은 후추콩과 같은 크기이고, 외부에 주름이 잡혀 있으

● 코리앤더 씨

며 적갈색을 띤다. 달콤한 레몬향과 감귤류와 비슷한 옅은 단맛이 있다. 통째로 혹은 가루로 만들어 사용하며, 소화를 돕는 것으로 알려져 있다. 주로 생선, 육류, 수프, 빵, 케이크, 커리, 절임요리 등에 사용된다.

펜넬 씨Fennel seed

펜넬 씨

펜넬은 지중해 연안이 원산지이며 중국명으로 '회향'을 말한다. 잎은 새 깃털처럼 가늘고 섬세하며 긴 잎자루 밑쪽이 줄기를 안듯이 둘러싸고 있다. 씨는 달콤하고 상큼한 맛이다.

생선의 비린내, 육류의 느끼함과 누린내를 없애고 맛을 돋운다. 주로 생펜넬오일은 소스로 빵, 카레, 피클, 생선, 육류요리에 사용한다.

흰 후추White pepper

흰 후추

완전히 익은 후추열매의 껍질을 벗긴 후 건조시켜 만든 흰색의 후추이다. 후추열매는 익으면서 붉게 변하는데, 이렇게 붉게 익은 열매를 따서 껍질을 벗겨 낸 후 말린 것이 흰색을 띠는 백후추이다. 매운맛을 내는 피페린 성분이 겉껍질에 많기 때문에 껍질째 말린 검은 후추보다는 매운맛이 덜하다. 그러나 씨에 많이 함유되어 있는 방향유 때문에 껍질이 제거된 백후추의 방향이 좀 더 강하다. 연한 색의 소스나 요리에는 검은 후추가 적합하지 않기 때문에 외관을 위해 흰색 소스나 생선요리에 백후추가 많이 이용된다. 생산량이 많지 않아 가격이 높은 편이며, 말라바르 해안(말라바 해협)에서 생산된 것을 최상품으로 친다.

FOOD Materials Science

03 열매 향신료류

검은 후추Black pepper

● 검은 후추

인도 남부가 원산지이며 열대지방에서 향신료로 가꾼다. 성숙하기 전의 열매를 건조시킨 것이 후추 또는 검은 후추이고 겉에 주름이 지며 흑색이다. 성숙한 열매의 껍질을 벗겨서 건조시킨 것은 색깔이 백색이기 때문에 흰후추라 하고, 향기가 검은 후추같이 강하지 않은 상등품이다. 이 후추는 가루로 만들어 쓰인다.

식물체는 우기와 높은 온도, 반그늘 상태에서 가장 잘 자라며, 번식은 주로 줄기꺾꽂이에 의해 이루어진다. 열매는 2~3년째부터 맺으며 생장조건이 양호하면 40년까지 열매를 맺는다. 성분은 피페린 5~9%, 차비신 6%, 정유 1~2.5% 정도가 들어 있다. 구풍제 · 매운맛 · 건위제 등으로 사용하며 식품의 향신료로서 중요시되고 있다.

후추는 인도에서 실크로드를 통해 중국으로 들어왔으므로 호국(胡國)의 산초(山椒)를 생략한 명칭이라고 한다. 한국 · 인도 · 인도네시아 · 말레이반도 · 서인도제도 등지에서 재배한다. 우리나라의 신안 앞바다의 유품 중에서도 후추가 많이 들어 있었다.

바닐라Vanilla

● 바닐라

열대아메리카가 원산지이며, 아메리카의 원주민들이 초콜릿의 향료로 사용하는 것을 본 콜럼버스가 유럽에 전했다고 한다. 지금은 향료를 채취하기 위해 재배를 한다. 공기뿌리가 잎과 마주 나면서 다른 물체를 감아 올라간다. 완전히 자라면 땅 속의 뿌리는 사라지고 공기뿌리가 수분을 흡수하는 역할을 한다. 잎은 어긋나고 육질이며 윤기 있는 녹색이다.

꽃은 길이가 4cm이며 황색을 띤 녹색으로 피고 총상꽃차례를 이루며 달린다. 열매는 원기둥 모양이고, 3개의 모가 난 줄이 있으며, 길이가 20~30cm 정도, 폭이 1cm이고 녹색에서 짙은 갈색으로 익는다. 종자는 작고 짙은 갈색 점액에 싸여있다.

성숙한 열매를 따서 발효시키면 바닐린(vanillin)이라는 독특한 향기가 나는 무색 결정체를 얻을 수 있다. 바닐린은 초콜릿 · 아이스크림 · 캔디 · 푸딩 · 케이크 및 음료의 향료로 널리 사용한다.

스타아니스팔각, Star anise

스타아니스

중국요리에서 빠져서는 안 되는 향신료이다. 중국에서는 3,000년 전부터 이용해 온 향신료로 현재도 전세계 생산량의 80%가 중국에서 재배되고 있다. 오리나 돼지고기를 이용한 요리 중 찜이나 조림처럼 오래 조리하는 요리에 첨가하면 주재료의 나쁜 냄새를 제거하면서 독특한 향으로 요리의 맛을 살리는 역할을 한다. 중국의 유명한 오향분은 스타 아니스, 펜넬, 클로브, 중국 후추, 중국 카시아 및 진피를 혼합한 혼합 향신료이다.

유럽에는 16세기 말 이탈리아의 선원에 의해 전해져 주로 당시 최고급 향신료였던 아니스의 대용으로 쓰였다. 현재 이탈리아, 프랑스, 터키에서는 스타 아니스의 정유를 파스티스 등 리큐어에 향신료로 쓰고 있다. 이외에 아름다운 모양을 살려서 포푸리나 장식품으로도 이용하고 있다.

이뇨 작용과 식욕증진 작용, 복부 팽만감이나 구역질을 완화하는 작용이 있다. 중국에서는 요통, 변비, 방광염의 치료에 생약으로 쓰이며, 산통이나 급성 류머티스의 통증을 완화할 때도 쓰고 있다. 또 기침약의 맛을 낼 때도 쓰인다. 단 일본팔각(재팬니즈 아니스)에는 독성이 있기 때문에 팔각과 혼동하지 않도록 주의해야 한다. 원산지는 말레이반도이고, 주산지는 중국, 베트남, 인도 등이다.

올스파이스 Allspice

올스파이스

올스파이스나무는 자메이카가 원산지인 상록수로, 향신료로 이용하는 것은 열매이다. 덜 익은 열매를 수확하여 햇볕에서 붉은 갈색이 될 때까지 건조한다. 건조한 열매에서 후추 · 시나몬 · 너트메그, 그리고 정향을 섞어놓은 것 같은 향이 나기 때문에, 영국인 식물학자 존 레이(John Ray)가 '올스파이스'라는 이름을 붙였다.

크리스토퍼 콜럼버스(Christopher Columbus)에 의해 처음 유럽에 전해졌다. 육류나 생선요리, 소시지, 드링크나 와인, 피클용 향신료로 쓰고, 푸딩이나 카스터드 크림 등에 첨가하면 독특한 맛을 더할 수 있다. 이외에도 잎은 베이럼에 이용하고, 꽃은 달여서 차로 마신다.

올스파이스에서 추출한 정유는 소화를 돕고 정신계통의 건강에 도움을 준다고 알려져 있다. 또한 목욕할 때 가루를 욕조에 소량씩 넣으면 살균작용과 정신을 안정시키는 작용을 한다. 올스파이스는 통째로 구입하여 이용하는 것이 좋다. 원산지는 서인도제도이고, 주산지는 멕시코, 자메이카, 아이티, 쿠바, 과테말라 등이다.

카엔페퍼 Cayenne pepper

카엔페퍼

생 칠리를 잘 말린 후 가루를 내어 만든다. 칠리는 북아메리카에 널리 자생하고 있는 허브의 일종이다. 옛날 텍사스 초원에서 소를 방목하던 목동들의 요리사들이 씨를 여기저기 뿌렸다가, 맛 없는 고기로 식사준비를 할 때 고기의 맛을 감추기 위해 요리에 넣었다는 유래가 있다. 매운맛이 매우 강하며 육류, 생선, 가금류, 소스 등에 사용된다.

파프리카Paprika

파프리카

파프리카는 맵지 않은 붉은 고추의 일종으로 열매를 향신료로 이용한다. 열매를 건조시켜 매운맛이 나는 씨를 제거한 후 분말로 만들어 사용한다. 카엔후추보다 덜 맵고 맛이 좋으며, 생산지에 따라 모양과 색이 다른데, 헝가리산은 검붉은 색이고 스페인산은 맑은 붉은색이다. 주로 육류, 생선, 계란, 소스, 수프, 샐러드 등에 사용된다.

04 꽃 향신료류

FOOD Materials Science

샤프란Saffron

샤프란

샤프란은 향신료의 여왕으로 지중해 연안 · 소아시아 · 이탈리아 · 프랑스가 원산지이며, 스페인 · 인도 · 터키 · 이란 · 중국 등지에서 많이 재배된다. 창포, 붓꽃과에 속하는 샤프란 꽃의 암술을 말려서 사용한다. 샤프란 100송이에서 겨우 샤프란 1g 정도를 얻을 수 있으므로, 향신료 중 가장 비싸다. 샤프란은 식품에 넣으면 노란색을 띠는데, 독특한 향기와 좋은 느낌의 단맛과 쓴맛을 낸다. 스페인의 빠에야, 프랑스의 부야베스, 이탈리아의 리조또, 중동지역의 달걀요리와 홍합요리 등에 다양하게 쓰인다.

정향 Clove

● 정향

몰루카제도가 원산지이다. 줄기는 높이 4~7m 정도이다. 잎은 마주 나고 향기가 있으며 바소꼴이다. 꽃은 흰색으로 가지 끝에 모여 달리고, 꽃잎은 4개이다. 수술은 많으며 암술은 1개이다. 열매는 핵과이고 검은 홍색이다.

꽃이 피기 전의 꽃봉오리를 수집하여 말린 것을 '정향' 또는 '정자(丁字)'라고 한다. 꽃봉오리의 형태가 못처럼 생기고 향기가 있으므로 정향이라고 하며, 영어의 클로브(clove)도 프랑스어의 클루(clou : 못)에서 유래한다. BC 3세기경 이미 중국에 알려졌고, 로마와 유럽에는 중세에 알려졌다.

16세기 포르투갈인들이 몰루카제도에서 이 식물을 발견하기 전까지는 정체를 알 수 없었으며, 처음에는 포르투갈의 전유물이었으나 네덜란드에 전해졌다. 매우 향기로우므로 그대로 또는 분말로 사용하고, 물이나 증기로 빼낸 정향유를 활용한다. 식품 · 약품 · 방부제 등에 쓰거나 발작증을 비롯하여 치과에서 진통제 등으로 쓰인다. 정향은 그 산출량이 적기 때문에 꽃봉오리뿐만 아니라 꽃대와 열매까지도 모두 이용하고 있다.

케이퍼 Caper

케이퍼는 지중해 연안에 널리 자생하고 있는 식물로, 향신료로 이용하는 것은 꽃봉오리 부분이다. 꽃봉오리는 각진 달걀 모양으로 색깔은 올리브 그린색을 띠고 있

케이퍼

다. 크기는 후추만한 것에서부터 강낭콩만한 것까지 다양하다. 향신료로는 주로 식초에 절인 것이 시판되고 있다.

북아프리카와 지중해연안 국가, 특히 사르데니아에서 널리 쓰이고 있는데, 이 지역에서는 적어도 2,000년 전부터 향신료로 이용되어 왔다. 케이퍼는 식초나 소금, 기름에 절여서 육류나 기름기가 많은 생선요리의 냄새 제거에 쓰거나 생것을 다져서 소스나 드레싱, 마요네즈에 섞어 쓰인다. 또 다진 것을 파슬리와 함께 소고기에 뿌려도 좋다.

소화촉진 및 식욕증진 작용이 있고, 위장의 염증이나 설사에 효과적이라고 알려져 있다. 또 차로 마시면 기침을 완화하기도 한다. 케이퍼는 마르면 맛이 변하기 때문에 반드시 잠길 정도로 식초를 부은 후 유리용기에 밀폐하여 어두운 곳에 보관하는 것이 좋다. 원산지는 지중해 연안이며, 주산지는 프랑스, 이탈리아, 스페인 등이다.

05 FOOD Materials Science 줄기&껍질 향신료류

계피 Cinnamon

계피

4천년이라는 오랜 재배 역사를 지닌 시나몬은 독특한 청량감과 달콤한 맛, 고상한 향이 특징이다. 우리가 흔히 계피라 부르는 것은 시나몬과는 다른 종의 나무에서 얻는 향신료이다. 시나몬은 육계나무 껍질이고, 계피는 계수나무 껍질이다. 시나몬 스틱은 육계나무 껍질을 떼어내어 하룻동안 말려서 만든다. 완성된 제품은 담배만한 크기로 표면이 부드럽고 쉽게 바스러진다.

한편 계피는 외피와 내피를 함께 말리기 때문에 두껍고 단단하며 까칠까칠하다. 한방에서는 가장 많이 쓰이는 약재가 계피라는 말이 있을 정도로 다방면에 쓰이며, 한식에서는 수정과에 주로 사용된다. 서양에서는 계피를 '중국 시나몬'이라고 부르는데, 맛과 향은 거의 같지만 계피에 비해 시나몬의 맛과 향이 더 부드럽다. 중동에서는 시나몬을 양찜요리에 넣고, 가루로 만들어 쿠스쿠스요리 위에 뿌린다. 달콤한 시럽, 견과류 페이스트리나 디저트를 만들 때도 사용한다. 멀드 와인(Mulled Wine) 같은 음료의 향을 내는 데도 사용된다. 와인의 맛을 향상시키는 역할을 한다.

레몬그라스 Lemongrass

향료를 채취하기 위해 열대지방에서 재배를 한다. 원산지가 뚜렷하지 않고 인도와 말레이시아에서 많이 재배한다. 높이는 1~1.5m 정도이고, 잎은 드문드문 달린다. 가지가 갈라지는 곳에 있는 포에서 나온 꽃대에 작은 이삭이 수상꽃차례를 이루며 달리고 총포가 2개씩 달린다. 식물체에서 레몬향기가 나기 때문에 레몬그래스라고 한다. 잎과 뿌리를 증류하여 얻은 레몬그래스유에는 시트랄이 들어 있어 비누와 약품의 향료로 사용한다. 같은 속의 시트로넬라그래스에서는 시트로넬라유를 채취하는데, 주성분은 게라니올(geraniol)이며 비누의 향료나 향수의 원료로 사용한다. 팔마로사 그래스에서는 팔마로사유를 채취하는데, 주성분은 게라니올이며 향수의 원료로 사용한다.

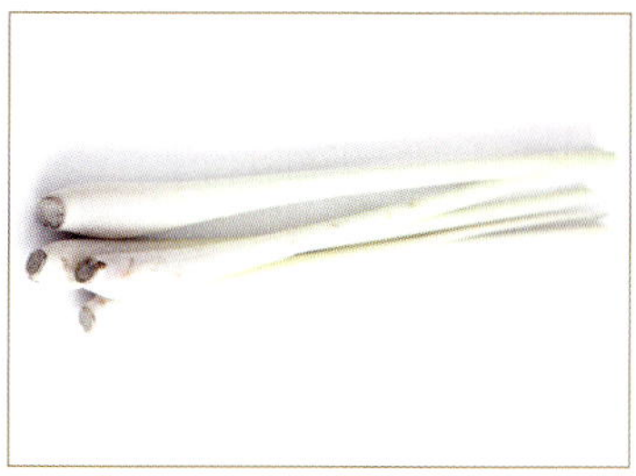

● 레몬그라스

차이브 Chives

시베리아, 유럽, 일본 홋카이도 등이 원산지인 허브의 한 종류이다. 높이가 20~30cm

차이브

정도로 매우 작으며, 생김새는 작은 파와 같다. 잎도 매우 가늘다. 6월부터 분홍색 · 보라색 · 자주색의 작고 귀여운 꽃이 반원형에 가깝게 핀다. 꽃이 피면 잎이 딱딱해지고 풍미가 떨어진다.

햇빛이 비추는 곳에서 잘 자라지만 반그늘에서도 자란다. 봄과 가을에 5~6본씩 나누어 포기나누기로 번식시킨다. 대부분 군생하기 때문에 화단에 심으면 독특하고 아름다워 예전부터 정원에 생울타리로 이용되었다. 과수원에 심으면 사과가 부패되는 병을 막아준다.

고기요리 · 생선요리 · 조개 · 수프 등 각종 요리의 향신료로 사용되는데, 톡 쏘는 향긋한 냄새가 식욕을 증진시키는 효과가 있다. 이밖에도 염색, 드라이플라워 등으로 이용한다. 약용하기도 하는데 식욕증진, 혈압강하, 빈혈예방, 변비해소 등의 효과가 있다.

FOOD Materials Science

06 뿌리 향신료류

마늘 Garlic

마늘

백합과의 다년초 식물임 아시아 서부가 원산지로 각 지역에서 재배를 한다. 비늘 줄기는 연한 갈색의 껍질 같은 잎으로 싸여 있으며, 안쪽에 5~6개의 작은 비늘 줄기가 들어 있다. 비늘 줄기, 잎, 꽃자루에서는 특이하고 강한 냄새가 난다. 한국요리에 빠질 수 없는 중요한 향신료이다. 주로 돼지고기, 양고기, 생선류, 소스, 빵, 쿠키류에 다양하게 사용된다.

생강 Ginger

생강

생강은 그 날카로운, 거의 매운맛으로 잘 알려져 있다. 커다란 비틀린 뿌리 줄기는 거칠고 질긴 껍질을 벗겨내면 강렬한 냄새가 나는 섬유질의 노란 속살이 드러난다. 그러나 이 사나운 굵은 마디 투성이 뿌리는 한때 부드러운 별미로 알려지기도 했다.

생강을 가장 많이 재배하는 국가는 중국과 오스트레일리아이다. 중국에서 햇생강이 나오는 시기는 3월과 4월, 남반구인 오스트레일리아에서는 9월과 10월이며, 과거 품종과는 생김새가 상당히 다르다. 색이 불투명한 흰색으로 껍질도 먹을 수 있으며, 살은 부드럽고 뿌리에서 솟아오르는 핑크색 순은 그대로 내버려두면 새줄기로 자라난다. 이런 생강은 최상급 줄기 생강(시럽으로 만들어 별미로 판매한다)으로 쓰거나 설탕에 졸여도 될 만큼 맛이 좋다. 일본에서는 얇게 썰어 설탕과 식초에 절인 분홍색 생강으로 아마즈쇼가(甘酢しょうが)를 만들어 스시나 사시미를 먹을 때 곁들여 낸다. 중국요리에서는 어린뿌리를 잘게 썰어 샐러드나 수프링롤에 야채의 하나로 넣는다.

고추냉이 와사비, Wasabi

고추냉이

전통적으로 스시와 사시미에 곁들여 먹는 이 울퉁불퉁한 녹색 뿌리 줄기는 서양에서는 '재패니즈 호스래디쉬(Japanese horseradish)'라고도 알려져 있다. 일본에서도 이 귀중한 식물을 가장 많이 재배하는 곳은 이즈(伊豆)반도인데, 온후한 기후와 높은 강수량으로 고추냉이 재배에 완벽한 조건을 갖추고 있기 때문이다. 일본에서는 이즈반도산 고추냉이를 최고로 친다.

고추냉이 재배에서 가장 중요한 요소는 맑은 물이다. 청정하게 흐르는 물만이 귀하고 값비싼 제품을 만들어낸다. 수요가 공급을 훨씬 뛰어넘기 때문에, 시중에서 파는 대부분의 고추냉이 제품들은 거의 서양 고추냉이를 사용한 것이다.

그러나 사실 고추냉이 재배를 시작한 곳은 미국과 캐나다라고 한다. 고추냉이의 매운맛은 뿌리를 갈 때 나오는 알릴 이소티오티아시네이트(allyl isothiocyanate)라는 물질에서 기인한다. 신선한 고추냉이의 매운맛은 15분 밖에 가지 않기 때문에 일본 최고의 음식점들에서는 상어가죽(표면에 미세한 톱니가 있어 아주 곱게 갈린다)을 손님의 테이블로 가져와 먹기 직전에 즉석에서 갈아준다. 소고기, 생선회, 밥, 해산물 등과 잘 어울린다.

터메릭 Turmeric

터메릭

강황의 뿌리 부분을 건조한 다음 빻아 만든 노란색 향신료이다. 강황은 열대아시아가 원산지인 여러해살이 식물이다. 향신료로 이용하는 것은 뿌리 줄기부분으로 '터메릭'이라고 부른다. 껍질을 벗긴 뿌리를 삶아 건조하여 빻으면 노란색 분말이 되는데, 이것이 카레를 비롯한 여러 요리의 향신료 및 착색용으로 쓰인다. 독특한 흙냄새가 나기 때문에 향신료보다는 착색용으로 주로 쓰인다. 고대로부터 인도와 동남아시아에서는 향신료뿐만 아니라 의복의 염료나 의학적인 치료제로 사용했다. 유럽에는 중동을 거쳐 전해졌다.

터메릭이란 이름은 아랍어의 'kurkum'에서 유래되었는데, 이것은 '사프란'을 뜻하는 말이다. 그래서 유럽에서는 터메릭이 '동양의 사프란'으로 알려져 있다. 말레이시아, 인도네시아, 인도, 중동, 북아프리카의 요리 중에서도 카레나 쌀을 이용할 때에 빠져서는 안 되는 향신료 중 하나로 향과 색을 내는데 쓰이고 있다. 세계 각지에서 요리의 향과 색을 더하는 것 외에 섬유, 양, 피혁 등의 염색에도 이용되고 있다. 또 우스터소스의 맛을 더하거나 피카릴리라는 고추절임의 양념으로도 쓰인다. 요리의 마지막에 넣어야만 쓴맛이 나지 않는다.

위장이 좋지 않을 때나 피부질환에 효과가 있고, 혈행을 개선하고 생리불순을 치료한다고 한다. 인도에서는 간장질환, 자궁근종, 황달을 치료하는 생약으로 쓰인다. 소화기관과 호흡기를 강하게 자극하고 항염작용과 살균작용이 있다. 습포약으로 타박상이나 염좌에 쓰거나 백선 등의 피부병 치료에도 쓰인다. 인도네시아에서는 터메릭수를 오데코롱이나 화장수로도 이용하고 있다. 터메릭은 직접 가루 내기가 어렵기 때문에 분말로 판다. 색은 변하지 않지만 향이 쉽게 사라지기 때문에 소량씩 구입하여 밀폐용기에 보관하는 것이 좋다. 원산지는 열대아시아와 인도차이나반도이고, 주산지는 인도, 스리랑카, 자바, 중국, 페루 등이다.

홀스레디시 Horse radish

중앙유럽과 아시아가 원산지이다. 뿌리의 색은 황갈색이며 길이는 약 45cm이고, 내부는 흰색으로 풍미가 매우 강하고 알싸한 맛이 있다. 홀스레디시의 톡 쏘는 맛은 가열하면 그 향미가 사라져 버리므로 껍질을 벗겨 강판에 갈아 쓰거나 건조시켜 두고 이용한다. 뿌리는 껍질을 벗겨서 갈아 식초와 우유를 넣고 끓인다. 육류요리, 생선요리, 소시지 등에 소스로 이용되며, 훈제한 연어에 사용하기도 한다.

홀스레디시

REFERENCES

국립농산물품질관리원, 농산물 원산지 관리 10년사, 2004.

김기숙 · 김향숙 · 오명숙 · 황인경, 조리과학, 수학사, 2005.

김동환 · 김병률 · 김재식, 농산물유통론, 농민신문사, 2010.

김은미 · 박문옥 · 안선정 · 유혜경 · 이영옥 · 이정실, 식품재료학, 광문각, 2011.

김중현(역), 향신료의 역사(Jan-Marie Pelt의 Les Epices), 좋은책만들기, 2005.

김희섭 · 유혜경 · 윤재영 · 이정희 · 최영희 · 최정희, 세계요리문화산책, 대가, 2005.

노봉수 외, 식품가공저장학, 수학사, 2009.

노봉수 · 이승주 · 백형희 · 윤현근 · 이재환 · 정승현 · 이희섭, 생각이 필요한 식품재료학 (FOOD Materials Science), 수학사, 2011.

농촌진흥청 농촌자원개발연구소, 식품성분표(제7차 개정판), 도서출판 효일, 2006.

문범수, 식품첨가물, 수학사, 2002.

문범수 · 이갑상, 식품재료학, 수학사, 2004.

민경업, 식품첨가물 7종의 알레르겐 확인 시험, 식약청 용역연구사업 연구결과보고서, 2006.

송재철, 식품재료학, 교문사, 1992.

송재철 · 박현정, 식품첨가물학, 내하출판사, 1998.

식품저널 편집부, 식품유통연감, 식품저널, 2009.

신효선 · 이서래, 최신식품화학, 신광출판사, 1995.

오만진 외, 농산식품가공학, 선진문화사, 2007.

오훈일 · 이형주 · 문태화 · 노봉수 · 김석중, 식품화학, 수학사, 2008.

이영미, 잘 먹고 잘 사는법, 김영사, 2004.

이정연, 허브, 김영사, 2004.

이철호, 식품위색사건백서 II, 고려대학교출판부, 2005.

이형주 · 장해동 · 이기원 · 이홍진 · 강남주, 기능성식품학, 수학사, 2011.

장상문 · 김광호 · 송효남 · 김미옥, 식품재료학, 광문각, 2005.

장판식 · 노봉수 · 유상호 · 김묘정 · 김영완, 이해하기 쉬운 식품효소공학, 수학사, 2010.

장학길, 식품재료학, 신광출판사, 2001.

정동효, 식품의 생리활성, 선진문화사, 1998.

최홍식, 식품과 현대인의 식생활, 지구문화사, 1999.

한국식품영양학회 감수, 식품재료사전(FOOD'S FOOD), 2012.

홍진숙 · 박혜원 · 박란숙 · 명춘옥 · 신미혜 · 최은정 · 정혜정, 식품재료학, 교문사, 2008.

홍태희 · 김기연 · 최옥수 · 김대현 · 정외숙 · 김순희 · 조효현, 식품재료학, 현대, 2010.

황재희 외, 식품재료학, 도서출판 효일, 2005.

FOOD
Materials Science